U0188895

主动出击

20世纪早期英国的科学普及

[英] 彼得·J. 鲍勒（Peter J. Bowler）著
王大鹏 周亚楠 译

SCIENCE FOR ALL

The Popularization of Science in Early Twentieth-Century Britain

中国科学技术出版社
·北 京·

图书在版编目（CIP）数据

主动出击 : 20 世纪早期英国的科学普及 / (英) 彼得 · J. 鲍勒 (Peter J. Bowler) 著 ; 王大鹏 , 周亚楠译 . 北京 : 中国科学技术出版社 , 2025. 1. -- ISBN 978-7-5236-1062-6

Ⅰ . N4-095.61

中国国家版本馆 CIP 数据核字第 2024MB3232 号

策划编辑	刘　畅　方　理	**责任编辑**	童媛媛
封面设计	今亮新声	**版式设计**	蚂蚁设计
责任校对	邓雪梅	**责任印制**	李晓霖

出　　版	中国科学技术出版社
发　　行	中国科学技术出版社有限公司
地　　址	北京市海淀区中关村南大街 16 号
邮　　编	100081
发行电话	010-62173865
传　　真	010-62173081
网　　址	http://www.cspbooks.com.cn
开　　本	710mm × 1000mm　1/16
字　　数	312 千字
印　　张	21.75
版　　次	2025 年 1 月第 1 版
印　　次	2025 年 1 月第 1 次印刷
印　　刷	北京盛通印刷股份有限公司
书　　号	ISBN 978-7-5236-1062-6 / N · 335
定　　价	79.00 元

译者序

在对科学大众化的考察过程中，我们从文献中大抵可以得出这样的结论：随着科学的专业化和科学家的职业化，科学家借助于当时可资利用的各种渠道和平台向公众传播科学变得不受重视了，甚至还有可能被“反噬”，因为那些不做科普的科学家会讥讽做科普的科学家，说他们是为了博眼球、出风头，于是便有了做不好科研的人才去做科普、科普是小儿科等说法。但现实果真如此吗？在《维多利亚时代的科学传播：为新观众“设计”自然》（姜虹译）一书中，作者伯纳德·莱特曼其实驳斥了这种刻板印象。而现在呈现在各位读者面前的《主动出击：20 世纪早期英国的科学普及》也可以算是对这种刻板印象的一种修正，至少从字面意义上理解，中文版的译名并没有采用直译的方式，而是用了“主动出击”这个词语。

这本书的作者鲍勒是英国贝尔法斯特女王大学历史与人类学学院教授，著名的科学史专家，不列颠学会及美国科学促进会会员，在 2004 年到 2006 年间曾担任英国科学史协会主席，他于 20 世纪 80 年代开拓了“非达尔文革命”的研究领域，在国际科学史学界产生了深远的影响。本书则是他对 20 世纪早期英国的科学和宗教进行研究的一个项目的成果。

早在 2016 年，我偶然间查阅外文文献，发现了鲍勒的这本书，于是通过在国外求学的朋友获得了该书的电子版。在阅读和学习的过程中，我发现它更新了我之前的一些错误观念，比如科学建制化之后科学家撤出了科普领域，或者用约翰·C. 伯纳姆（John C. Burnham）的话来说就是“科学人”的退场，这样导致的后果就是科普的“二传手”成为衔接科学与大众之间的桥梁。阅读到一半，我突然冒出个想法，为何不一边看一边把这本书翻译过来？当然，那个时候人工智能大模型还没有现在这么火热，如今人们可能简单地通过复制粘贴就可以大体上了解一本外文书的基本内容了。就这样，我利用业余时间开始了这本书的翻译工作。

作者在书中认为，传统上关于科普方面的著述，对 1900 年后几十年的持续发展存在着明显的轻描淡写。而对大众科学而言，20 世纪初英国社会和科学界都发生了重大变化，这些变化帮助塑造了 21 世纪后期二者之间不那么顺畅的关系，并造成了我们今天仍然需要去适应的张力。第一代真正专业化的科学家是如何解决与公众沟通的问题的，如果我们搞明白了这个问题的答案可以为后期的发展提供什么启示的话，那么这项研究将不仅仅具有纯粹的历史意义。正是在这个目的的驱使下，作者开始了条分缕析的研究和考察，并且通过最终的结果证明了，在 1900 年后的几十年里，很大一部分英国科学家尝试了非专业写作，其中一些人已经养成了写作的习惯。

当然，对于从事科普研究的人来说，要考察国外的相关文献，英国是一个无法绕开的国家。单拿我们经常提到的《公众理解科学》和《科学与社会》两个报告来说，相信绝大多数学者都在自己的研究中或多或少地参考和引用过其中的部分观点。而本书走得更远，它在对大量历史资料进行收集整理的基础上，深入考察了 1900 年之后几十年里英国的科普状况，让我们能够更透彻地了解英国的科普发展史。

作者从宏观层面上探讨了大众科学的话题和主题，比如科学上存在着的对立的意识形态——为了说明科学与宗教之间的关系，亚瑟·爱丁顿（Arthur Eddington）和詹姆斯·金斯（James Jeans）写了宇宙学和物理学的最新进展，而达尔文主义和唯物主义生物学的概述往往旨在促进理性主义。同时他还阐释了当时科学领域的重大进展，比如原子物理学、宇宙学、相对论、进化论和人类的起源，等等。正是在这样的大背景和大的科学进展之下，当时的科学家才有了众多议题的选择，把这些前沿进展通过科普的方式，传播给迫切渴望通过非正规学习实现自我提升的工人阶级。

当然，与如今渠道和平台丰富多元的现状相比，彼时的知识传播扩散渠道相对单一，尤以科普图书（包括连载图书和百科全书）和科普杂志的出版为首选。因而出版商在这个过程中发挥了重要作用，他们会选择那些既有专业知识，同时又擅长用通俗易懂的语言进行“翻译”以及熟悉读者需求的科学从业者。于是在出版商的主导之下，一系列科普图书得以呈现在读者的面前，其中不乏如今依然具有一定影响力的科普作品。当然，作者也并没有单纯地把目光聚焦于科普图书方面，而是拓展到了科普杂志这个层面，毕竟对于当时收入微薄的工人阶级来说，花一点点钱就能读到有大量科学内容的杂志是一件时髦的事情，也是一件值得投资的事情，因而出版商和作者都找到了自己的生存之道。

正因为有着广泛的市场需求，才有了一批在科普创作方面深耕的科学家，作者在书中将这些人视为“明星科学家”，比如朱利安·赫胥黎（Julian Huxley）、J. B. S. 霍尔丹（J. B. S. Haldane、亚瑟·基思（Arthur Keith）、J. 亚瑟·汤姆森（J. Arthur Thomson）等。尤其值得一提的是，朱利安·赫胥黎算是少数几个真正放弃学术生涯而投身写作和其他形式社会活动的专业科学家之一，而且他还取得了很大的成功，这种状况与我们当今国内一大批职业科普人的兴起也有可以比较的地方，同时也能带给我们一些启示。再比如霍尔丹曾抱怨，媒体记者倾向于对任何科学家的评论进行耸人听闻的报道，并且认为最好的补救办法是自己撰写作品。这与如今很多科学家抱怨媒体断章取义、夸大其词的做法有重合的地方。再比如，虽然 J. 亚瑟・汤姆森没有放弃自己的科研岗位，但是却通过演讲和写作获得了很高的公众知名度，他越来越远离科学界，也从未成为英国皇家学会会员，但在 20 世纪的前 30 年里，他可能是这个国家最著名的科学作家。当然，除了一些大人物，作者也选择了金字塔尖以外的一些科普作家，比如职业科学家们鄙视的 A. M. 洛（A. M. Low）"教授"，他们和那些大人物一起构成了当时英国科学普及的大图景。据估计，在 1911 年，英国的科学家总数约为 5000 人，其中包括统计学家和经济学家。1921 年达到 13 000 人，1931 年达到 20 000 人。而作者通过梳理发现，在 1900 年至 1945 年间出版过作品的近 550 名英国作家中，321 人（58%）可以通过学位或专业职位而确定他们拥有一些专业知识。在拥有学位的人中，81 人（25%）来自牛津或（更常见的）剑桥；149 人（27%）拥有更高的学位，或被授予了专业资格认证（包括少数工程师，对他们来说，大学不是正常的培训形式）。作者认为，似乎可以合理地假设，在第一次世界大战前后的几十年里，学术科学共同体中大约有 10% 的人参与了非专业写作。这样的数据对于如今鼓励更多的科研人员投入科普工作也有一定的启示。

这是一本内容非常丰富的科普著作。对于研究人员来说，我们可以从中了解英国特定时期的科普发展史，尤其是其中提到的科学家和科普作品，我们需要把他们放到当时当地的情境下去考察。而对于普通读者来说，我们也可以用读史的方式去品味当时的科普氛围。

当然，这本书的中文版能够得以出版，还要感谢我的合作者周亚楠女士，她不仅协助完成了该书译稿的后面几个章节，还对全书的文字进行了通读，修正了一些有碍理解的词句。同时也要感谢中国科学技术出版社技术经济分社的各位领导和编辑，他们在拿到版权后欣然接受了我们的译稿，否则我们的译稿很有可能就只能留在自己的电脑硬盘里了。

王大鹏

中文版序

我很高兴地看到，在王大鹏先生和周亚楠女士的努力下，我于几年前完成的英文著作《主动出击：20 世纪早期英国的科学普及》已经被翻译成了中文，我希望这本书的引进与出版可以表明，它对中国的学者以及读者来说是有参考价值的。在当今世界，随着科学及其技术应用对我们的生活变得越来越重要，如何向公众介绍科学知识和科学方法这一话题越来越受到关注。在西方国家，这首先在 19 世纪工业革命中变得重要起来，但即使在那时，为了让自己的传统和生活方式适应新出现的方法和理论，其他文化也在寻求创造性的方式，因而世界各地都普遍认识到了上述议题的重要性。对于那些英国殖民地和半殖民地来说，情况确实如此。或许由于这个原因，当时英国自信的科技界采用的试图控制流向本国公众的信息的方法，将为其他文化提供一个有用的模式，以理解在他们自己的环境中如何发生并行的发展。

20 世纪早期是科学传播发展的关键时期，因为新技术彻底改变了与公众进行沟通的方式。更好的印刷技术，包括摄影图像的印刷，改变了书籍、杂志和报纸的出版。此外，还出现了全新的技术，首先是电影和广播，然后是电视。所有这些都给那些寻求科普化的人带来了新的机遇，也带来了新的挑战。也许我们从现代历史研究中学到的最重要的一课是，这一过程从来不是“自上而下”地将简化的发现记录传递给被动的公众。

技术专家往往对科学带来的机遇充满热情，有时甚至过于乐观。一些从事研究的科学家学会了如何为更广泛的读者写作，但开展科普的任务越来越多地被专业科学作家接管。相互竞争的技术的支持者们则试图为他们自己的项目争取公众支持。但从一开始，就有不同议程的传播者试图影响信息的呈现方式，包括一些对科学鼓励唯物主义思维方式的倾向持积极怀疑态度的人。我的印象是，随着其他文化也寻求让新的科学和技术适应自己的思维和运作方式，类似的争议也在出现。我希望我对 20 世纪早期英国的研究，能为其他文化中探索这些向现代化的复杂转变是如何发生的人提供有用的指导。

彼得·J. 鲍勒

英文版序

正如第 1 章中提到的，最终促使作者撰写本书的项目是一项早期研究，该研究考察的是 20 世纪早期英国的科学和宗教。在某种程度上，我的工作是由一种强烈的感觉驱动的，即研究英国科学的历史学家对维多利亚时期着迷，这在一定程度上导致了他们用轻描淡写的方式来处理 1900 年后几十年的持续发展。就大众科学而言，20 世纪初英国社会和科学界都发生了重大变化，这些变化塑造了 20 世纪后期出现的二者之间不那么顺畅的关系，并造成了我们今天仍然需要去适应的张力。第一代真正专业化的科学家是如何解决与公众沟通的问题的？如果我们搞明白了这个问题的答案可以为后期的发展提供什么启示的话，那么这项研究将不仅仅具有纯粹的历史意义。

这项研究把我引向了一些不寻常的方向。因为我所研究的许多文献都是短缺的，所以只能在有版权的图书馆和较便宜的二手书店中找到（如果有的话）。鉴于这些材料不容易通过电子渠道搜索找到（因为作者鲜为人知，标题模糊且过于戏剧化），因此我的许多工作都依赖于朋友和同事的意外发现和建议。许多相关出版商的档案都没有保存下来（在 1940 年对伦敦的轰炸中，一些出版商的办公室被毁）。关于印数等事项的信息必须从寿命更有限的来源中进行推断，如（大多数图书馆不保留的）防尘套和广告，包括有时与杂志一起发行的广告——值得称赞的是，剑桥大学图书馆（Cambridge University Library）保存了这些。即便当相关书籍和文章的文本最终被数字化时，人们也想知道这种转瞬即逝的东西是否会被包括在内。

我想对剑桥大学图书馆的工作人员表示感谢，他们在处理我的看起来很古怪的许多请求时提供了很大的帮助。我还要感谢档案馆的工作人员，特别是得克萨斯大学奥斯汀分校（University of Texas at Austin）哈里·兰塞姆中心（Harry Ransom Center）的工作人员，他们允许我使用朱利安·赫胥黎的文学经纪人 A. D. 彼得斯（A. D. Peters）的文件，这些文件在我访问时尚未编目。我使用的其他档案包括莱斯大学（Rice University）的档案（朱利安·赫胥黎文件）、苏格兰国家图书馆（National Library of Scotland）的档案［J. B. S. 霍尔丹文件和帕特里克·格迪斯（Patrick Geddes）文件］、斯特拉斯克莱德大学（Strathclyde University）的档案（帕特里克·格迪斯文件）、伯明翰大学（Birmingham University）的档案［E. W. 巴恩斯（E. W. Barnes）和奥利弗·洛奇（Oliver Lodge）文件］、伦敦大学学院（University College, London）的档案（J. B. S. 霍尔丹文件）、爱丁堡大学（Edinburgh University）的档案［托马斯·尼尔森（Thomas Nelson）文件］、布里斯托尔大学（Bristol University）的档案［康维·洛伊德·摩尔根（Conwy Lloyd Morgan）文件］和苏塞克斯大学图书馆（University of Sussex Library）的档案［J. G. 克劳瑟（J. G. Crowther）文件］。对于建议和支持，我要特别感谢彼得·布鲁克斯（Peter Broks）、索菲·福根（Sophie Forgan）和拉尔夫·德马雷（Ralph Desmarais）允许我访问未出版的作品，下文中我会自由地引用和依赖这些作品。对于大众科学的一般性讨论，我也从艾琳·法伊夫（Aileen Fyfe）、吉姆·西科德（Jim Secord）、伯尼·莱特曼（Bernie Lightman）、莫里斯·克罗斯兰（Maurice

Crosland）和其他许多人的建议中获益良多，在此不一一列举。我希望他们认为这样的结果是值得的。

这本书的手稿是在贝尔法斯特女王大学（Queen's University, Belfast）批准的休假期间完成的，并由艺术和人文研究委员会（Arts and Humanities Research Council）资助了一个额外的学期。2005年，我在利兹的英国科学史学会（British Society for the History of Science）上发表了主席演讲，其中给出了这项研究的概要，题为《专家和出版商：20世纪早期英国的科普写作，现在的科普写作》["Experts and Publishers: Writing Popular Science in Early Twentieth-Century Britain, Writing Popular History of Science Now",《英国科学史杂志》(*British Journal for the History of Science*)，第39期]。在戴维·M. 奈特（David M. Knight）和马修·D. 埃迪（Matthew D. Eddy）主编的《科学与信仰：从自然神学到自然科学（1700–1900）》(*Science and Beliefs: From Natural Theology to Natural Science, 1700-1900*）一书中，我所撰的"从科学到科学普及：J. 亚瑟·汤姆森的职业生涯"一章中出现了一些关于J. 亚瑟·汤姆森的材料（阿什盖特出版社，2005年，231—248页）。

关于价格的说明

本研究中的几个章节包含了关于价格、版税等的详细信息，在1972年采用十进制之前，这些信息一直在英国使用的旧货币体系中表示。在此之前，每英镑（指定为"£"——来自法语livre的程式化"L"）分为20先令，每先令分为12便士。例如，3英镑、12先令和8便士的总和可以这样写：£3/12/8d。符号"d"表示旧的便士（我们用"p"表示新的、十进制的便士）。1先令通常写作 1/–。1 便士又分为半便士和四分之一便士。因为 6 便士是半先令，所以书的价格通常是 2 先令 6 便士（2/6d——有一种这种价值的硬币，半克朗，因为它是八分之一英镑）。

更复杂的是，一些价格和费用，特别是富人用来交易的，是以几尼给出的——1 几尼是 1 英镑 1 先令（在现代系统中是 £1/1 英镑或 £1.05 英镑）。

不用说，这个系统中的会计相当复杂（这就是为什么英镑现在被分成 100 便士）。要把钱加起来，你必须把便士加起来，除以 12 得到先令结转，把先令加起来，除以 20 得到英镑结转，然后把英镑加起来。为了确保你已经理解了这个系统，请试着把 £3/15/7d、£5/7/8d 和 £4/2/9d 加起来——答案在脚注中。[1]

关于 20 世纪初与购买力和薪金有关的英镑实际价值的资料，见下文第 12 章。

---

[1] 13/6/–英镑。如果你想要真正的挑战，试试百分比。

目 录 CONTENTS

第 1 章
科学家、专家和公众
001

被孤立的职业之迷思 005
普及的层次 010

第一部分
大众科学的话题和主题

第 2 章
科学的对立意识形态
019

科学和探索 021
科学和宗教 026
应用科学 028
颠覆性科学 032

第 3 章
大图景
038

原子物理学 039
宇宙学 044
相对论 047
进化与新生物学 049
人类起源与人的本性 056
唯物主义与医学 060

第 4 章
适合所有人的实用知识
063

科学和工业 065
电力和无线电 073
观星活动 075
观察自然 079

第二部分
出版商和他们的出版物

第 5 章
制造受众
091

识别趋势 094
对教育的需求 097
出版商的反应 101
出版商和作者 108

第 6 章
重大议题的畅销书
115

推广新宇宙学 118
辩论新生物学 123
科学为人民 128

第 7 章
出版社的系列图书
136

给严肃读者的科学 139
反对当权派 142
青少年科学 145
第一次世界大战之前 150
20 世纪 20 年代 159
20 世纪 30 年代 166

第 8 章
百科与连载
171

百科全书 172
连载 178
哈钦森出版社 180
联合出版社 184

第 9 章
大众科学杂志
192

第一次世界大战之前的杂志 196
两次世界大战之间的岁月 201
特殊兴趣杂志 214

第 10 章
面向大众的科学
219

高雅杂志 222
通俗杂志 225
报纸中的科学 231
科学记者 237
广播中的科学 245

第三部分
作者

第 11 章
大人物
255

作为明星的科学家 256
朱利安 · 赫胥黎 260
J. B. S. 霍尔丹 267
亚瑟 · 基思 270
J. 亚瑟 · 汤姆森 274

第 12 章
科学家和其他专家
283

传记调查 287
科学家 290
财务因素 296
专家 299

第 13 章
20 世纪 50 年代及其后
311

利用传统媒体 313
新技术和新媒体 316
呈现的问题：谁为科学写作? 322

附　录
传记登记簿
327

参考文献
329

第 1 章
科学家、专家和公众

历史学家伯纳德·莱特曼（Bernard Lightman）、詹姆斯·西科德（James Secord）和艾琳·法伊夫（Aileen Fyfe）向我们展示了职业科学家和普通大众之间的互动如何塑造了维多利亚时代科学的进展。像 T. H. 赫胥黎（T. H. Huxley）这样的达尔文主义者公开与自然神学的倡导者竞争，以吸引读者的注意力。讲座、娱乐和展览在塑造许多科学家和未来科学家的职业生涯中发挥了作用。然而，令人惊讶的是，除了亚瑟·爱丁顿和朱利安·赫胥黎等少数畅销书作家（本身也是科学家）的影响，以及左翼科学家为提高公众对如何利用科学来获益的认识所做的努力，我们对 1900 年后的情况知之甚少。我们确实对 20 世纪早期美国和一些欧洲大陆国家大众科学写作的发展有所了解。但对于英国，我们只有彼得·布鲁克斯（Peter Broks）、安娜-K. 梅耶尔（Anna-K. Mayer）和索菲·福根（Sophie Forgan）所做的几个案例研究。一项更广泛的研究将使我们能够解决一些重要问题，即从维多利亚时代到现在，科学家和公众之间的关系发生了怎样的变化。

20 世纪初是出版业和科学界都出现了重大发展的时期。出版商认为，普通读者对科学的兴趣出现了重大复苏。大量发行的报纸和摄影的出现改变了科学（像许多其他主题一样）呈现给公众的方式。中等教育的扩大创造了一个通俗读物市场，受众是那些寻求通过在家学习或参加夜校来提高自己的人。然而，科学界此时已经完全专业化了——人们普遍认为，专业化的一个后果是不愿与公众接触。这本书将挑战这一假设，表明英国科学家积极致力于满足公众日益增长的了解他们所做事情的需求。

这个话题不仅是纯粹的历史兴趣（尽管我希望这项研究对科学史学家以及英国文化史学家都有用），而且对科学界目前的状况产生了影响。现代对科学界与公众之间关系的关注往往集中在双方沟通的困难上。直到最近，我们还被告知，从事研究的科学家不想为非专业人士写作，因为把宝贵的时间浪费在这种华而不实的东西上，对一个人的职业生涯是不利的。专业的科学作家被召集起来，致力于将专家的发现翻译成公众可以接受的语言——前提是他们将传递科学家想要传递的信息。然后，当核能、污染和环境问题使公众相信科学和技术的发展并不是一件纯粹的好事时，一切都变得非常糟糕。再也不能相信科学作家能传递“正确”的信息了。科学家们开始担心人们不再理解科学，并想知道如何最好地弥补他们知识中的“赤字”。大众科学成了战场，也是科学家们被逼退的战场。他们现在已经开始意识到，也许他们最终还是需要参与到与公众的沟通之中。

但是，什么时候以及为什么一个专业科学家从事通俗写作变得不合时宜了呢？人们通常认为，这种态度几乎是在 1900 年左右科学真正专业化的时候出现的——这就是为什么情况从赫胥黎所处的流动性更强的环境发生了变化。有人认为，变得专业化这种行为本身鼓励科学界退回到其资金充足的象牙塔中。但是，如果上述假设最终被证明是错误的，如果第一代真正专业的科学家仍然愿意与公众接触，那么我们将不得不重新审视这样一种说法，即专业化会自动产生一种不愿与专家以外的人交流的倾向。也许当地的社会和文化环境塑造了科学家和科学作家的态度。然后，我们需要问一问，对通俗写作的禁令是什么时候最终在科学界出现的（假设它曾经出现过），以及为什么。这些答案可能会揭示 20 世纪末出现的情况，甚至提出解决科学家今天面临的沟通问题的方法。

本书将证明，在 1900 年后的几十年里，很大一部分英国科学家尝试了非专业写作，其中一些人已经养成了写作的习惯。通过观察他们和他们的出版商试图实现的目标，我们将对鼓励他们这样做的社会和文化环境（以及与同行产生紧张关系的通俗写作的细节）有一些了解。因此，与美国的情况进行比较是有用的，因为英国鼓励科学家保持维多利亚时代与公众交流的传统，而这种情况在大西洋彼岸是没有的。在德国，也有一些特定的社会因素，确保了大众科学的活跃，其间，人们围绕科学在中产阶级文化中的作用展开了争论。只有到第二次世界大战之后，情况才发生了变化，英国科学家不再那么热衷于撰写 20 世纪初那种广为流行的通俗文章。实际上，他们加入了美国同行的行列，将其留给专门的科学作家。

随着科学界变得更加专业化，科学家们有意放弃了非专业写作，本书的英文版序考察了这一观念的起源。我认为，尽管在某些特定情况下，通俗写作可能会损害科学家的专业地位，但这并不妨碍他们参与到那些被视为对整个科学具有教育价值或宣传价值的项目之中。这将导致另一个层次的分析，解决什么是“大众科学”的问题。我们将通过对不同类型的大众科学出版物的调查，以及对面向各种读者的科学普及（popularization）的本质和目的的考察，得出这个问题的答案。

科学史学家和社会学家现在认识到，普及不仅是科学精英自上而下的知识传播，那些出于各种原因为非专业读者创作科学读物的人也需要了解和回应他们试图告知和影响的受众的情绪。在职科学家在供给这种兼具指导性和消遣性的读物方面最为活跃。在这一普及领域，自上而下的模式确实具有一定的有效性。然而，即使在这里，他们也必须学习技能，在内容选择和呈现模式方面满足读者所需。实际上，出版商决定了印刷哪些内容以及由谁来撰写。在以大量发行的报纸杂志为代表的更大众的层面上，在职科学家更加难以传播他们的科学，因为这些材料通常是由受雇文人和记者撰写的，尽管也有一些与科学界有一定接触的公认的专家——他们是 20 世纪后期专业科学作家的先驱。

在大众媒体中，科学界的权威经常受到作家的挑战，这些作家的目的是向公众提供耸人听闻的新闻，而科学家会认为这些新闻微不足道，甚至是错误的。在写到美国的情况时，约翰·C. 伯纳姆对那些把科学发现写成耸人听闻故事的大众科学作家的崛起表达了哀叹。但是，正如彼得·布鲁克斯指出的那样，真正的大众科学写作的主要目的，一直是为并不一定认同知识生产者的价值观的公众提供娱乐。什么使有关科学的通俗作品对于公众具有吸引力？这涉及信息和娱乐之间不稳定的平衡。本书的主要焦点是更严肃的图书和杂志，它们面向渴望自我提升的社会阶层，因此通常会接受标题页上印有专家名字的作品。我们将调查特定的社会环境，它使出版商和他们的专家作者能够接触这个定义明确的受众群体。但是，大众科学自学形式的市场很小，而且不包括绝大多数读者，他们与科学的唯一接触是大众媒体提供的公开的娱乐材料。也许我们的故事中最吸引人的将是这样一些情节：一位科学家的一篇有效文章，在大众媒体的宣传机器的支持下，确实取得了突破，并进入了更广泛的公众视野。

被孤立的职业之迷思

本书源于对 20 世纪初期英国科学和宗教关系的早期研究，这一研究表明很多科学家都参与了科学与宗教关系的公开辩论。我开始意识到，朱利安·赫胥黎和亚瑟·爱丁顿在吸引广大公众注意力方面的能力并非特例，而仅仅是他们运用于一个领域之中的写作才华的冰山一角——根据普遍认同的观点，一旦赫胥黎和理性主义者表明反对维多利亚教会的观点，科学家们就会主动放弃这个领域。但是随着科学越来越职业化，其从业者放弃了与公众进行交流的维多利亚时代的传统，这一广为流传的说法又是从何而来的呢？像赫胥黎这样的活动家，他们一般会主张科学自然主义，以及科学应该在国家事务中发挥更大的作用。在实现后一个目标方面，他们没有自己设想的那样成功，但是随着在教育、政府和工业部门有了更多的工作岗位，科学界的范围确实逐渐扩大了。目前人们普遍认为，新一代的职业科学家们放弃了公共知识分子的角色，以及向普通公众传授科学的努力。他们不愿意学习记者的技艺，不愿意放弃研究中所用的专业术语来与非科学家进行交流。他们对试图撰写这种类型作品的极少数同行越来越持怀疑的态度。科学家们退回到了他们的实验室之中，甘愿成为政府和工业的被动的仆人，对四处探望新发现以把它大肆渲染的记者持怀疑态度。

这种职业孤立的形象已经悄悄地进入了大众科学文献，几乎没有受到挑战。我们可以很容易地发现它来自何方。罗伊·麦克劳德（Roy MacLeod）对《国际科学丛书》（*International Science Series*）的研究表明，托马斯·亨利·赫胥黎那代人的这个旗舰项目在 19 世纪末是如何走向失败的。这是一项深思熟虑的工作，即鼓励科学家为广大公众撰写作品。不过，出版商凯根·宝罗（Kegan Paul）在 1891 年向约翰·卢伯克（John Lubbock）爵士抱怨说，因为图书对于外行读者来说太过于专业化了，所以销量很低。为了触达公众，大众科学不得不删减那些对于专业的科学研究来说必不可少的技术术语。每个人都认同，技术术语是与公众进行沟通交流的一个障碍。但科学界以外的评论家认为，科学家们实际上享受由此产生的崇高孤立感所赋予的优越感和神秘感。

我们只能假设，很少有科学家愿意自降身价为普通读者撰写作品。那些为数不多的、确实具有与公众在这种层面上进行交流所需技能的人就是把他们的职业置于危险之中。对于“大众化”这个泛称于何时开始获得了某种贬义，历史学家们并未达成共识，但是就科学而言，这个预警信号显然出现在 19 世纪末。1894 年，赫胥黎自己意识到，成功地开展科学普及对于科学研究这个职业是有弊端的，因为那些在这种尝试中败下阵来的人会“报复性地……忽视一个人其他所有的工作，并且会油腔滑调地说他仅仅是一个‘普及人员’”。同年，H. G. 威尔斯（H. G. Wells）在《自然》（*Nature*）中写了一篇迫切需要科普的评论文章，科技工作者后来确实赋予了它“某种轻蔑的味道”。许久之后，J. W. N. 沙利文（J. W. N. Sullivan）注意到，“‘大众科学’已经成为一个被科学界轻蔑的术语”。有证据表明，科学家们发现，成功的大众科学作家这个头衔成为学界升迁的障碍。当朱利安·赫胥黎开始其记者的职业生涯时，J. B. S. 霍尔丹就警告过他这一点，并且后来对他在科学研究上的投入的质疑也阻碍了他入选英国皇家学会（Royal Society）。J. G. 克劳瑟（J. G. Crowther）记下了物理化学家威廉·哈代（William Hardy）爵士的看法，即霍尔丹给日报撰写文章，这对他自己的职业生涯造成了损害。兰斯洛特·霍格本（Lancelot Hogben）十分担心他的《大众数学》（*Mathematics for the Million*）会妨碍他当选皇家学会会员，因而他让海曼·利维（*Hyman Levy*）把自己的名字放在了封面上。

强化这一直接证据的是年轻科学家的观点，他们在 20 世纪 30 年代转向了政治左派，开始为科学的社会责任而摇旗呐喊。他们乐意让公共参与关于如何使用科学的辩论，并将其与上一代人的自我孤立进行了对比。霍格本谴责科学家们拒绝追随托马斯·亨利·赫胥黎的脚步，并且嘲笑詹姆斯·金斯和亚瑟·爱丁顿肤浅的神学化，他把这当作现有唯一的普及。J. D. 贝尔纳（J. D. Bernal）也抱怨，一旦科学家的职业抱负得以实现，他们就毫不费力地溜回从众行为之中。C. H. 沃丁顿（C. H. Waddington）写到了欣然接受狭窄性的一代专家，这种狭窄性使他们有借口不考虑更广泛的议题。李约瑟认为，很多职业科学家用怀疑的眼光观望着在大众议题上浪费时间去写东西的任何一个同事。这些批判给人们留下了一种印象，那就是职业科学家如此沉醉于他们的工作，以至于他们害怕对其研究的启示进行评论，不愿意参与到教育公众的活动之中。

我认为上述刻画是一种迷思，它模糊了职业科学家在提升公众科学兴趣方面的真实参与程度。科学家为非专业人士所撰写的读物并不缺乏，而且许多普通读者认同，他们获得的内容是“大众的（通俗的）”。阿尔弗雷德·哈姆斯沃斯（Alfred Harmsworth），也就是诺思克利夫（Northcliffe）勋爵称他在 1910—1911 年创办系列杂志《哈姆斯沃斯大众科学》（*Harmsworth Popular Science*）并非巧合。那些想要向更广大公众销售的出版商知道，受众希望他们获得的教育性读物以娱乐的方式呈现，出版商们确保他们的作者提供这样的内容。一些最耸人听闻又鸡毛蒜皮的作品显然是由对科学所知甚少的受雇文人写的，并且我们也理解为何科学家和知识分子对这些人所提供的东西嗤之以鼻。不过，还有很多更严肃的自我提升作品，专业人士更容易撰写。对于出版商来说，宣称这些素材出自权威的职业科学家之手也是有一些好处的。

那么，为何科学家和科普人员这整整一代人的努力都被忽视了，从而建构了被孤立的职业这个迷思呢？就左翼科学家而言，这是一个一心谋私的迷思：他们把自己的通俗作品看作由他们的社会责任感所激发的一种新的创举。他们忽视了科学家在 19 世纪最初几十年里创作的大量非专业文献，虽然这些文献受到不同意识形态的激发，但它们代表了一种让普通人了解最新进展的真正努力。他们把注意力集中在金斯和爱丁顿的准神学言论上，因为这符合他们的主张，即自我孤立这个准则的唯一例外就是宗教保守派。但是很多科学家喜欢用不那么激进的方式去帮助普通人实现自我提升，他们不应该因为没有预料到后代所具有的革命理想而被忽视。

但是对于霍格本、赫胥黎和其他人所发现的因为参与通俗写作而使得职业生涯受到威胁的证据，我们又该如何看待呢？就赫胥黎和霍尔丹而言，为日报撰写文章是尤其得罪人的。很多职业科学家很害怕记者，因为记者善于大肆炒作任何事情。欧内斯特·卢瑟福德（Ernest Rutherford）就以这种态度而著称，像克劳瑟这样负责任的科学通讯员则利用这种恐惧在报纸行业内创立了一个新的职业。霍尔丹自己就抱怨过不负责任的大肆炒作的标题，并且把为报纸撰写更理智的素材视为自己的责任。实际上，很少有科学家能够达到为日报撰写合适内容的水平，这就意味着很少有科学家会面临着被认定为煽情主义以及庸俗化的风险。但是几乎没有证据表明，同样的对立情绪指向了出于明显的教育目的而撰写了一本书的科学家。假如作者仍然有大量的时间投入到研究之中，那么为此而付出的努力就会受到大多数科学家的欢迎而非责难。只有当通俗写作似乎取代了研究，一个科学家获得更高层次认可的机会受到威胁时，他们才会受到诘难。那些仍然能保持大量研究产出的人一般来说都是很安全的，就像爱丁顿、霍尔丹、霍格本，甚至赫胥黎，尽管他后来确实最终放弃了研究。在通俗写作给个人带来的危险方面，一个更好的例子是生物学家 J. 亚瑟·汤姆森，他因为教学和通俗写作而放弃了研究，而且没有当选皇家学会的会员——虽然他退休时阿伯丁大学给他封了爵士。

一项对当时非专业科学文献的调查显示，爱丁顿和赫胥黎等“大人物”是这一级别的专业科学家中最引人注目的一部分。他们中的大多数人早已被遗忘——在地方大学教书的小职员，他们的书现在散落在慈善书店的书架上。类似作者——具有一定职业地位的科学家数量高达百人，这意味着这个国家的科学家中有很大一部分都曾在非专业写作上一试身手（更多细节，请参考附录“传记登记簿”，以及第 12 章对人物的分析）。对弗兰克·特纳（Frank Turner）口中的 20 世纪早期的“公众科学”所进行的研究证实了，科学界仍然觉得自己被低估了。科学家展开了游说，以便让政府和产业相信他们的发现对于大英帝国来说是有价值的。受第一次世界大战期间“忽视科学”运动的启发，他们想让人们了解科学，并激发其对科学的兴趣。对于如何呈现科学，他们可能意见不一，但是他们愿意把通俗写作当成一种试图影响公众态度的方式。出版商期望得到那些用日常语言来传达现代研究结果的书稿，并且他们会寻找职业科学家来提供那些可以被宣传为既具有权威性又紧跟时代的素材。

普及的层次

有人认为，历史学家所认为的大众科学只不过是针对少数读者的非专业文献，这些读者由知识分子或受过良好教育的上层阶级所组成。例如，在对朱利安・赫胥黎的非专业著作进行调查时，有人提出了这一点。对于这种抱怨，我有很多话要说：一本昂贵的书或一本高雅杂志上的一篇文章（即使是用非技术语言写的）永远不会被平民百姓读到。真正的大众科学应该是廉价报纸和杂志提供给普通读者的内容。按照这样的标准，出版界提供的大众科学相对较少，而且（当时和现在一样）大部分都会被炒作到让专业科学家绝望的程度。找出在这个层面上什么是可用的是很重要的，但在考虑严肃的非专业文本和通俗文本之间的关系时，我们需要记住两点。首先，昂贵书籍的内容可以通过评论和更便宜的再版，超越其直接和最初的读者群。其次，从详细的非专业书籍到提供给自学市场的各种更便宜、发行范围更广的书籍和杂志，读者可获得的文献形式具有连续性。在最成功的时候，图书可以拥有数万甚至数十万的读者。在这里，最容易获得的教育材料将逐渐成为真正受欢迎的。

一些例子将有助于充实这一系列出版物的范围。原创研究现在几乎无一例外地被发表在技术期刊上，但在某些领域，科学家仍有可能以任何受过教育的人都能读懂的水平总结他们的材料。正如古人类学家亚瑟・基思所指出的，像他 1915 年写的《人类的古老历史》（*Antiquity of Man*）这样的书在几年时间里销售两三千册，然后就消失得无影无踪。这些书不是大众科学读物：它们的定价为 15/–或1 英镑，只有相对富裕的人才会购买。这就是我们所说的严肃的非专业写作，它代表了当时科学与社会之间的生态关系中一个独特但正在衰落的生态位。非常罕见的是，类似达尔文的《物种起源》这样的书成为经典，并且最终其销量能达到好几万本。但由于这些书是在几十年内传播开来的，所以很难算得上是正常意义上的畅销书。但基思参与了人类化石的描述，这确保了他的工作将在更广泛的层面上被引用，他还为报纸和杂志撰稿。

随着相当富裕的阅读人群规模的扩大，以不太正式的方式出版教育性书籍的机会也越来越多。只要价格合适，广告宣传成功，一本相当严肃的大众科学书籍就能吸引成千上万的读者。其中一些书利用了媒体对进化论和新物理学等领域备受瞩目的进展的报道。这些书籍既有教育意义又有争议。剑桥大学出版社开展了积极的宣传活动，尽管价格中等，但还是实现了数万本的销量。

出版商也急于接触他们认为稳步扩大的市场，这个市场由拥有少量闲钱，强烈渴望自学科学、技术等一系列主题的人所组成。针对这一市场的图书定价低至 6d 或 1/–，并有望在很长一段时间内获得可观的销量。教育系列图书的绝对数量，以及它们发端于 20 世纪最初几十年这一事实，都表明出版商有一种感觉，即越来越多的人既有时间也愿意每周在合理的严肃阅读上花 1 先令。就是这些人成百上千地购买了赫伯特·乔治·威尔斯的《世界史纲》(*Outline of History*)。出版商急于在这个市场上大赚一笔，任何能够成功写作的作者都在敲着一扇敞开的大门。很少有作家能与威尔斯的成功相媲美，但几个类似的系列也卖出了成千上万本（套），从而影响了中产阶级，并通过他们到达了上层工人阶级。

购买自学资料的人显然对科学的兴趣并没有大到去订阅一本专门的大众科学杂志。虽然有几个这样的出版物（见第 9 章），但它们只是惨淡经营。最受欢迎的《扶手椅上的科学》（*Armchair Science*），只能通过将其报道的复杂程度降低到略高于最耸人听闻的大众兴趣杂志的水平而幸存下来。针对普通读者的杂志和报纸只提供了有限的科学报道，这些文章通常是由对该领域知之甚少的记者撰写的。很少有科学家具备为真正受欢迎的媒体写作所需的技能，克劳瑟和里奇·考尔德（Ritchie Calder）等科学记者最终为一些报纸引入了更好的标准。英国广播公司（BBC）也做出了艰苦的努力，以确保科学在广播中得到报道，尽管真正收听科学（或任何其他知识主题）节目的听众比例非常小。在这里，与自我教育读物一样，读者是自我选择的并且仅限于人口的百分之几——除极少数情况之外。大多数普通人很少接触科学方面的资料，他们在报纸和杂志上读到的内容都集中在可以通过耸人听闻的方式所呈现的话题上。最成功的“大众科学”当然超出了知识精英和中产阶级的富裕读者的范畴，但它在工人阶级中的读者仅限于一小群寻求向上流动的人。

然而，更具教育性的大众科学形式的读者群很大，足以吸引出版商，而他们反过来又希望鼓励正从事科学研究的科学家学习在这一层面交流所需的技能。本书的大部分内容将涉及这一水平的通俗写作。然而，在采取这个观点时，我可能会被指责试图恢复所谓的科学普及“主导观点”。研究早期历史的历史学家拒绝接受这样一种假设，即科学的普及包括将研究成果的简化版传播给被动的公众。在专业和业余之间的区别毫无意义的时期，以及那些从事科学研究的人必须对受众——远远超过一小拨专家——

的兴趣给予回应的时期，这种模式是显然不适用的。但主流观点是在 20 世纪中叶确立的，因为正是在过去的几十年里，专业和业余之间的界限变得更加清晰了。业余爱好者再也不可能像大学和学术团体那样参与科学研究了，专业人士也不再需要吸引广泛的受众来构建自己的职业生涯了。

大众科学现在开始更直接地取决于向人们传播新思想和新技术，而这些人永远不可能在技术层面上理解它们。像相对论这样的理论创新实际上是被“兜售”给公众的，因为它们太深奥了，只有少数专家才能正确地理解它们。对大多数消费者来说，源于科学的技术奇迹正日益成为“黑匣子”。科学游说团体需要说服公众，科学的新发展要么在智力上令人兴奋，要么在实践中有用，但要做到这一点，他们必须利用日常语言在描述某些东西时所用到的隐喻和图像。因此，主流观点在这一时期有一定的合理性，尽管不是半个世纪前提倡的那种头脑简单的形式。科学界当然没有用一种声音说话——相反，敌对派别试图影响公众对科学的态度。在理论问题和科学事业的整体意义上，专业科学家都在为相互矛盾的立场辩护。为大众读者写作是试图控制科学如何发展成为国民生活组成部分的一种方式。唯物主义者挑战那些寻求与宗教和解的人。左翼人士嘲笑那些把科学和帝国联系在一起的人。一些人将科学作为新技术的来源加以推广，而另一些人则将其视为智力和道德发展的途径。

即使科学界形成了统一战线，也无法控制向公众传播的内容。普通人无法直接影响科学家，但出版商是对读者需求敏感的商业企业。他们知道他们的读者想要什么，尽管他们可能更希望他们的书是由公认的专家所撰写的，但他们只会与那些能够从便于销售的角度来调整写作风格和内容的作者打交道。公众实际上对书籍和杂志的内容做了什么，这是一个我没有资格讲述的复杂的故事。但出版商在非常真实的意义上代表了公众利益，如果他们错误地判断了人们会买什么，就会面临倒闭。科学家们想要引起公众对他们所做的事情的兴趣，就必须与出版商打交道，并且必须学习所需的技能，以满足出版商想要接触的受众。这远远超出了学习如何在没有数学和技术术语的情况下描述科学——它还涉及培养一种意识，即最新工作的哪个方面最有可能引起兴趣。

另一个使得科学家无法对传播内容加以控制的因素是，有一群作者声称拥有一定水平的专业知识，但他们不是专业研究团体的成员。正如伯纳德·莱特曼等学者指出的那样，19 世纪的许多大众科学作品都是由与精英科学界有着不同程度接触的非专业人士完成的。20 世纪初，一种新的科学作家出现了，他们是没有研究经验的男性（到目前为止，他们几乎还都是男性），但受过一些科学训练，并与科学界有足够的接触，声称自己拥有一定的专业知识。例如，自由职业顾问或学校的科学教师可能很容易转向写作，并把这作为收入的补充来源。日报的专业科学记者是后来才发展起来的，并且是由克劳瑟和考尔德于 20 世纪 30 年代在英国开创的。

这些作家中的一些人共享科学界的价值观，特别是那些写书和文章颂扬科学成就并强调其对知识和经济的积极贡献的人。但正如维多利亚时期一样，一些知识分子对科学在促进物质主义方面起到的作用进行了批判，这种持续的争论偶尔会蔓延到大众媒体。人们也越来越担心科学对知识界以外的人的影响。彼得·布鲁克斯对通俗杂志的研究表明，在 20 世纪的最初几年，利用公众对科学影响的恐惧的素材激增。有人担心，它大肆吹嘘对技术和工业的贡献可能会产生失业等社会问题。新闻记者非常愿意加入这股特定的潮流，但在 20 世纪 30 年代，这种担忧甚至在科学界内也变得普遍起来。这个时代的社会主义者掀起了一股针对公众的写作新浪潮，强调他们对改变科学和社会治理方式的关注和要求。

这些对立的科学观点以及它所能提供的东西形成了本书第一部分的主题，但这些材料被保持在最低限度，因为文本的实际内容不是我研究的主要重点。我认为我们已经对那个时期的普通科学家想要传播的各种专业知识有了相当清楚的了解。现存的二手文献对 20 世纪的科学发展以及主要的理论和意识形态分歧提供了很好的概述。本书的真正内容是第二部分和第三部分，这两部分分别涉及不同种类的通俗读物及其创作者。我在第二部分关注的是，出版商如何设法出版科学读物，他们认为这些读物会引起公众对这一主题的不同层次的兴趣。他们如何看待公众的需求？他们认为最好的回应形式是什么？在本书中包括了关于畅销书和各种自学读物的章节。还有一项调查（第 10 章）是基于对一般报纸杂志（从高雅到真正流行的报纸杂志）的大量产出的相当印象式的抽样调查。这将使读者能够评估更具教育性的材料与绝大多数普通人所阅读的材料之间的连续性程度。我在书中简要描述了广播中的科学的情况（其中“谈话”的形式与印刷文字的形式非常相似），但由于篇幅有限，无法介绍科学与公众互动的许多其他形式，如展览和博物馆。

第三部分聚焦于那些真正为各种媒体写文章的人，不管他们是偶尔写文章还是已成为家喻户晓的明星。在这里，我特别关注的是专业科学界的成员深入参与非专业和通俗读物的创作。有多少职业科学家实际从事这一活动？哪一个专业分支最活跃？他们的动机是什么？他们是如何与作为他们接触公众的唯一途径的出版商互动的？这种活动在多大程度上、以何种方式影响了他们的职业生涯——特别是，当通俗写作实际上成为晋升障碍的时候？我们将详细探讨的一个主题是从写作中获得的经济利益，考虑到许多科学工作者的工资非常低，因此这绝不是一个无关紧要的动机。对于那些不是职业科学家的科学作家来说，这也是一个重要的考虑因素，但他们的全部或部分工作是把他们在接触科学过程中获得的信息传达给普通读者。其中一些人获得了专家的声誉，在公众心目中，他们与职业科学家一样具有权威性。

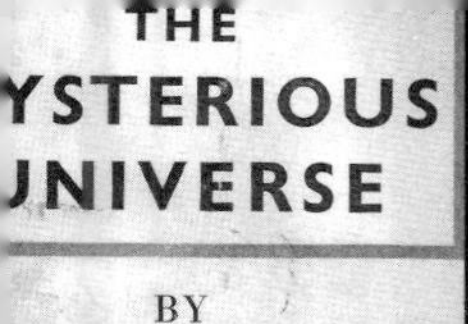

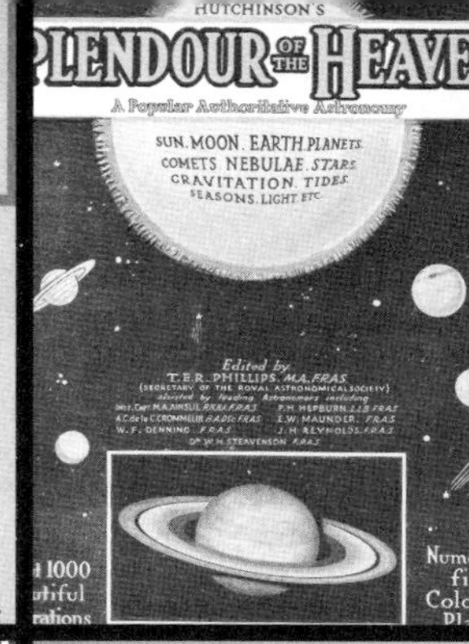

第一部分

大众科学的话题和主题

PART 1

第 2 章
科学的对立意识形态

虽然出版商和作者——包括科学家通常希望从大众科学读物中赚钱，但大多数作者也有更深层次的动机。一些科学家认为，让公众从真正了解科学的人那里了解科学是很重要的。但在书籍和文章的表面内容背后，往往有一个更广泛的目的。亚瑟·爱丁顿和詹姆斯·金斯写了宇宙学和物理学的最新进展，但这样做是为了说明科学与宗教之间的关系。达尔文主义和唯物主义生物学的概述往往旨在促进理性主义。有很多关于应用科学和最新技术进展的讨论，但这些既可以被呈现为一个机遇，也可以被呈现为一种威胁。人们所感知到的威胁的本质也在不断变化——科学是在摧毁传统的社会价值观，还是被当权者利用来损害普通人的福祉？来自科学界内外的作者都急于表达他们对这些问题的观点，有时是对知识精英和统治阶级的，有时是对尽可能广泛的受众的。一些出版商也有超越商业考虑的更广泛的目的。

位于科学讨论背后的价值观有时是相当明显的。爱丁顿公开宣布他的贵格会信仰，奥利弗·洛奇（Oliver Lodge）和 J. 亚瑟·汤姆森都主张自由的基督教观点。相反，对于约瑟夫·麦凯布（Joseph McCabe）、E. 雷·兰克斯特（E. Ray Lankester）或亚瑟·基思等理性主义者来说，他们也持有同样的观点。优生运动的支持者解释了为什么遗传研究证明了这样一种观点，即一些具有“劣等”特征的人应该被劝阻或阻止生育。20 世纪 30 年代的左翼作家明确反对宗教，反对优生学，反对政治和社会精英滥用应用科学。

当我们考察那些认为关于科学的信息对读者来说是有趣的或有价值的作者的动机时，情况就不那么明朗了。我们必须为单纯的热情留出空间：一些科学家对他们领域里发生的事情感到如此兴奋，以至于他们认为每个人都想知道。这类文本表面上的天真，本身就是社会历史学家感兴趣的话题。事实上，作者和出版商可以想当然地认为，有读者愿意花费时间和金钱来获取这些信息，仅仅因为它告诉了我们很多关于当时英国社会的某些期望。

这种热情对读者来说在很大程度上是相当肤浅的，它仅限于技术进步最明显的表征。有多少关于新机器和技术背后的科学的信息被更广泛的公众所接受是值得商榷的。科学的平民主义观点仍然有积极的支持者，这是 19 世纪存在的一种更不稳定的情况的延续。关于工人阶级对科学的兴趣的研究表明，普通人对精英（以及日益专业化的）科学家群体的主张存在明显的不信任。普通人和其他人一样有权决定什么应该被视为关于自然的有效知识，这种信念在美国尤其强烈。它也出现在英国，在 19 世纪末，有一些杂志，如《大众科学筛选》(*Popular Science Siftings*)，专门收录了专业科学家认为是江湖骗术或伪科学的话题。像《珍趣》(*Titbits*）这样的普通杂志也会把关于“真正的”科学的信息片段与同样的“胡言乱语”混在一起。大众媒体继续宣传关于自然的边缘思想，但故意模糊专业和业余科学之间的区别的努力似乎已经逐渐变得不那么活跃了，如果这种现象没有出现在美国，也会出现在英国。关于进化论这个问题，威廉·詹宁斯·布赖恩（William Jennings Bryan）直接呼吁人们自行决定在学校里应该教什么，这是独一无二的。《大众科学筛选》在20世纪20年代消失了，为科学主要由同情科学界利益的杂志来代表扫清了道路。

科学家和科学作家确实对他们的主题充满热情，但他们有更深层次的原因，要向那些有政治和社会影响力的人及广大公众推广科学。但他们对于应该提出什么样的科学愿景或模式，并没有达成一致意见。到20世纪前几十年，科学界已经高度专业化，并迅速扩大，特别是在那些科学可以应用于技术发展的领域。然而，科学家们仍然认为，这个国家没有为科学提供足够的支持，部分原因是统治阶级不欣赏这门学科。虽然这些论点可能是狭隘的，但它们在科学界得到了认真的对待。如何改变这种情况呢？一些精英科学家希望将科学纳入教育体系，以便下一代领导人能够认真地对待科学。鉴于教育应该塑造性格这一观点得到了根深蒂固的支持，这就意味着要避免提及应用科学，以强调研究所灌输的知识和道德价值观。然而，这与那些希望提高公众对应用科学的认知，了解其可能给日常生活或英国在世界上主导地位带来的好处的人所青睐的策略恰恰相反。

科学和探索

赫胥黎等人发起的将科学作为工业和政府专业知识的新来源的运动，起初所取得的成功是有限的。科学家们诉诸帝国主义的意识形态，主张政府应该在促进科学研究和教育方面发挥更积极的作用。他们抱怨说，政府采取了一种放任自流的方式，期望工业界为研究提供资金——英国的实业家在这方面远远落后于德国。英国科学协会（British Science Guild）于1905年在J.诺曼·洛克耶（J. Norman Lockyer）和 R. B. 霍尔丹（R. B. Haldane，J. B. S. 霍尔丹的叔叔）的影响下成立，致力于改善从事科学研究的科学家的命运，并使科学在政府内部产生更大的影响。这些抱怨在第一次世界大战期间再次爆发。1916 年，E. 雷・兰克斯特带头发起了一场运动，强调“对科学的忽视”阻碍了战争的努力。有人认为，几乎只受过古典文学训练的统治精英，既看不起科学，也看不起科学在工业和军事上的应用。

科学家们使用的花言巧语是一种自私自利的策略，这种策略是由一个正在迅速扩张并日益受到政府和行业重视的共同体使用的。正如彼得・奥尔特（Peter Alter）所指出的，当时已经出现了将为第一次世界大战期间和之后纯研究和应用研究的大规模扩张铺平道路的政府架构。政府对研究的资助仍然有限，但在研究基础设施和教育方面取得了重要进展，工业界已经开始向应用研究投入大量资金。大卫・艾杰顿（David Edgerton）特别积极地向我们展示了英国是如何迅速地致力于我们现在所说的工业，尤其是军事研究中的“技术科学”的。他认为，人们对大学科学家的理论发展给予了如此多的关注，以至于我们需要认真对待他们“科学衰落”的言论，尽管事实是应用研究正在蓬勃发展。英国科学和工业研究部（Department of Scientific and Industrial Research）成立于 1915 年，有许多军事研究设施。包括 J. G. 克劳瑟和 A. M. 洛在内的几位著名作家第一次在军事机构中接触到了科学。这个国家的大多数顶尖科学家在战争期间从事军事研究。1916 年，英国枢密院成立了科学和工业研究委员会（Privy Council Committee on Scientific and Industrial Research）。1918 年，英国首相成立了由 J. J. 汤姆森领导的委员会，调查科学在国家教育体系中的作用。该委员会建议的成果之一是将“普通科学”纳入中学教育课程。

不幸的是，在向全国宣传推广科学是否应该成为优先事项这个问题上，科学家们自己无法达成一致。许多初级和职业生涯中期的科学家，包括那些为工业界工作的科学家，都希望获得更好的薪酬和工作条件。他们知道，金钱进入科学领域是因为它的实际应用，他们很高兴看到这些应用在通俗读物中得到强调，这些读物旨在让人们对科学在现代世界中的重要性留下深刻印象。他们认为英国科学协会忽视了这些实际问题，于是在 1917 年成立了全国科学工作者联盟（National Union of Scientific Workers），为职业科学家争取更好的工作条件。

英国科学协会内部之所以会出现张力，是因为科学界的一些资深成员希望将科学纳入教育体系，作为确保执政精英变得更具同理心的一种手段。就像安娜–K. 梅耶尔已经表明的那样，这种对立的意识形态并不鼓励将注意力集中在应用科学上。现有的精英在英国公立学校（实际上是私立学校，其中一些已有数百年的历史）接受教育，这些学校用经典作品来灌输人格力量和对传统道德价值观的尊重。那些在这一传统中接受教育的人蔑视工业和商业的物质主义，并且很容易将应用科学与仅仅获得金钱联系在一起。要让他们相信科学应该在未来的教育中发挥作用，就必须证明科学研究有助于塑造性格。要把重点放在科学方法上，而不是放在其产品上，以期表明研究促进了道德价值观，如思想独立、尊重证据以及愿意就有争议的问题达成共识。

第一次世界大战暴露了科学研究的潜在有害影响，从而凸显了这一问题。科学现在与可怕的新武器（如毒气）的发展联系在一起，并被视为侵略性军国主义的象征，这种军国主义在德国的征服战争中起着推动作用。人们很容易忽视科学，认为它是对世界的一种纯粹的机械方法的应用。正如现代化最坚定的反对者之一、天主教作家希莱尔·贝洛克（Hilaire Belloc）所说：科学只是“一堆被证实为真实的事实”，因此“只要有耐心，任何人都可以从事科学工作”。那些想要将科学提升为道德价值源泉的人，必须将发现视为对科学家个人和知识界都具有创造性和振奋性的东西。科学不是由制造更高效机器的欲望驱动的，而是由纯粹的好奇心驱动的——尽管它可能偶尔或偶然地具有有用的应用。

理查德·格雷戈里（Richard Gregory）明确阐述了这种观点，作为 H. G. 威尔斯的朋友，他和威尔斯持有相同的观点，即科学有可能让社会和文化变得更好。格雷戈里在科学写作和推广科学教育文献方面确立了自己的职业生涯。他是著名科学期刊《自然》的高产作家，并于 1919 年成为该期刊的编辑。1916 年，在“对科学的忽视”的争论达到高潮时，他出版了《发现，或科学的精神和服务》（*Discovery or the Spirit and Service of Science*）。他承认，狭隘的专业化科学可能是道德危险的来源，尤其是当科学家出于主宰世界的自我欲望时。公众很容易把这位科学家看作一个把灵魂出卖给魔鬼以换取权力的浮士德式人物。但是，他坚持认为，很少有科学家是出于控制世界的欲望而进行研究的，更不用说其他人了。他们不是孤独的天才，在对知识和权力的冷酷渴望的驱使下孤立地工作。他们被更为崇高的理想所激励，出于纯粹的好奇心，无私地投身于对真理的追求。发现是一种创造性的行为，导致新的愿景，而不仅是通过应用机械的方法论来揭示残酷的事实。

1920 年创刊的《发现》（*Discovery*）杂志借用了格雷戈里的书名，该杂志涵盖了科学发现和地理发现（见第 9 章）。然而，我们必须要注意，不要过于严格地划分科学的意识形态。《发现》

更注重研究，而不是科学的应用，但它并没有完全忽视后者，第一期就受到了批评，因为它包含了太多关于科学在战争中所起作用的材料了。正如地理发现具有浪漫的吸引力，但也可能导致新资源的开发一样，科学可以被视为在不排除实际应用可能性的情况下扩大了我们的视野。包括 E. N. da C. 安德拉德（E. N. da C. Andrade）和威廉·布拉格（William Bragg）在内的著名科学家也提出了同样的观点。

把关注点放在科学改变我们世界观的能力上的这种策略，得到了媒体对理论物理学和宇宙学最新进展的广泛报道的推动。正如我们将在下一章中看到的那样，在 1919 年，几乎没有人不知道，爱因斯坦的相对论已经使科学界相信，一场观念革命正在发生。事实上，只有少数专家被认为能够理解这一新理论，这产生了一种神秘感。核物理学的惊人进展也笼罩着同样的神秘气氛，因为波动力学似乎破坏了老式唯物主义的整个概念结构。爱丁顿和金斯的畅销书突出了现代物理学的奇异新世界，并指出了对人类如何融入宇宙的愿景所带来的启示。他们提供了一个重要的选择，而不是对核物理潜在应用的广泛迷恋。H. G. 威尔斯是少数几个预测原子弹可能性的作家之一，报刊上也有一些夸张的报道，说新的能源可以为工业提供无限的动力。正是因为担心这种耸人听闻的说法，欧内斯特·卢瑟福等核物理学家更愿意放弃对实际应用的猜测，而专注于正在发展的关于物质终极本质的令人兴奋的新想法。

有些人仍然不相信科学崇高的论点。不喜欢新技术带来社会变革的保守主义者们不会停止反对他们所认为的新技术应用的智力源泉。1927 年，里彭主教阿瑟·巴勒斯（Arthur Burroughs）在英国科学促进协会（British Association for the Advancement of Science）

会议上的一次布道登上了新闻头条，他呼吁设立一个“科学假期”（Scientific Holiday）——暂停科学研究十年，让社会赶上所有现有的应用。亚瑟·基思和奥利弗·洛奇等科学家纷纷指出这是多么不切实际。几年后，经济萧条导致人们再次担心，新的、越来越复杂的机器正在让劳动人民失业。英国科学促进协会的科学家们努力指出，当前的经济困难不是技术创新的直接产物，而是对技术创新所产生的变化进行管理的现有社会体系的效率低下的后果。

科学和宗教

也有关于科学对特定宗教信仰的影响的辩论。1927 年，在英国科学促进协会的会议上，巴勒斯进行“科学假期”的布道，而解剖学家、古人类学家亚瑟·基思则发表了一篇广为流传的主席演讲，重申了长期以来的主张，即科学促进了唯物主义的世界观。奥利弗·洛奇站在了对立面，代表一大批科学家对基思做出了回应。这些科学家认为，最新的发展正在扭转这一趋势，并开始倾向于与基督教的自由主义形式和解。洛奇公开将他的科学与他对唯心论的认可联系在一起，尽管很少有科学家走到这一步，但许多人仍然赞同这样一种说法，即一种与传统宗教的某些方面相一致的新世界观正在出现。爱丁顿关于新物理学的著作不仅转移了人们对潜在的实际应用的关注，还强调，通过削弱老式的唯物主义，量子力学和波动力学重新引入了人类思维作为现实组成部分的角色。至少就目前而言，像基思这样的理性主义者处于守势。

1910 年和 1932 年进行的两次调查表明，很大一部分英国科学家仍然保留着某种形式的宗教信仰。这些调查集中在资深科学家身上，因此无法记录年轻一代科学家的变化。到1932年，越来越多的人开始反对宗教，一些人开始公开支持马克思主义。但在新世纪的前三十年里，这个国家的资深科学家中有很大一部分人支持宗教，有些人还准备公开撰文支持和解。有许多预言说，维多利亚时代的物质主义在科学和一般文化中已经死亡了。事实上，一直有许多科学家不支持赫胥黎的自然主义纲领，但为了突出新世纪显著的态度改变，省事的办法就是把这一事实忘掉。

一些杰出的科学家在文学作品中促进了与宗教的和解，这些作品既针对知识精英，也针对普通大众。爱丁顿和金斯对新物理学的诠释卖出了数万份。洛奇将他广为人知的对唯心论的支持与古老的以太物理学（通过以太的概念）和渐进进化思想的奇怪混合联系起来。进步也是J. 亚瑟·汤姆森世界观的关键，它与一种整体的、几乎是新活力主义的生物学联系在一起，在这种生物学中，活体的活动可以超越支配其组成部分的物理法则。心理学家康威·劳埃德·摩根（Conwy Lloyd Morgan）关于涌现进化的观点，作为一种将进化视为神圣目的的展开的手段，起到了同样的作用。汤姆森将他的新活力论融入他的大众博物学著作，将动物描述得好像它们具有完美的个性。即使是一些持怀疑态度的科学家也无法逃脱进步观念的诱惑。朱利安·赫胥黎虽然表面上是一位理性主义者和人文主义者，但他将进步的思想融入他的努力之中，以促进新出现的达尔文主义和遗传学的综合。

事实上，一些支持反物质主义立场的资深科学家也是为大众媒体撰稿的高级专业人士，这引起了那些对这种解释持怀疑态度的人的担忧。1933年，经验丰富的理性主义活动家约瑟夫·麦凯布抱怨著名的科学家向轻信的公众宣传他们过时的科学观点，好像他们代表了一种共识一样。对于下一代的马克思主义科学家来说，爱丁顿的新理想主义是科学家精英与政治和文化反动派同流合污的典型。高水平的科学家，特别是那些在大众水平上有能力开展富有吸引力的写作的科学家，能够以一种整个科学界可能不想认可的方式影响科学的公众形象。大众科学是一个对立意识形态和对立世界观的战场。

应用科学

爱丁顿声称，历史学家系统地低估了英国工业和英国军事机构利用应用科学的程度，当时的大众科学文献可以为这一说法提供印证。绝大多数科学家，以及不断扩大的工程师和技术人员群体，都受雇于工业界。他们中的许多人从事直接或间接支持军事或英国海外帝国利益的项目。普通人非常清楚新技术在多大程度上改变了他们的工作和生活。他们接受了英国在世界上的地位取决于其在工业和军事技术上的优势这一说法。尽管声称机器让人失业的新路德分子偶尔让他们感到震惊，但总体而言，他们欢迎应用科学带来的便利和更多实惠。有文化的工人和中下层阶级对重大的理论问题有所了解，但他们受教育程度较低的同胞则更有可能对无线电、飞机和最新的医疗技术感兴趣。

当时的大众科学文献中有很大一部分是致力于我们所说的技术科学的，包括基础技术和工程。理论和应用之间没有明显的界线。同一本书会讨论辐射的性质和电子的最新观点，以及新物理学在无线电、X 射线和镭治疗癌症方面的应用。一套丛书将涉及博物学、化石和宇宙学，以及飞机、船舶、电气发明、铁路和土木工程（第二部分将详细介绍这些文献）。这种科学和技术的混合也不仅仅是由商业出版商推动的：剑桥大学出版社的《科学和文学手册》（*Manuals of Science and Literature*）系列包括关于电力运动、铁路、军舰和无线电［或当时通常所称的“无线”（wireless）］的书籍。如需进一步确认这种情况，请参阅参考文献中以查尔斯·R. 吉布森（Charles R. Gibson）、哈里·戈尔丁（Harry Golding）、埃里森·霍克斯（Ellison Hawks）、A. M. 洛、查尔斯·雷（Charles Ray）、V. H. L. 塞尔（V. H. L. Searle）和阿奇博尔德·威廉姆斯（Archibald Williams）的名字命名的书目。

我们所处的世界与爱丁顿、琼斯或朱利安·赫胥黎的世界截然不同。尽管在铁路机车、采矿或土木工程的书籍中可能很难找到理论科学的内容，但理论科学并非是完全缺失的。当它出现时，它在很大程度上服从于实际应用。读者被告知了足以了解新技术的科学背景。物理学理论发展中令人不安的概念启示只会有一丝暗示，很少或根本没有强调科学的方法论——在这里，发明比发现更重要。的确，发现的出现在很大程度上是实干家试图解决技术问题的结果。从作者的背景调查中得出的一个非常重要的观点是，专业作家在这方面比从事研究的科学家更活跃。尽管有一些技术专家撰写通俗读物，但大多数专业作家仅受过一些技术训练，与纯科学文献的生产相比，专业科学家团体对技术文献的参与程度较低。这并不是因为专业科学家和工程师不参与工业发展，与学院派科学家不同的是，他们不太习惯于传播，并且很可能面临着与商业或军事机密有关的问题。在这个领域，让富有同理心的专业作者开展向公众进行传播的工作更容易。

就应用科学而言，对于大多数研究为何要开展是不存在任何疑虑的——这些都是为了纯粹的实用目的，并因此得到了工业界的资助。但公众为什么要对此感兴趣呢？我们在这里可以区分几个被认为是归因于读者的重叠的动机，而作者则可以利用这些动机。其中一个是对英国作为领先的工业强国和世界帝国中心的自豪感。无论是在主流行业，还是在运输和通信领域令人兴奋的新进展方面，普通公民都被鼓励着要对维持英国在世界上地位的技术感兴趣。但是，在这种坦率的帝国主义宣传之外，有一种实际的感觉，即公民可能认为了解一些正在改变他日常生活的技术是有用的。在这里，对应用科学的关注与鼓励职员和技术工人自我完善的更普遍的举措相吻合，这些职员和技术工人是国家经济的支柱。在不鼓吹社会革命的情况下，大众科学作家可以通过非正规教育为人们提供改善其地位的机会（下一章将给出所涉及主题的更多细节）。

在第一次世界大战爆发前的几十年里，帝国主义宣传鼓励年轻人和老年人都把英国视为一个领先的工业强国、一个日不落帝国的中心。儿童读物颂扬了建立帝国的探险家、士兵和定居者的英雄主义，并强调了在现代世界中维持帝国权力的新技术。诺思克利夫勋爵阿尔弗雷德·哈姆斯沃思利用他对新的大众市场日报的控制来宣传帝国，并警告敌对势力（尤其是德国）对帝国构成的威胁。虽然诺思克利夫是一支强大海军的有力倡导者，但他也利用他的文章来推广飞机的新技术，该技术具有改善通信（并作为战争武器）的所有潜力。随着 1910—1911 年的《哈姆斯沃思大众科学》的出版，这一思想直接蔓延到了科学传播中。这是每两周出版一次的系列读物，颂扬了科学给世界带来的令人振奋的前景以及英国的工业和技术实力。科学为电力、运输和通信这些新技术提供了不断发展的动力，还通过控制疟疾等医学进步为殖民世界打开了大门（图 2–1）。没有人试图掩盖科学的军事应

图 2-1 “科学能开拓热带地区吗？”来自梅伊编辑的《哈姆斯沃思大众科学》(联合出版社，1911 年)，第 1 卷，233 对开页。一个穿着学位服的人，可能是罗纳德·罗斯爵士，邀请殖民者占领热带地区，因为疟疾的祸害已经被击败了。(作者的收藏)

用——这是对爱丁顿的论点予以支持的另一点。针对青少年的书籍公开地颂扬《潜艇的浪漫》(*The Romance of Submarines*)以及《战争发明的浪漫》(*The Romance of War Inventions*)。这些图像在战后被减弱了，但飞机作为帝国更快通信的象征所具有的吸引力仍然十分强大。

历史学家们对科学与帝国之间关系的一个方面——优生运动——进行了广泛研究。那些呼吁设立一个更集中管理的社会的专业人士和科学家支持通过选择性繁殖来提高英国民族的心理和身体水准。科学家从遗传和进化论中得出的论点经常被用来证明，限制“不合格的人”的繁殖的呼吁是正当的。毫不奇怪的是，这些论点进入了一些科学家和专业人士为大众撰写的通俗读物中。《哈姆斯沃思大众科学》包含了关于这一主题的部分，尽管它的语气相当温和。该系列的主要贡献者是凯莱布·威廉·萨利比（Caleb William Saleeby），他还出版了几本关于该主题的书。在更极端的层面上，拉马克生物学家 E. W. 麦克布赖德（E. W. MacBride）在他为颇受欢迎的《家庭大学丛书》（*Home University Library*）撰写的关于遗传学的图书中加入了一个关于优生学的章节。该系列的科学编辑 J. 亚瑟·汤姆森本身就是一位优生学家，他在自己的一些畅销书中纳入了关于这个话题的并不那么极端的评论。理性主义者出版协会（Rationalist Press Association）的出版商沃茨（Watts）在 1928 年出版了伦纳德·达尔文（Leonard Darwin）的《什么是优生学？》（*What Is Eugenics?*），第二年，达尔文为《扶手椅上的科学》杂志写了一篇关于这个话题的文章。20 世纪 30 年代，争论转移到了英国广播公司的科学广播节目中，尽管当时像 J. B. S. 霍尔丹这样的左翼科学家又发起了反击（见第 10 章）。然而，总体而言，优生学辩论似乎对最受欢迎的大众科学文献所产生的影响是相当有限的。由于不能保证该话题可以激起他们希望吸引的较低社会阶层的热情，商业出版商持谨慎态度。

颠覆性科学

上面提到的所有立场都认为现有的社会秩序是理所当然的。

他们或试图通过影响政府来改变社会，或帮助普通人理解和适应科学技术给作为个体的他们所带来的变化。一些试图将研究作为性格塑造练习的科学家公开支持传统的宗教价值观和信仰。但并不是每个人都准备接受现状，尽管现有的社会秩序面临着几种不同的挑战。在某些情况下，我们可以看到一系列的激进主义——从那些仅仅希望现有的政府形式更多地关注科学的人，到那些呼吁科学家自己接管社会管理的人。一些激进分子呼吁科学发挥更大的作用，他们关注的是科学有可能破坏支撑现有社会等级制度的宗教信仰，继续维多利亚不可知论者的运动。另一些人认为不可知论者的立场是理所当然的，并专注于科学家获得控制权的需要——可能是在现有的资本主义制度通过战争自我毁灭之后。然而，到了 20 世纪 30 年代，人们越来越关注新的、科学管理的社会所应建立的道德基础。越来越多的左翼政治科学家呼吁代表普通民众进行管理，他们声称，普通民众被系统地剥夺了新技术所带来的好处。苏联被誉为效仿的榜样。然而，法西斯主义和纳粹主义在欧洲的崛起带来了新的威胁，最终挫败了这种关于受管理社会应该是什么样子的截然不同的观点，左翼不得不插手现有的社会秩序。战争结束后，左翼希望有机会带来重大变革。

在这些激进立场中，最传统的是维多利亚时代各种无神论者、不可知论者和理性主义者所代表的对传统宗教的直接反对。理性主义当然与社会改革的呼声联系在一起，例如，E. 雷・兰克斯特将他对具有科学素养的精英统治的呼吁与他对教会作为维护传统社会精英的机构的憎恨联系在一起。兰克斯特是理性主义者出版协会这个最活跃的工具中的颇有影响力的一员，借助于这个机构，维多利亚时代晚期无信仰的传统延续到了 20 世纪。在查尔斯·阿尔伯特·沃茨（Charles Albert Watts）创办的出版社的支持下，该出版社以重印达尔文、赫胥黎和恩斯特·海克尔（Ernst Haeckel）等人的经典文本而闻名。退休的天主教神父约瑟夫·麦凯布翻译了海克尔的作品，并为理性主义者出版协会撰写了自己的作品，宣扬达尔文主义和不可知论。除了兰克斯特，理性主义者出版协会还出版了亚瑟·基思、朱利安·赫胥黎以及前马克思主义时代的 J. B. S. 霍尔丹等科学家的作品。

兰克斯特对科学精英统治的呼吁在他的朋友 H. G. 威尔斯的小说中得到了普及。在 1905 年出版的《现代乌托邦》(*A Modern Utopia*）一书中，威尔斯设想了一个由受过科学训练的"武士"领导的新社会，这个社会有五个社会阶层。像许多呼吁建立一个更精心规划的社会的人一样，他赞成把优生学作为改善人类种族的一种方式。第一次世界大战后，威尔斯对不久的将来越来越悲观。他的《未来世界》(*The Shape of Things to Come*）及依据其改编的电影《笃定发生》预言了另一场毁灭性战争之后文明的崩溃。但他仍然认为，一个由科学家领导的新的、更好的社会将会出现，他们将把控制权建立在空中力量的基础上。与此同时，他并没有放弃提升同时代的公众的科学素养的努力，尤其是借助于他与朱利安·赫胥黎合作撰写的《生命之科学》(*The Science of Life*)。

威尔斯的未来主义愿景是许多主流思想家所支持的立场的极端表现。理查德·格雷戈里呼吁建立一个更具科学素养的政府，并在《自然》杂志上发起了相应的运动，主张在同一方向上采取不那么激烈的行动。最初，威尔斯和格雷戈里都被社会主义所吸引——并不是出于对工人阶级的同情，而是因为他们认为这是一条通往计划经济的道路。威尔斯对苏联的社会革命实验保留了一些认可，但他和格雷戈里很快意识到，在英国，社会主义工党过于关注短期改革，而不是给予科学适当的支持。在两次世界大战之间的岁月里，《自然》杂志和英国科学促进协会都开始支持这一立场，即认为更好的科学教育将创造一个更负责任的统治阶级。在经济萧条的年代里，他们不顾一切地阻止那些声称科学和技术本身要对劳动人民现在所忍受的苦难负责的说法。

至少就普通劳动人民而言，这并不是一种全新的焦虑。批评意见一直集中在新技术可能导致非熟练工人失业的问题上。里彭主教巴勒斯在他呼吁设立“科学假期”的布道中，对物质主义影响的抱怨非常强烈。在大萧条时期，这些担忧变得更加普遍，因而导致英国科学促进协会呼吁科学家更深切地关注其工作的社会影响。越来越多的人认为，科学家本身应该更加直言不讳地呼吁政治改革，而不是局限于让公众更多地认可科学和技术所能提供的好处。这场运动的产物之一是英国科学促进协会成立了科学的社会关系和国际关系部（the Social and International Relations of Science）。

然而，在这场运动中，许多年轻的科学家正在转向左翼，他们中更激进的人支持马克思主义，并实际上加入了共产党。J. D. 贝尔纳与海曼・利维、兰斯洛特・霍格本和 J. B. S. 霍尔丹一起成为这个团体的领袖。所有人都对那些科学家的反动行为表示怀疑，这些科学家试图推广与传统宗教价值观的联系。一些人以通俗作家的身份开始了自己的职业生涯，他们提出了相反的观点，即科学是革命的力量。对霍尔丹和霍格本来说，重要的是，普通人不仅要对科学有所了解，这样他们才能理解科学对他们生活的影响，而且他们还要学会用科学的术语来思考如何组织一个高效公正的社会。J. G. 克劳瑟在他为《曼彻斯特卫报》（*Manchester*

Guardian）所做的开创性科学新闻报道中引入了这种视角。左翼科学家再一次在开始关注内容的同时也关注方法——但其目的与上一代人所倡导的完全不同。

也许，正是对这种在大众教育中推广科学思维方式的重新关切，导致了这些左翼作家忽视了上一代的大众科学写作。早期的作者提供了关于科学内容及其实际应用的信息，将读者视为在现有系统中可能具有实际效益的知识的被动接受者。马克思主义者希望改变制度本身，并将科学应用于公共事务视为每个公民的责任。

从一开始，霍格本和霍尔丹就都不是马克思主义者——1924 年霍尔丹的《代达罗斯》(*Daedalus*）试图通过预测科学和技术对社会的改造会走多远来震惊知识界。直到 20 世纪 30 年代，他才对工人阶级的问题产生了更深切的关注。霍格本写了他的畅销书《公民的科学》(*Science for the Citizen*）和《大众数学》，希望让普通人理解科学的思维方式。生物学家 C. H. 沃丁顿也不是马克思主义者，但他在 1941 年写了他的《科学态度》(*Scientiffc Attitude*）一书，主张需要一种科学方法来解决社会问题。但在纳粹主义的上升所带来的压力下，其向左翼的转变变得越来越明显。霍尔丹加入了共产党，并开始为其报纸《工人日报》(*Daily Worker*）撰稿。与此同时，加强国家对付这个新敌人的准备工作的需要变得越来越迫切。社会改革的呼声不得不暂时搁置，以免整个欧洲被这种新的野蛮所征服。贝尔纳和其他人在 1939 年后的战争中发挥了重要作用，还有索利·祖克曼（Solly Zuckerman）的“集智”（Tots and Quots）小组的其他成员，该小组非正式地协调了这个国家领先的科学头脑。社会党人希望，战后他们的影响将确保他们先前的担忧得以解决——他们发现自己面临着那些想把科学描绘成由无私的好奇心所驱动的人的新一轮攻击。随着后来演变成了冷战的第一步行动的开始，这些人对任何类似苏联体制的东西的热情就变得越来越可疑。

第 3 章 大图景

科学的新进展迫使所有有思想的人都重新考虑他们对自己的看法以及他们与宇宙的关系。在 19 世纪，关于地球、生命和人类起源的新思想的影响引发了激烈的公众辩论以及宗教信仰的转变。直到 20 世纪，这些问题仍然存在争议，但在物理学和宇宙学的最新进展面前，它们越来越黯然失色。正是在这里，“大图景”以这种方式得到重绘，即迫使每个人都认识到科学仍然有能力带来重大革命。

然而，我们不应该过于严格地划分大众科学文本。物理学的一些新进展有了实际应用，X 射线就是一个明显的例子。对无线电广播技术细节的描述必须包括对电磁辐射以及产生和探测电磁辐射的原理的说明。因此，对电气技术最平淡无奇的描述可能包括对最新理论进展的简要讨论。生物学的新进展在医学等领域也有实际的应用。

考虑到这一点，我们仍然可以看看理论创新的主要领域，以考察它们是如何向公众描绘的。很少有人不知道进化论对上一代人世界观的影响，但进化论的整体观点现在被如此广泛地接受，以至于它不再占据中心舞台了。尽管在古老的维多利亚传统中仍有“进化史诗”正在产生，但这一主题更有可能被纳入更广泛的生物学调查中，如 H. G. 威尔斯与朱利安·赫胥黎合作撰写的《生命之科学》。人类起源是一个仍然会立即引起关注的领域，特别是当重要的新化石被发现时。

如果生物进化的大范围延伸不再如此引人注目，那么在公众的想象中，取代它的则是宇宙进化的更广泛的历史维度。宇宙不仅比维多利亚时代的人所想象的要大得多，也在进化。在这里，小尺度的新物理学与大尺度的新宇宙学相互作用。正如亚瑟·爱丁顿和詹姆斯·金斯等著名作家所解释的那样，核物理学帮助我们理解了恒星的生命周期，相对论则改变了我们对空间和时间的理解。这两个领域都对我们关于心灵如何与宇宙互动的观点产生了重大影响。然而，早在这些争论爆发之前，实验物理学家较为平淡的发现就已经以更容易向普通读者解释的方式改变了关于物质终极性质的观念。

原子物理学

19 世纪的最后十年见证了科学家对物质和能量本质的认识的一场革命的开始。无线电波和 X 射线扩展了现有的电磁辐射观点，放射性和阴极射线的发现则预示着更大的变化。实验物理学家所使用的仪器与开发了新技术的发明家和业余爱好者并没有什么不同，他们给电流和原子的性质带来了观念上的转变。欧内斯特·卢瑟福的实验证明了原子核的存在，并为原子朴素的“太阳系”模型奠定了基础。这样做的好处是，人们很容易用日常用语来描述原子的模型，并且其可以被呈现为一场证明了现实之本质的革命的高潮。量子和波动力学等理论创新就不能这么说了。爱丁顿的著作非常有效地传达了这些思想中令人不安的方面。一些科学家和大多数哲学家都不赞成，但爱丁顿证明了一个关于通俗写作所具有的力量的重要观点。那些能够成功地做到这一点的人，无论他们是否反映了科学界的共识，都会影响公众对科学的看法。对许多普通读者来说，这些新发现最令人兴奋的启示是，放射性元素的衰变可能会产生巨大的能量。

这场革命的早期阶段是从 19 世纪 90 年代的新进展中逐渐显现出来的，大众媒体对此进行了广泛报道。X 射线、放射性和电子的发现被广泛报道，并讨论了它们的潜在影响。人体 X 射线图像的照片被频繁地复制，镭治愈癌症的能力被广泛宣扬。像沃尔特·希伯特（Walter Hibbert）1909 年出版的《大众电力》（*Popular Electricity*）就包括对电气技术叙述的话题的章节。查尔斯·R. 吉布森的调查显示，在 19 世纪晚期的确定性知识到 20 世纪早期现有的新发展之间存在着连续性。威廉·布拉格也认为，展示物理学的早期发展如何为后来关于原子性质的发现铺平了道路是很重要的。

1911 年，吉布森出版了《电子自传》（*Autobiography of an Electron*），这是一部更具想象力的作品，旨在帮助公众想象一个由电子组成的世界。通过采用幽默的风格以及对电子的行为如何导致了许多司空见惯的现象的解释，他希望读者可以对新观点感到更舒服。事实上，这本书并不成功，1920 年，它被改写成了一种更传统的形式——《什么是电？》（*What Is Electricity?*）。但由于吉布森和其他许多作家的努力，这种新思想得到了广泛传播。在 20 世纪的第一个十年里，几乎所有受过教育的人都被期望至少知道这门新科学的术语及其相关的应用。幽默杂志《品趣》（*Punch*）经常刊登关于镭、无线电和电子的漫画。儿童漫画《泼克》（*Puck*）的主角是一个卡通人物——镭教授，他总是把东西炸飞。

镭教授开展的活动提醒我们，从很早的阶段开始，人们就期望从放射性中获得巨大的能量。卢瑟福的合作者弗雷德里克·索迪（Frederick Soddy）在他 1909 年《镭的解释》（*Interpretation of Radium*）中阐述了这些可能性。几年前，在卢瑟福对放射性新理论提出更具技术性的解释之前，索迪就在《电工》（*Electrician*）杂志上发表了这方面的通俗文章，这激怒了卢瑟福。在这本 1909 年出版的书的结论部分，索迪推测了被锁在放射性物质中的巨大能量，以及如果这些能量能够被释放出来对人类将意味着什么。可能性是巨大的——包括太空旅行，但一个错误就可能使人类重新陷入野蛮状态。这些预言激发了 H. G. 威尔斯的灵感，他在 1914 年的《自由世界》（*World Set Free*）中写到了原子弹。索迪本人在 1912 年为《家庭大学丛书》撰写的《物质与能量》（*Matter and Energy*）一书中重申了他关于无限能量的可能性的预言。与之相竞争的《剑桥手册》（*Cambridge Manuals*）包含约翰·考克斯（John Cox）的《超越原子》（*Beyond the Atom*），他曾在麦吉尔大学（McGill University）与卢瑟福合作。

有些人试图将新发现的革命性启示降到最低。奥利弗·洛奇爵士是英国最著名的科学家之一，尽管他现在更多地去撰写关于唯心论以及科学对宗教的启示等议题的作品。1924 年，他的《原子与射线》（*Atoms and Rays*）相当严肃地介绍了“原子结构和辐射的现代观点”，并在序言中指出，目前的情况可以与开普勒时代的天文学相比——仍在等待一个能够理解所有新进展的牛顿。洛奇还在欧内斯特·本（Ernest Benn）的《六便士图书馆》（*Sixpenny Library*）系列中写了两本书，他的《现代科学思想》（*Modern Scientific Ideas*）以一种独特的宣言结尾，即这一切背后都有一个有远见的“心智”。

幸运的是，对于欧内斯特·本的《六便士图书馆》系列的可信度来说，它还包括另一项调查成果，即曾与卢瑟福合作过的

E. N. da C. 安德拉德的《原子》(*The Atom*)。像许多其他介绍一样，这本书大量使用隐喻，以让读者对新的思维方式产生一种印象——它一开始就问物质的构成应该被比作一蒲式耳[1]的豌豆还是果冻。洛奇称赞伯特兰·罗素（Bertrand Russell）的《原子入门》(*ABC of Atoms*) 是对这个领域最好的新介绍之一。还有其他一些作品也试图覆盖相同的领域，包括 W. F. F. 谢尔克罗夫特（W. F. F. Shearcroft）的《原子的故事》(*The Story of the Atom*) 和 J. W. N. 沙利文的《原子与电子》(*Atoms and Electrons*)。物理学家乔治·汤姆森（George Thomson），也就是后来的乔治爵士，在 1930 年写了《原子》(*The Atom*) 一书，这本书姗姗来迟地添加到了《家庭大学丛书》之中。到目前为止，对于任何试图向公众解释新物理学中更反直觉的方面的人来说，波动力学已经成为一个新的挑战——汤姆森强调说，波不一定要“位于”像以太这样的物质中。为保证能跟上时代的步伐，他的书随后在 1937 年进行了修订，并在 1947 年再次修订。1928 年，吉布森在他的《现代电学概念》(*Modern Conceptions of Electricity*) 中，将量子力学和相对论纳入了“两种困难的理论”这一章中。

1928 年也是爱丁顿的《物理世界的本质》(*The Nature of the Physical World*) 这本书出版的年份，这本书获得了标志性的地位，因为它直接地解决了新物理学更令人困惑的含义，并用它们来让读者思考科学知识的地位。詹姆斯·金斯更成功的作品，1930 年出版的《神秘的宇宙》(*The Mysterious Universe*) 也以新物理学作为其所表达的主张的基础，即宇宙是由数学之神设计

---

[1] 英美制计量单位，1 蒲式耳等于 8 加仑，相当于 36.37 升。——编者注

的。我们这本书的第六章讨论了他们的书成为畅销书的过程。爱丁顿使用了一系列巧妙的修辞手法，让读者去面对这样一个事实，即他们的日常世界与亚原子领域几乎没有相似之处，并推翻了他们对于使用仪器可以为他们提供自然现象知识的假设。他的目标是打破旧的唯物主义，并在现代世界观中为人类情感和精神直觉创造空间。理性主义者约瑟夫·麦凯布反对这种新的唯心主义，尽管他自己在 1925 年试图解释新物理学的含义的努力已经过时了。

质量较好的杂志刊登了爱丁顿、洛奇、罗素和沙利文等作家关于新物理学的文章（见第 10 章）。报纸的报道更灵活，往往是在追随关于新发现的重要公告。出版界人员通过实际上成为卢瑟福和他在剑桥大学的卡文迪什实验室（Cavendish Laboratory）的门生的公关人员，进而帮助他们管理如何把新闻与公众关联起来，J. G. 克劳瑟把自己打造成了《曼彻斯特卫报》的科学记者。詹姆斯·查德威克（James Chadwick）为《发现》杂志写了一篇关于他发现中子的报道来替自己辩解，尽管该杂志通常都会刊登高质量的物理学文章。对于一些更受欢迎的科学杂志来说，情况就不一样了。《征服》（*Conquest*）杂志在 1924 年通过一篇简要的描述性文章对玻尔的理论进行了非常基本的概述。更受欢迎的《扶手椅上的科学》杂志在其第一期中刊登了一篇关于电子轨道运行的文章，并配有一张旋转木马的图片。最后，发起了迄今为止最有效的普及新物理学的尝试的是《发现》杂志，那就是乔治·伽莫夫（George Gamow）轻松愉快的“汤普金斯先生”（Mr Tompkins）系列故事。虽然伽莫夫居住在美国，但《哈泼斯杂志》（*Harper's Magazine*）拒绝发表他的文章，因此这些文章被寄给了当时担任《发现》杂志编辑的 C. P. 斯诺（C. P. Snow）。第一个系列的文章刊登在 1938 年的《发现》杂志上。随后该杂志发表了更多的文章，这些文章（连同一些新写的文章）被收录到剑桥大学出版社出版的两本经典著作中：1940 年出版的关于相对论的《汤普金斯漫游奇境记》（*Mr Tompkins in Wonderland*）和 1944 年出版的《汤普金斯探索原子》（*Mr Tompkins Explores the Atom*）。

对核物理学可能产生一种或用于和平或用于军事用途的新能源的可能性，人们继续保持着兴趣。1924 年，谢菲尔德大学（University of Sheffield）的物理学家 T. F. 沃尔（T. F. Wall）为《伦敦新闻画报》（*Illustrated London News*）写了一篇文章，标题是《试图破坏原子：不可估量的能量》（" Seeking to Disrupt the Atom: Immeasurable Energy"）。当 J. D. 克罗夫特（J. D. Cockroft）和欧内斯特·沃尔顿（Ernest Walton）最终获得成功时，同一份报纸还登了一篇更严肃的文章。在 20 世纪 20 年代和 30 年代，《品趣》刊登了几幅以原子弹爆炸为主题的漫画。罗伯特·尼科尔斯（Robert Nichols）和莫里斯·布朗（Maurice Browne）的戏剧《欧洲上空的翅膀》（*Wings Over Europe*）戏剧化地描述了一位杰出科学家由于发现了原子能而产生的冲突，并在 1929 年的《伦敦新闻画报》上进行了大力报道。对许多读者来说，开发核能有时令人恐惧的前景远远超出事实本身，而当 1945 年人类投下了第一颗原子弹时，这些恐惧显而易见地成了现实。

宇宙学

在地球上产生原子能的可能性与天体物理学的进展齐头并进，更好地了解原子有助于天文学家了解恒星的结构和生命史。

更大的望远镜提供了越来越多的关于恒星分布和星系结构的信息，而这些见解也为这些信息提供了来源。正是在这一时期，天文学家证实了在我们的星系之外还有其他星系的存在，接着意识到来自这些星系的光的红移意味着整个宇宙正在膨胀。1903 年，经验丰富的阿尔弗雷德·拉塞尔·华莱士（Alfred Russel Wallace）的《人类在宇宙中的位置》（*Man's Place in the Universe*）将太阳系描绘为单一恒星系统的中心，但在几十年内，这一观点就被膨胀宇宙中的多个星系的竞争模型取代了。

1919 年，亚瑟·爱丁顿因证实了爱因斯坦的预言而登上新闻头条，但他当时的大部分工作是关于把物理学的最新进展用于解释恒星的结构和进化的。他的思想在 1927 年的《恒星和原子》一书中呈现给了普通读者。他声称已经选择了他作品中"允许进行相对基本的阐述"的那些方面，尽管他承认读者需要集中精力才能搞懂。通过简单的类比，他解释了恒星结构的数学模型是如何被提出和检验的。他煞费苦心地表明为展示这个领域的目前状态而不得不做的一些错误和失误，并故意突然结束，表示他不为大高潮的缺失而道歉。以模糊的印象收尾，反而更好地展示了科学实际上是如何进步的。

在这些主题方面，爱丁顿并不是唯一的作家。赫伯特·丁格尔（Herbert Dingle）1924 年的《现代天体物理学》（*Modern Astrophysics*）为普通读者提供了一个实质性的概述——尽管作者承认他的读者必须努力才能跟得上。丁格尔还为大众科学杂志《征服》撰写了一篇文章。到目前为止，新宇宙学最有效的普及者是詹姆斯·金斯，他的《神秘的宇宙》之所以成为畅销书，部分原因是它将新宇宙学与物理学的最新进展联系了起来。金斯擅长将太阳系天文学中较为熟悉的方面与他自己的行星系统形成理论、原子物理学的进展、膨胀宇宙的更广泛的宇宙学以及相对论结合起来。在许多方面，这些宇宙观取代了公众想象中的生物进化论者的宇宙观。事实上，在《穿越时空》（*Through Space and Time*）这本书中，金斯一开始就对地质学和地球生命的历史进行了调查，然后才谈到恒星和星系。这本书的主题是宇宙的浩瀚，现在通过现代望远镜看到的星系的尺度和大量其他星系都表明了这一点。金斯将膨胀的宇宙走向湮没的景象与他自己关于行星形成过程的“流星”理论结合起来，这意味着行星系统一定非常罕见。地球可能是独一无二的——即使宇宙是巨大的——这使人类的生命更加珍贵。在《神秘的宇宙》一书中，他继续将这些想法与最新的物理学联系起来，在他看来，这表明宇宙是由一位数学之神创造的。他大概想让我们通过科学研究来欣赏他所做的一切。当这本书发行时，正是这方面的理论为它赢得了一批报纸头条。

尽管金斯的书在哲学方面存在争议，但他被认为是新宇宙学最具吸引力的倡导者。《我们周围的宇宙》（*The Universe around Us*）是为了让“没有专门科学知识的读者也能理解”而特意编写的，到1946年已经发行了第五版，并被宣传为“一位既是科学家又是艺术家的人”撰写的“一本适合普通人阅读的好书”。《学校科学评论》（*School Science Review*）的一位匿名评论家将基于系列电台谈话而创作的《流转的星辰》（*The Stars in Their Courses*）比作惊悚片。早在1931年，在一首题为《哈勃泡沫》（*Hubble Bubble*）的幽默诗中，《品趣》就对金斯等人所代表的宇宙学家的观点所产生的大众影响进行了讽刺。膨胀宇宙的数学超出了诗人的理解，但哈勃星系模型现在已经在读者的头脑中稳固地建立起来了。

相对论

爱因斯坦的广义相对论和关于时空弯曲的新观点很难用日常语言来解释。事实上，即使对一些著名的科学家来说，这一理论也是不可理解的，这更增加了它的魅力。当爱丁顿宣布1919年的日食探险证实了爱因斯坦关于太阳引力场在一定程度上让恒星发出的光发生了弯曲的预言时，公众的兴趣爆发了。就连大众报纸也注意到了这种理论，它们被告知，该理论是一场观念革命的基础，这场革命将颠覆科学家的世界观以及常识性的世界观。人们在餐桌上谈论着许多胡言乱语，他们将相对论与所有知识和价值都是相对的这一普遍观念等同起来。到1922年年底，这股狂热开始消退，那时，公众已经享受到了大量报纸、杂志文章和书籍所带来的盛宴，这些文章和书籍试图（在不同程度上取得了成功）将新理论的要点传达给不懂数学的非科学家。最好的图书实际上是在对所有相关事物的狂热消退几年后才出现的。

这一理论所产生的公众影响非常与众不同，以至于它成了许多专题研究的基础。马特·斯坦利（Matt Stanley）认为，爱丁顿之所以着手验证这一理论，是因为作为一名贵格会教徒，他希望与第一次世界大战期间中断的德国科学家重新建立联系。他回国后，《泰晤士报》（*Times*）在一篇题为《宇宙的结构》（*The Fabric of the Universe*）的文章中称他对爱因斯坦预言的解释是划时代的。随后在这份日报和其他日报上出现了更多的文章，其中许多对这些想法的所谓困难进行了评论，并声称甚至一些科学家也无法理解。伦敦帕拉斯剧院（London Palladium）显然试图邀请爱因斯坦参加为期三周的舞台表演。许多月刊争相邀请他撰写文章来解释该理论的原理（通常承认文字描述无法传达真正的理论基础）。出版商感受到的压力源于外国书籍的大量翻译，包括 1920 年爱因斯坦自己的书。当爱因斯坦于 1921 年访问英国时，新闻界的兴趣恢复了。他被介绍给坎特伯雷大主教，他对大主教说了一句著名的话，即该理论对宗教没有任何影响。

大众科学杂志反映了公众的兴趣。1920 年 3 月，《发现》杂志发表了一篇编辑评论，指出爱因斯坦的理论已经木已成舟，因此无论它看起来多么复杂和不连贯，读者都必须努力去理解它。它将他们的注意力引向了林德曼（Lindemann）教授在《泰晤士报文学增刊》（*Times Literary Supplement*）上发表的一篇文章。《征服》杂志刊登了一篇文章，谨慎地指出，并非所有的新结果都支持爱因斯坦。在精品杂志上，洛奇为以太理论辩护，而爱丁顿则毫不意外地对这一新理论做出了积极的解释。爱因斯坦的想法让伯特兰·罗素兴奋不已，为了赚钱，他迫不及待地给一般杂志撰稿。1925 年，《国家》（*Nation*）杂志刊登了 4 篇文章，这 4 篇文章成为他的著作《相对论入门》（*The ABC of Relativity*）的基础。J. W. N. 沙利文为《雅典娜神殿》（*Athenaeum*）撰写的文章都收录到了他的《科学面面观》（*Aspects of Science*）中。

罗素和沙利文绝不是唯一或第一个出版相对论书籍的英语作家。赫伯特·丁格尔的《给所有人的相对论》（*Relativity for All*）在 1922 年由梅休因出版社（Methuen）出版，价格非常合理，为 2/–。几年后，物理学家詹姆斯·赖斯（James Rice）在欧内斯特·本的《六便士图书馆》系列中发表了一篇副标题为《没有数学》的文章。罗素的《相对论入门》和沙利文的《三个人讨论相对论》（*Three Men Discuss Relativity*）都于 1925 年出版，并且相当成功，每种都卖出了大约 1 万本。罗素认为，以前的大多数叙述都不能令人满意，因为“它们通常在开始讲一些重要的事情时就不再容易理解了”。沙利文的《三个人讨论相对论》很受欢迎，因为它用对话的形式向读者循序渐进地介绍了相对论令人费解的内涵。沙利文善于阐释最新理论的令人不安的哲学方面，无论是在这本书中，还是在他后来更一般性的《现代科学的基础》中。旧式的唯物主义者现在被远远地抛在后面了——约瑟夫·麦凯布否认爱因斯坦发起了一场观念革命，并发现弯曲时空的整个概念令人深感困惑。

1921 年，相对论是餐桌上的一个标准话题，尽管许多参与者并不真正了解这门科学。甚至有报道称，威尔士的煤矿工人已经感受到了这一宣传。到 1922 年，E. N. da C. 安德拉德写到，对于大众媒体来说，这种时尚已经“失去了它的用处”。1927 年，小说家阿诺德·本涅特（Arnold Bennett）为《标准晚报》（*Evening Standard*）撰写了一篇题为《作为疲惫商人的爱因斯坦》（*Einstein for the Tired Businessman*）的评论文章，从中可以看出人们对此持续关注的证据。1932 年,《泰晤士报》上有一篇让该报的大多数读者感到困惑的关于时空扩张的讨论，此时,《发现》杂志刊登了 A. S. 罗素（A. S. Russell）的一篇笔记，意在澄清要点。结果却是，一位前科学家写了一封愤怒的信，声称对大多数普通人来说，这一切都是“官样文章”。爱因斯坦可能已经出名了，但他的理论仍然是个谜。

进化与新生物学

尽管现在更多的注意力集中在整个宇宙的历史上，但生物进化论仍然具有引发争议的能力。化石记录仍然引起了公众的广泛关注。《伦敦新闻画报》定期刊登关于新化石的文章，经常配有生物原貌的重建插图。插图精美的书籍包括 1905 年 E. 雷・兰克斯特的《灭绝的动物》(*Extinct Animals*)和 1910 年 H. N. 哈钦森(H. N. Hutchinson)的《灭绝的怪物》(*Extinct Monsters*)的新版本。1931 年，另一本“怪物”书出版，文字由自然历史博物馆(Natural History Museum)的威廉・E. 斯文顿(William E. Swinton)撰写，照片则来自博物馆“在特殊的自然环境中”建造的模型。这类书籍可能有助于公众对脊椎动物生命历史的主要阶段产生印象，尽管它们往往依赖于大型且更奇异的恐龙的持久魅力。

对化石记录的调查很少涉及进化论的细节，但达尔文仍然是一个让人如雷贯耳的名字，就像 1909 年纪念他诞辰一百周年时那样。当达尔文主义更多的唯物主义含义被明确地指出时，报纸上出现了引人注目的头条新闻。1921 年围绕着巴恩斯主教的“大猩猩布道”所出现的骚动以及 1927 年亚瑟・基思在英国科学促进协会的演讲都证明了这一点。进化论在这一时期出现了重大进展，因为它与遗传学等新科学进行了综合，尽管这些创举并不总是会立即出现在通俗作品中。这一时期出现了描绘从变形虫到人类的进化历史长河的史诗，其中许多是由理性主义者出版协会发行的，因而传达了明显的维多利亚时代的世界观。在进化论上，存在着一种日益增强的趋势，那就是将进化视为生物学更普遍的转变的一部分——尽管这是一种在科学界中备受争议的转变。主题与遗传学、生态学和动物行为研究的进展有关，整个主题被呈现为一种正在改变我们对生命的看法的“新生物学”。但是，一些生物学家急于利用新的进展来更新生命作为一种本质上有目的的活动的传统观念，而另一些人则意识到，最新的进展正在推动生物学更接近机械论的世界观。在大众科学提供的竞技场上，这是一场真正的战斗。

当美国进化论者面临着非常活跃的反进化论运动时，英国的生物学家却能够或多或少地忽视来自宗教保守派的反对。直到 1935 年，英国才形成了一场进化抗议运动，尽管在此之前一直有零星的反对意见。最有效的反达尔文的通俗读物来自两位备受欢迎的天主教作家——希莱尔 · 贝洛克和 G. K. 切斯特顿（G. K. Chesterton），后者于 1935 年在他的《伦敦新闻画报》专栏中写到了这一主题。尽管亚瑟 · 基思和 J. B. S. 霍尔丹等顶尖科学家努力反对反进化论者，但大多数科学家选择无视他们。到目前为止，当自由派神学家和反唯物主义科学家联合起来，形成一个明显的统一战线，科学和宗教可以再次携手并进时，才出现了最活跃的辩论。他们认为，生命的进化是为了产生像我们这样有道德意识的生物，因此可以被视为宇宙目的的代理人。巴恩斯的"大猩猩布道"是有争议的，因为他迫使自由派基督徒正视这样一个事实，即通过接受灵魂的进化，他们将不得不重新思考原罪在传统神学中发挥的作用。

自由主义宗教思想家和理性主义者之间的辩论在很大程度上是维多利亚时代晚期对抗的延续。正如伯纳德 · 莱特曼指出的，一旦最初的反对浪潮平息下来，达尔文主义（在一般观念的演变这个意义上）就会被现代自然神学的倡导者接受，就像被赫胥黎和不可知论者接受一样。A. R. 华莱士（A. R. Wallace）现在加入了有神论进化论者的行列，他在 1911 年出版的《生命的世界》（*World of Life*）一书中认为，进化（用他副标题中的话来说）是"创造力、指导性思维和终极目的"的一种表征。在这一点上，他和他的同伴奥利弗 · 洛奇都是唯心论的狂热爱好者，后者在《人与宇宙》（*Man and the Universe*）（*1908*）、《人的创造》（*Making of Man*）（*1924*）和《进化与创造》（*Evolution and*

Creation)(*1926*)等书中宣传了他对灵性进化的看法。在第一次世界大战后，洛奇失去了他的儿子雷蒙德（Raymond），这种合成中的唯心主义元素变得更加突出。在这个集体悲痛的时代，他 1916 年的著作《雷蒙德，或是生与死》(*Raymond; or, Life and Death*)在对超自然现象普遍兴趣的复苏中发挥了重要作用。

生物学中有一些新的创举支持了对物质主义的反对。亨利·柏格森（Henri Bergson）的“创造进化论”哲学是由一种非物质力量——生命冲动所驱动的，这启发了包括朱利安·赫胥黎在内的许多生物学家。心理学家康威·劳埃德·摩根的涌现进化理论被许多人视为一种看待更高层次的活动——生命、思想和精神如何在没有神的直接干预下相继出现并控制进化的方式。作为一名通俗作家，劳埃德·摩根获得的成功是有限的。新活力主义理论是苏格兰生物学家 J. 亚瑟·汤姆森世界观的核心组成部分，汤姆森是当代最多产的科学作家之一。他不仅热衷于创造性进化的理念，还热衷于动物行为的拟人化模型（该模型强调动物的创造性能力），以及这样一种生态愿景——将动物视为其在经济中所选择的生态位的聪明剥削者。汤姆森写了一些关于进化论的畅销书，包括（与帕特里克·格迪斯一起）为《家庭大学丛书》撰稿。关于生命历史的章节将主要的上升步骤呈现为冒险的生命力量所获得的一系列“成就”。他的一本小书《进化论的福音》(*The Gospel of Evolution*)阐述了从他的理论版本中得出的道德和宗教含义，这本书是广受欢迎的《约翰·奥伦敦周刊》(*John O'London's Weekly*)推广的系列图书之一。他的《科学大纲》(*Outline of Science*)和《新博物学》(*New Natural History*)将创造进化论纳入了更广泛的非唯物主义生物学框架之中。

因为汤姆森是一位非常有影响力的大众科学作家，所以能够将年轻一代生物学家认为越来越过时的进化论观点保留在公众视野中。但他并不是唯一一位仍然活跃在大众写作中的老派生物学家。在《家庭大学丛书》中关于遗传的书籍是由拉马克式的胚胎学家 E. W. 麦克布莱德撰写的，他还在另一个受欢迎的《六便士图书馆》系列中撰写关于进化的书籍。另一位老派生物学家 J. 格雷厄姆·克尔（J. Graham Kerr）在 1926 年为"初学者"写了一篇关于进化的文章，他认为进化是沿着预定的路线进行的。

与创造进化论的支持者对立的是老式的世俗主义者，他们的作品成为理性主义者出版协会等组织的支柱。理性主义者出版协会继续重新发行维多利亚时代的经典进化史诗，一直延续到了新世纪。爱德华·克洛德（Edward Clodd）是一位著名的唯心论反对者，他在 1888 年出版并于 1901 年修订的《创世故事》（*Story of Creation*）中用进化论来解释生命、思想和文化的起源。理性主义者出版协会还继续推广自然主义的达尔文主义，在上一代中，这一观点与恩斯特·海克尔的著作相一致。1900 年，天主教僧侣约瑟夫·麦凯布为理性主义者出版协会翻译了海克尔的《宇宙之谜》（*Riddle of the Universe*）。随后，他又出版了一系列关于进化论和其他主题的通俗作品，这些作品非常具有克洛德的风格。1920 年，理性主义者出版协会的出版商沃茨出版了他的《进化论入门》（*ABC of Evolution*），并在序言中指出，所有可用的调查都存在这样或那样的缺陷——它们过时、太短、太长或不够全面。根据出版商的说法，这是一本

用非常吸引人的语言讲述进化论的意义，以及事物进化的真实故事的书。充满了科学知识，但完全没有难以理解的科学术

语。告诉你从爱因斯坦到雷龙，从星星到社会发展规律的一切，然而孩子都可以愉快地阅读它。

麦凯布也是一位活跃的演讲者和辩论家。1925 年，理性主义者出版协会安排他与美国创世论者乔治·麦克里迪·普赖斯（George McCready Price）进行辩论，并出版了演讲稿。他们还出版了一些由亚瑟·基思撰写的支持达尔文主义的著作，包括他对反进化论者的回应，以及基于他 1927 年在英国科学促进协会发表的有争议的演讲的文本。

理性主义者出版协会还发布了关于儿童进化论的调查，尽管这些调查倾向于弱化其唯物主义含义。丹尼斯·希尔德（Denis Hird）的《进化图画书》（*A Picture Book of Evolution*）于 1906 年和 1907 年分两部分出版。1920 年再版，然后由海军少将 C. M. 比德内尔（C. M. Beadnell）修改，并于 1930 年以他的名字出版，由基思作序（图 3–1）。罗伯特·麦克米兰的《世界的起源》（*The Origin of the World*）于 1914 年出版，1930 年仍在印刷，销量超过了 25 000 册。

到了 20 世纪 30 年代，由于达尔文主义和遗传学之间的新综合的出现，理性主义者和创造进化论支持者之间的辩论在科学中被边缘化了。在伦纳德·唐卡斯特（Leonard Doncaster）和 J. A. S. 沃森（J. A. S. Watson）所著的大众教育系列书籍中充分体现了新的遗传理论。早在 1912 年，作为杰克出版社（Jack）的《人民丛书》（*People's Books*）系列中的一部分，埃德温·古德里奇（Edwin Goodrich）的《生命有机体的进化》（*The Evolution of Living Organizations*）概述了关于遗传的新观点和对选择理论重燃的兴趣的讨论。他清楚地表明，进化既是生活中偶然进步的记录，也是生活中失败和死胡同的记录。古德里奇还将进化论的最新进展与关于非物质生命力的争论联系起来，进而给予机械主义者支持。很久以后，作为这种综合的缔造者之一的 J. B. S. 霍尔丹写了《进化的原因》（*Cause of Evolution*），部分是为了反驳希莱尔·贝洛克关于达尔文主义已死的主张。

图 3-1　来自 C. M. 比德内尔的防尘套,《进化图画书》，普及版（沃茨，1934）。注意未来的城市和远处的飞机。（作者的收藏）

到目前为止，流传最广的对新达尔文主义的叙述是在《生命之科学》一书中出现的，该书由 H. G. 威尔斯、他的儿子吉普（Gip）和朱利安·赫胥黎合著，于 1929—1930 年以连载形式首次出版（见第 8 章）。在 E. 雷·兰克斯特的启发下，威尔斯把一篇关于地球生命历史的亲达尔文主义记述作为他的《世界史纲》

一书的序言。因为它把进化论包括在新生物学的概况之内,《生命之科学》能够就遗传学、生态学和动物行为研究的最新进展提供一个大致轮廓（后者现在是赫胥黎的专长之一）。因此，达尔文主义自然而然地与整体图景联系在了一起，因而使得适应和自然选择的作用通过与 J. 亚瑟·汤姆森的竞争系列所宣扬的活力论相对立的方式呈现出来。但是，由于赫胥黎也是柏格森（Bergson）的热衷者,《生命之科学》仍然将生命的上升描述为一系列“冒险”，在这些“冒险”中，生命“入侵”并“征服”了这片土地，走向了人类的“黎明”。对赫胥黎来说，新达尔文主义并没有排除道德目的在生命史中的作用。

人类起源与人的本性

大多数关于地球上生命进化的叙述都以人类起源的大量章节为结尾。这很容易让公众对这个话题产生兴趣，而经常发现新的原始人类化石确保了总是可以有一个话头，以用来对可能塑造了人性的因素进行另一种解释。著名的古人类学家，如亚瑟·基思和埃利奥特·史密斯（Elliot Smith），成了公众人物，报纸和杂志经常联系他们，请他们对最新的化石或理论发表评论。他们知名度很高的书籍卖得也比较好，即使它们价格较高。他们也为较便宜的教育系列撰写作品。对于人类作为一个物种的早期历史是如何塑造人性的，每一位专家都有自己非常鲜明的看法——基思认为我们本质上是好战的，而史密斯则认为战争始于第一个文明，是尼罗河流域独特环境的人工产物。因此，史密斯促成了人类学的大众辩论，推广了他的“超扩散主义”模式，即所有文明都是从埃及传播出去的。

基思和史密斯等古人类学家深入参与了新化石的技术描述，包括 1912 年臭名昭著的皮尔丹人（Piltdown）伪造品。他们还著书总结了最新发现，并将其纳入自己关于人类是如何进化的理论之中。W. J. 索拉斯 1911 年出版的《远古猎人》（*Ancient Hunters*）和基思 1915 年出版的《人类的古老历史》等书籍确保了最新的化石和理论引起了英国知识精英的关注。但在将信息传播给那些无法承受这些制作精良作品的价格的读者上也存在着一种需求。辩论中的几个关键人物写了更通俗的书，理性主义者出版协会的出版商沃茨在这个领域特别活跃。基思在该领域的第一本书是《古代人的类型》（*Ancient Types of Man*），是 1911 年为哈珀的《生活思想图书馆》（*Harper's Library of Living Thought*）撰写的。沃茨在其《论坛系列》（*Forum Series*）中发表了《论人类的起源和人类家谱的构建》。埃利奥特·史密斯也出版了《寻找人类的祖先》（*The Search for Man's Ancestors*）一书。同一个出版商的《思想者图书馆》（*Thinker's Library*）还发行了史密斯的《开始的时候》（*In the Beginning*）和多萝西·戴维森（Dorothy Davidson）的《黎明之人》（*Men of the Dawn*）。其他广受欢迎的书面作品包括 1927 年唐纳德·A. 麦肯齐（Donald A. Mackenzie）的《早期人类的足迹》（*Footprints of Early Man*）和 1929 年 L. H. 达德利·巴克斯顿（L. H. Dudley Buxton）的《从猴子到人》（*From Monkey to Man*）。

新发现的原始人类化石总能吸引日报和周报的关注。质量较好的报纸，如《泰晤士报》，通常会刊登公认权威的简短描述和评论。《伦敦新闻画报》或许是公众对这些化石兴趣的最好体现，其版式非常适合出版那些展示古人类可能长相的重建图。把皮尔丹人的发现报道为一次重大突破的《伦敦新闻画报》大大地提升了它们的声誉，这将为现代人类起源的关键进展确立一个欧洲（实际上是英国）位置。最初宣布的标题是《对所有对人类历史感兴趣的人来说，这是一个极为重要的发现》（*A Discovery of Supreme Importance to All Interested in the History of the Human Race*）。基思和史密斯都定期为各种化石发现的插图提供文字说明。其他科学家也在该杂志上获得了一个公共平台，包括罗伯特·布鲁姆（Robert Broom），他在南非的发现对于确立南方古猿作为人类家族中最重要的早期分支起到了很大作用。

对人类化石的评论与人类学中关于种族和文化起源的更广泛的辩论联系在一起。当时的通俗读物并没有明确区分生命科学和社会科学，像《发现》这样的杂志经常会刊登关于考古学和人类学的文章。哈钦森 1900 年的《现存的人类种族》（*Living Races of Mankind*）是第一部新一代插图丰富的系列作品，这为像威尔斯的《世界史纲》这样的作品后来在大众市场上取得成功奠定了基础。类似欧内斯特·本的《六便士图书馆》和劳特利奇的《现代知识导论》（*Introductions to Modern Knowledge*）这样的教育丛书也包括人类学的著作。根据人类学家共同体中所出现的标准，这些材料中的大部分都是严重过时的。种族之间的分离程度这个问题仍然很突出——基思认为现代种族类型非常古老，朱利安·赫胥黎不得不努力与德国的种族主义意识形态作斗争。他与人类学家 A. C. 哈顿（A. C. Haddon）合著了《我们欧洲人》（*We Europeans*）一书，还出版了一本小册子——《欧洲的“种族”》（*“Race” in Europe*），为了更广泛地流通，价格只有 3d。

在 20 世纪 20 年代的几年里，弗洛伊德的分析心理学引发的争论主导了媒体对人文科学的报道。幸运的是，迪安·拉普

（Dean Rapp）和格雷厄姆·理查兹（Graham Richards）对公众反应进行了两次出色的分析。公众对新科学做出反应的多样性提供了一个特别清晰的例子，表明科学的通俗写作并不标志着专业上认可的知识向被动受众的简单传播。尽管凯根·保罗在《心理缩影》（*Psyche Miniature*）系列中发表了约翰·B. 沃森（John B. Watson）和威廉·麦克杜格尔（William MacDougall）之间的对质，但关于行为主义的平行辩论在英国的影响要小得多。20 世纪 30 年代见证了出版的书籍试图提供一个更加平衡的概述，包括弗朗西斯·埃夫林（Francis Aveling）1937 年出版的《心理学：不断变化的观点》（*Psychology: The Changing Outlook*）。

到目前为止，对弗洛伊德主义最有效的替代是人们对人类行为的更加唯物主义的解释越来越感兴趣。朱利安·赫胥黎等人关于激素对行为的影响的研究在大众媒体上引起了广泛的兴趣，并因此产生了一种普遍的印象，即大脑的物理变化可能会影响思维。里奇·考尔德在《未来的诞生》（*Birth of the Future*）中强调了关于人格的化学控制的最新研究，唤起了双重人格的故事，以强调这些进展的潜在可怕影响。对大脑和神经的研究也被用来对人类个性进行更加物质化的解释。1928 年 D. F. 弗雷泽–哈里斯（D. F. Fraser–Harris）的《神经入门》（*The ABC of Nerves*）、1931 年布赖恩·H. C. 马修斯（Bryan H. C. Matthews）的《我们身体中的电流》（*Electricity in Our Bodies*），以及鹈鹕出版社 1944 年出版的 V. H. 莫特拉姆（V. H. Mottram）的《人格的物理基础》（*The Physical Basis of Personality*）平装本都是这种新唯物主义的典型。

唯物主义与医学

与对大脑和神经系统的唯物主义解释相吻合的是日益强调对所有身体功能的唯物主义解释。但是，大众科学文本形成了一个战场，在这个战场上，新生物学的倡导者与那些想要至少保留旧的活力论观点的某些方面的科学家正面交锋了。柏格森哲学中明确的活力论很少得到认可，但被汤姆森等作家青睐的新活力论则诉诸一种整体的方法，以表明生命体表现出了无法用纯粹的机械论术语来解释的完整的、有目的的活动。到了 20 世纪 30 年代，随着汤姆森和老一辈生物学家的去世或退休，唯物主义方法开始在通俗读物中占据了主导地位。然而，双方都强调了最新的科学研究能够给医学问题带来启示。关于一个大问题的争论在这里再一次蔓延到了大多数读者可能更感兴趣的实际问题上。

1911—1912 年的《哈姆斯沃思大众科学》包含了关于科学与健康的章节，部分内容是由著名的活力论倡导者罗纳德·坎贝尔·麦克菲（Ronald Campbell Macfie）撰写的。在这个领域中，C. W. 萨利比是该系列的另一位作者，撰写了大量关于优生学以及需要更好的环境来确保良好健康状况的文章。汤姆森在他担任科学编辑的《家庭大学丛书》里收录了麦克菲的一本书。《家庭大学丛书》的另外一个文本——约翰·麦肯德里克（John McKendrick）的《生理学原理》（*The Principles of Physiology*）也对活力论表示支持。威廉·J. 达金（William J. Dakin）给欧内斯特·本的《六便士图书馆》提供的稿件试图平衡机械论和活力论的方法，他承认科学的平衡正在朝着机械论的方向发展，但警告说机械论者正变得过于自信。凯根·保罗的反传统的《今日与明日》（*Today and Tomorrow*）系列以欧亨尼奥·里尼亚诺（Eugenio

Rignano）为主角，讲述了活力论，李约瑟对他“浪漫而不科学的论文”进行了回应。

朱利安·赫胥黎因其对生长激素的研究而登上新闻头条，并利用《生命之科学》来强调新生物学的实际应用和医学应用。考尔德的《未来的诞生》也突出了在了解身体是如何运作的方面作出的最新努力所具有的医学价值。亚瑟·基思是机械论方法的著名支持者——围绕他 1927 年演讲的狂热既是由他的唯物主义引起的，也是由他的达尔文主义引起的。基思已经为《家庭大学丛书》撰写了《人体》（*The Human Body*）这本书。E. P. 卡斯卡特（E. P. Cathcart）教授在本的《六便士图书馆》系列中对营养学进行了相当机械的描述。1927 年的 A. V. 希尔（A. V. Hill）的《活体机械》（*Living Machinery*）对最新进展提供了详细的说明。希尔在英国广播公司的广播节目中将生理学与体育这一热门话题联系起来。生物学家还制作了许多其他系列的广播节目，以促进人们对这一主题的实验方法的了解，这些实验方法没有任何涉及非物质力量的暗示。在 20 世纪 40 年代，鹈鹕系列平装书中有几本书提倡新的、更加物质主义的方法。

像赫胥黎和考尔德一样，许多作者强调了最新进展的医学应用。《家庭大学丛书》出版了卡尔·H. 布朗宁（Carl H. Browning）的《细菌学》（*Bacteriology*）和罗伯特·M. 尼尔（Robert M. Neill）的《为人类服务的显微镜》（*Microscopy in the Service of Man*）。20 世纪 30 年代，理性主义者出版社协会的出版商——沃茨，出版了 D. 斯塔克·默里（D. Stark Murray）的《科学与死亡作斗争》（*Science Fights Death*）和 A. L. 巴哈拉赫（A. L. Bacharach）的《科学与营养》（*Science and Nutrition*）。亨利·科利尔（Henry Collier）在 1938 年出版的《生物学的解释》（*An Interpretation of*

Biology）一书中强调了实际应用，这是给戈兰茨的《新人民图书馆》（*Gollancz's New People's Library*）系列供的稿子。鹈鹕系列还包括几本关于医学和应用生物学的书，包括休·尼科尔（Hugh Nicol）的《百万微生物》（*Microbes by the Million*）和约翰·德鲁（John Drew）的《人、微生物和疾病》（*Man, Microbe and Malady*）。这种对生物学最新进展的应用的关注在当时的大众科学杂志中得到了呼应，并提醒我们，对于新视角引发的所有智力上的兴奋来说，如果能够证明科学与普通读者的日常生活有某种直接关系，那么它总是更容易引起他们的兴趣。

第 4 章 适合所有人的实用知识

在前一章中，我们看到科学上的一些革命性进展具有直接的实际意义。正是这些应用最有可能引起普通读者的注意。正如哈姆斯沃思的系列丛书《大众科学教师》（*The Popular Science Educator*）的导言中所说：

> 我们生活的时代是科学的时代。在我们周围，我们看到科学应用于工业和日常生活中。不仅在工厂和工作中，而且在我们的远足和娱乐中，科学都在为人类服务。

在这里，对自学材料的需求与对科学和技术的世界正在创造什么的更普遍的兴趣融合在一起了。人们想知道这些被引入家中的小玩意儿是如何工作的。在某些情况下，他们需要关于这些设备的实用信息，以便充分利用它们。当新技术从科学创新中产生时，就像无线电的情况一样，它需要关于基本理论的信息作为实践指导的前奏。更普遍的是，人们被鼓励着对当时的重大工业进展感兴趣，部分原因是其影响的规模之大，但也因为在许多情况下，他们实际上可能就在会受到影响的行业中工作。

还有一些传统的兴趣领域，在这些领域中，科学的进展与人们对自然世界的观察相互影响。许多人对观星有一种偶然的兴趣，并且在严肃的业余天文学中有一种活跃的传统。在这里，科学的新进展可以从一种爱好的角度来解释，这种爱好可以让专注的观察者有机会进入专业科学家的领域。同样的情况也出现在博物学中，维多利亚时期建立了一种既随意又严肃的观察传统。在这里，科学的进展再次与人们的日常活动和兴趣互动起来，为专业科学家和业余观察者之间的互动创造了空间。

在这些更实用的领域，面向读者的文献体现出了作者来源的广泛性，这些作者可以在相关的层次上以一定的权威进行写作。上一章提到的关于“大问题”的讨论大多来自学院派科学家的笔下，包括一些想要塑造科学纯粹性的形象的人。有一些学者参与了应用科学的写作，特别是在化学等领域，这些领域与大学的既定科目相对应。但大多数应用科学家在工业界或政府机构工作，他们表达自己的自由度较低，也不太习惯与观众交流。在这里，科学作家的作用就变得更加重要，该领域的大多数专业作家似乎都与在工业界工作的科学家和技术人员有密切联系。里奇·考尔德代表了为日报工作的新一代科学记者（见第 10 章）。尽管报纸只是刚刚意识到拥有真正了解科学的记者的优势，但已经有一批具有相当专业水平的作者在撰写应用科学方面的书籍和杂志文章了。查尔斯·R. 吉布森和埃里森·霍克斯等作家可能不是科学家，但他们认识当地大学的科学家和在工业界工作的工程师，他们利用这些关系来确保他们所写的内容具有权威性。出于同样的原因，他们的书几乎不可避免地代表了这些专业人士和他们所服务的行业的利益。

甚至有一些独立作者在行业和学术界之外撰写了关于科学创新项目的文章。H. G. 威尔斯就是一个明显的例子，他的工作从早期的科幻创作延伸到了深思熟虑的社会运动，以促进基于科学管理以及与朱利安·赫胥黎等科学家合作的新社会秩序。A. M. 洛

“教授”是另一位著名的、独立的、多才多艺的作家，专业科学家非常不信任他，因为他倾向于为了吸引公众的注意而大肆渲染和平凡化他的主题。反过来，洛对科学和工业机构持批评态度，但这只是因为他认为其僵化理念限制了创新的速度。原则上，他完全支持说服公众相信技术正在为未来开辟一个更美好的世界。

在天文学和博物学的观测科学中，我们同样也可以看到专业知识范围内的流动性。这些可能是科学领域中仅有的专业人士和最专注的业余爱好者之间仍有一些互动的领域。有许多业余爱好者可以为寻求信息和评论的读者写一些关于这些主题的权威文章。但是，专业的天文学家、地质学家和生物学家也能够以普通读者可以接受的水平来写他们的主题，前提是他们能够获得必要的传播技巧。即使是日报也有关于“仰望星空”和博物学的固定专栏，这些专栏既可以由严肃的业余爱好者撰写，也可以由掌握了为这类读者撰写作品的写作技巧的专业人士撰写。书籍的细节层次各不相同，专业人士和业余爱好者都提供了文本——有时是相互合作完成的。

科学和工业

就大多数读者而言，科学和技术是无法区分的。事实上，大众科学杂志主要致力于应用科学和工程，涵盖的主题既涉及日常生活（无线电等创新在日常生活中产生了巨大影响），也涉及科学在目前为大多数人提供生计的行业中的更广泛应用。在 20 世纪的前几十年里，这种形式的自我教育读物的意识形态含义从社会层面上来说是保守的。作者和出版商联合起来，宣传技术对所有人都有益的形象。他们经常有一种对技术的帝国维度的明确诉求：大英帝国的成功依赖于其工业实力，因此也依赖于技术创新。它的防御也需要改进军事技术。因此，他们鼓励普通人相信，人们的福祉直接或间接地取决于现代科学和工业的成就。

对于现代读者来说，这种更积极的材料的突出之处在于语言的使用，旨在创造一种对取得的成就的敬畏感和惊奇感。针对年轻读者的材料尤其如此（尽管有人怀疑父母经常阅读为年龄较大的孩子购买的书籍），标题通常提到现代科技的“奇迹”和“惊奇”，甚至有人呼吁“浪漫”的话题。出版商西利服务公司（Seeley，Service&Co.）针对青少年推出了名为《奇迹图书馆》（*The Wonder Library*）和《浪漫图书馆》（*The Library of Romance*）的系列丛书。为了避免我们过于公开地嘲笑阿奇博尔德·威廉姆斯的《现代矿业传奇》（*The Romance of Modern Mining*），我们应该记住，在帝国的偏远地区开采黄金或钻石，对当时的中产阶级男孩来说一定是相当兴奋的。对技术在不久的将来可能取得的成就的预测也鼓励了这种惊奇感。考尔德 1934 年的著作《未来的诞生》（基于报纸文章）是对当前成就和未来期望之间联系的经典表达。它的卷首插画描绘了一架未来的客机，这可以与任何数量的其他书籍和杂志的插图相匹配。A. M. 洛的《未来》（*The Future*）和《我们美好的明日世界》（*Our Wonderful World of Tomorrow*）甚至更明确地致力于预测技术进展的影响。在这里，大众科学和科幻之间的联系变得相当明显，特别是当 H. G. 威尔斯等作家呼吁将航空旅行等技术作为文明新秩序的关键时。威尔斯还警告了这种新技术的危险，将空中力量的出现与毒气和原子弹的发展联系起来。

在当时的大众读物中，应用科学的报道范围与大卫·艾杰顿对英国科学和工程正在从维多利亚时代的顶峰衰落这一假设的批评产生了共鸣。他表示，英国对科学研究的承诺，特别是在其工业和军事应用领域，一直保持甚至扩张到了 20 世纪 60 年代。当我们看到那些欢呼现代科学和工业成就的大众读物时，这一论点就变得可信了——这些材料看起来并不像是背弃科学和工业文化的产物。关于应用科学的大众读物是为了确保普通民众支持国家发展计划。在这里，科学作为一种脱离了现实世界需求的象牙塔般的活动，几乎没有什么意义。对于承认军事技术的作用，左翼人士也不存在多少羞怯，至少在第一次世界大战之前是这样。只是在战争结束后，对航空等新技术的军事研究才开始被有意地排除在故事之外了。20 世纪 30 年代的左翼人士同样对强调科学的工业应用表示关切，尽管他们在分析资本主义制度如何利用新技术时持批评态度。

上面提到的考尔德和洛的书中有几章预测了运输和通信技术的进展，包括超音速飞机和移动电话。有数不清的书籍都在庆祝土木工程和交通技术的最新成就。T. 科尔宾（W. Corbin）和阿奇博尔德 · 威廉姆斯都是这一领域的著名作家，而洛则撰写了一篇题为《征服空间与时间》（*Conquering Space and Time*）的调查报告。剑桥大学出版社的《科学和文学手册》系列包括 C. 埃德加 · 爱伦（C. Edgar Allen）和亚当 · 高文斯 · 怀特（Adam Gowans Whyte）撰写的关于运输的书籍，以及哈里 · 哈珀（Harry Harper）和艾伦 · 弗格森（Allan Ferguson）的《空中转移》（*Aerial Locomotion*）。埃里森 · 霍克斯编辑的《现实的浪漫》（*The Romance of Reality*）系列包括戈登 · D. 诺克斯（Gordon D. Knox）的《工程》（*Engineering*）（主要是关于通信和运输的内容）以及航空先驱克劳德 · 格雷厄姆–怀特（Claude Grahame–White）和哈里 · 哈珀的《飞机》（*The Aeroplane*）。

哈珀是《每日邮报》的航空记者，他提醒我们，当时的报纸是新交通技术的积极推动者。大卫·艾杰顿指出，尽管航空技术具有明显的军事用途（尽管我们将看到海洋运输并非如此），但航空通常被视为一种民用技术。航空技术的重点是速度和长距离飞行。在两次世界大战之间，航空的经典形象是未来的客机，而不是轰炸机（见下文）。

航空和其他运输技术的发展也定期出现在针对狂热的爱好者和业余爱好者的杂志上。读者（假定是男性）被鼓励着去相信他对实际事务的兴趣位于不断扩大的技术发展领域之中。《英国机械师与科学世界》（*English Mechanic and World of Science*）的书名刻意模糊了科学与技术的界限。它创立于 1865 年，一直存续到 1942 年，在两次世界大战之间的几年里，每周的价格为 2d，定期刊登关于科学主题和新技术（包括运输）的文章。1933 年，出版商纽恩斯（Newnes）以每月 6d 的价格创办了名为《实用机械》（*Practical Mechanics*）的杂志，该杂志除了主要满足业余爱好者的需求之外，还专题介绍科学和大多数技术领域的进展。其第一期的一篇社论声称，其职权范围"只受科学本身的限制"。该杂志在 20 世纪 40 年代更名为《实用机械与科学》（*Practical Mechanics and Science*）。

我们从很多书中可以明显地看到纯科学和应用科学之间模糊的界限，这些书的标题声称它们是关于科学的，但实际上几乎完全是关于技术的。这方面的例子包括西里尔·霍尔（Cyril Hall）的《日常科学》（*Everyday Science*）和 F. J. 卡姆（F. J. Camm）的《现代科学的奇迹》（*Marvels of Modern Science*）。1911 年的《哈姆斯沃思大众科学》包括了关于技术和工程的主要部分。V. H. L. 塞尔的《科学的日常奇迹》（*Everyday Marvels of Science*）也将科学与技术创新过程直接联系起来，强调运输和通信等领域的新技术对普通人生活的直接影响。瑟尔是一名大学物理讲师，在给学生讲授完“日常物理”课程后，开始参与到大众写作之中。

瑟尔这本书的副标题是《对日常使用的科学发明的通俗描述》（*A Popular Account of the Scientific Inventions in Daily Use*），广泛强调了科学与发明过程之间的联系。作为许多专利的创始人，A. M. 洛热衷于强调发明的作用，并把这作为科学与实际工程师的创造性思维之间的联系。有很多书都以发明为主题，包括洛自己的《发明奇书》（*The Wonder Book of Inventions*）。按出版时间顺序，撰写这一主题的其他作家包括爱德华·克雷西（Edward Cressy）、V. E. 约翰逊（V. E. Johnson）、西里尔·霍尔、托马斯·W. 科尔宾（Thomas W. Corbin）、T. C. 布里奇斯（T. C. Bridges）和查尔斯·雷。所有这些人都想当然地认为科学是技术创新过程中不可或缺的一部分。一些人，包括最明显的 A. M. 洛，仍然对独立发明家的旧模式情有独钟。包括瑟尔在内的其他人则明确表示，发明现在主要是在大型工业企业的研究实验室中进行的。这里提到的许多作者承认工业公司为他们提供了照片，用于阐明他们所描述的技术。

在第一次世界大战前的几年里，人们几乎毫无保留地承认技术的军事应用。《剑桥手册》系列包括皇家海军（Royal Navy）指挥官 E. 汉密尔顿·柯里（E. Hamilton Currey）撰写的战舰的历史，直到最新的无畏舰。《现实的浪漫》系列包括皇家海军造船部（Royal Corps of Naval Constructors）的爱德华·L. 阿特伍德（Edward L. Attwood）的《现代战舰》（*The Modern Warship*）。T. W. 科尔宾撰写了《潜艇工程的浪漫》（*The Romance of Submarine Engineering*）和《战争发明的浪漫》，而他的《科学发明的奇迹》

（*Marvels of Scientific Invention*）在副标题中宣称，它包括“枪、鱼雷、潜艇和水雷的发明”。阿奇博尔德·威廉姆斯的《现代发明的奇迹》（*The Wonders of Modern Invention*）的封面上有一艘潜艇（图 4-1）。例如，哈姆斯沃思的《大众科学》颂扬了科学直接介入国防之中，有一个彩页描绘了不列颠尼亚（Britannia）和远处一艘保护一个家庭团体的战舰。其母公司阿尔弗雷德·哈姆斯沃思旗下的《每日邮报》（*Daily Mail*）是代表帝国的主要宣传工具，也是关于德国军事力量正在崛起的耸人听闻的故事的来

图 4-1　潜水艇，来自阿奇博尔德 · 威廉姆斯《现代发明的奇迹》一书的封面（西利服务公司，1914 年）。这幅插图是该出版社书籍的典型封面，旨在作为十几岁男孩的奖品或礼物。（作者的收藏）

源。因此，大家看到《大众科学》（*Popular Science*）认可科学与帝国扩张之间的联系并不令人惊讶，例如，有一张彩页颂扬了罗纳德·罗斯（Ronald Ross）爵士对疟疾的征服如何为欧洲人开辟了热带地区的殖民活动。

在20世纪初的几十年里，应用科学文献中另一个非常受欢迎的领域是化学。化学工业已经开始在国民经济中占据重要的地位，描述这些进展背后的科学是相对容易的。人们可以在家里进行简单的实验，这些实验可以让人们了解化学变化的基本概念（儿童化学装置已经很常见，但不在本研究的范围内）。在第一次世界大战中，化学家参与新武器的研制是一件令人尴尬的事情，但这似乎并没有阻止化学家们在战后的几十年中促进对他们的科研成果的和平利用。

在第一次世界大战前几年推出的系列教育书籍中，大多数都有关于化学的图书（见第7章）。有许多出版物强调化学对工业和日常生活的影响，其中许多诉诸近几十年来取得的“奇迹”。帝国理工学院（Imperial College）的詹姆斯·C. 菲利普（James C. Philip）于1910年出版了《现代化学的浪漫》（*The Romance of Modern Chemistry*），三年后又出版了《现代化学的奇迹》（*The Wonders of Modern Chemistry*），这两本书都由西利服务公司出版。他还在麦克米伦（Macmillan）的《自然知识读本》（*Readable Books in Natural Knowledge*）系列中出版了《化学科学的成就》（*Achievements of Chemical Science*）。杰弗里·马丁（Geoffrey Martin）于1911年出版了卓有成效的《现代化学的成功与奇迹》（*Triumphs and Wonders of Modern Chemistry*）一书，随后于1915年出版了《现代化学及其奇迹》（*Modern Chemistry and Its Wonders*）。后者中一篇价值巨大的序言强调了为公众撰写科学文章的重要性，并对在工业界工作的科学家的低工资表示遗憾。马丁直接谈到了战争爆发所引发的问题，指出化学家多年来一直在警告依赖德国制造的产品带来的危险。他认为：

从长远来看，培养出最优秀化学家的国家必定是最强大、最富有的国家。为什么呢？因为它将拥有最少的废物和未利用的物质形式，最强大的炸药，最坚硬的钢材，最好的枪支，最强大的发动机和最有弹性的装甲。

化学还会带来更多的制造业、更好更便宜的食品，以及更好的健康。总而言之，马丁得出结论说，化学和物理科学教育是“任何国家所能做的最有回报的投资”。亚历山大·芬德利（Alexander Findlay）基于 1915 年在阿伯丁联合自由教会学院（United Free Church College in Aberdeen）的公开演讲而结集出版的《为人类服务的化学》（*Chemistry in the Service of Man*）的序言中也提出了类似的观点。

并不令人惊讶的是，20 世纪 20 年代的流行作品中不再强调化学和战争之间的这些联系了。1929 年，詹姆斯·肯德尔（James Kendall）的一项创新性调查承认了化学在战争期间所发挥的作用，但只是强调了该行业对和平时期经济发展的重要性。为了让非科学家更容易理解他的文章，肯德尔故意使用轻浮的语言，但他也注重将他的调查与原子物理学的最新进展联系起来，因而强调了科学最终揭示了化学的本质。1928 年，S. 格拉斯通（S. Glasstone）在广播中发表了一系列关于“日常生活中的化学”（“Chemistry in Daily Life”）的演讲，该演讲占据了晚上 7 点 25 分的热门时段。然而，在 20 世纪 30 年代，化学似乎对大众科学作家失去了大部分的吸引力。这种情况表现出来的一个迹象是，在那个十年末推出的具有创新性的鹈鹕系列平装本中，关于化学的书籍相对缺乏。

电力和无线电

大多数关于技术创新的一般调查都包括关于电的应用的材料，并且有专门讨论这一主题的大量书籍。到了 20 世纪初，许多行业都因电气化而发生了变化，至少中产阶级开始发现电灯、电话、冰箱等使他们的日常生活变得更加容易了。大众科学和技术再次齐头并进，许多关于电的应用的书籍至少从电子及其在产生电流中的作用的简要解释开始，还与 X 射线、无线电波和放射性的发现和应用建立了联系。科学家们试图了解这些新现象，与此同时，它们的实际应用也变得越来越明显。然而，至少有一些作者认为最好将这一理论完全排除在外——尤其是为女性写作时。1914 年，由“家庭主妇”撰写的一本关于电在家庭中的应用的书就宣称:“我甚至无法从我们最伟大的科学家那里了解到电到底是什么东西。”

大多数关于电力应用的报道并不局限于基本的家庭用途。它们有意地对这门学科采取了广阔的视野，包括电报、电话和无线电。它们还涉及更广泛的应用，如 X 射线在医学中的应用以及电力在工业中的产生和应用。这种更广泛的报道类型的例子包括沃尔特·希伯特、W. H. 麦考密克（W. H. McCormick）、A. T. 麦克杜格尔（A. T. McDougall）和 V. H. L. 瑟尔所撰写的书籍。多产的查尔斯·R. 吉布森写出了《现代电力的浪漫》（*The Romance of Modern Electricity*）和《现代电力的奇迹》（*The Wonders of Modern*

Electricity），以及《今天的电力》（*The Electricity of Today*）。A. M. 洛写了《电气发明》（*Electrical Inventions*）。

吉布森和洛还写到了无线电［在英国常被称为“无线”（wireless）］，这也许是科学的新应用正在改变人们生活的最明显的方式。吉布森写了《今日无线电》（*Wireless of Today*），洛则写了《无线电的可能性》（*Wireless Possibilities*）。《剑桥手册》系列包括 C. L. 福蒂斯丘（C. L. Fortescue）的《无线电报》（*Wireless Telegraphy*）。其他受欢迎的书籍包括英国广播公司首席工程师 P. P. 埃克斯利（P. P. Eckersley）船长的《关于你的无线电设备》（*All about Your Wireless Set*），以及埃里森·霍克斯的《无线电的浪漫与现实》（*The Romance and Reality of Radio*）。马可尼新闻社（Marconi Press Agency）通过发行书籍和杂志《无线电报机》（*Marconigraph*）来推广该公司的无线电产品。它最初针对的是新出现的无线电行业，不过这演变成了一本受爱好者欢迎的杂志——《无线电世界》（*Wireless World*）。第一个无线电接收器必须装在家里，然而，即使有现成的接收器，敏锐的听众也需要处理由大气和其他类型的干扰所引起的实际问题。这些书籍和杂志是对如何最好地使用收音机的更多实用信息的真正需求的回应，也希望为人们提供足够的科学知识，使无线电的基本原理变得不那么神秘。

到第二次世界大战开始时，几乎每个英国家庭都能收听到英国广播公司的广播。《广播时报》（*Radio Times*）和《听众》（*Listener*）等杂志提供了有关节目的信息及其内容的更多细节。英国广播公司每年发行一本手册，介绍节目、明星演员和新技术进展，出版商皮特曼（Pitman）则从 1923 年开始发行一本与其相竞争的《广播年鉴》（*Radio Year Book*）。它会刊登一些关于广播的扩张对国民生活的影响的评论，但并不总是正面的。大卫·克莱格霍恩·汤姆森（David Cleghorn Thomson）的《广播正在改变我们》（*Radio Is Changing Us*）是一篇分析文章，探讨了英国广播公司的精英主义以及民主文化中集权式广播的问题。

观星活动

如果说无线电为爱好者提供了一种新的爱好，那么还有将业余观测者与科学领域联系在一起的更多的传统兴趣：天文学和博物学。许多普通人想要观察和了解自然——在乡村或夜晚的随意散步让许多人渴望更多地了解岩石、动物、植物和星星。关于这些主题的信息有大量的受众，并且有大量的专家愿意并能够提供这些信息。如果他们选择这样做的话，那么专业的天文学家、地质学家、植物学家和动物学家就处于一个撰写受欢迎的材料的理想位置。但在这些领域，也有一些专业的业余爱好者，他们的写作几乎同样权威。对于业余观察者来说，他们仍然有可能获得高水平的技术技能，可以与专业科学家的专业知识相媲美。在用于宇宙学研究的大型公共资助的望远镜出现之前，富有的爱好者在生产有关恒星和行星的新信息方面可以与专业人士相媲美。业余博物学家也存在同样的情况，他们中的一些人在物种的描述和分类以及动物行为的观察方面很活跃。

对于漫不经心的观星者来说，报纸有固定的“仰望夜空”专栏，并对重大的天文事件，如日食和彗星进行报道。哈雷彗星在 1910 年的出现是人们热切期待的，而当它的出现没有达到预期时，人们表示了极大的失望。《品趣》对发布的关于在哪里可以看到彗星的复杂说明进行了讽刺，然后以诗歌的形式哀叹了它的糟糕表现。同年，关于珀西瓦尔·洛厄尔（Percival Lowell）对据说在火星上观察到的运河的描述也有很多媒体评论，并再次被《品趣》讽刺了。到这个时候，即使对非专业读者来说，洛厄尔关于火星文明的设想也已经失去了它的合理性——尽管它仍然是科幻作家的热门主题。阿尔弗雷德·拉塞尔·华莱士的《人类在宇宙中的位置》于 1904 年以较便宜的版本再版，书中对外星生命的观点提出了反对意见。

大众杂志《知识》（*Knowledge*）将大部分注意力集中在天文学上（见第 9 章），由著名作家理查德·普罗克特（Richard Proctor）创办，旨在保持专业天文学和大众天文学之间的联系，为严肃的业余爱好者提供了详细的信息，直到 1917 年停刊。《英国机械师与科学世界》杂志被宣传为“紧跟天文学的最新进展”。1890 年，随着皇家天文学会（Royal Astronomical Society）变得越来越专业化，在英国天文协会（British Astronomical Association）的协调下，成立了一个专门为业余观测者服务的地方协会网络。大众对天文学的兴趣足以支持在新世纪的最初几年里建立一个关于这一主题的公开讲座网络。罗伯特·鲍尔（Robert Ball）爵士关于恒星和行星的演讲仍然很受欢迎，他的大众读物在他于 1913 年去世后的很长一段时间内仍在印刷。在天文学和博物学方面，维多利亚时代的大众写作传统无缝地延续到了新世纪。

这些作者中的许多人都是专注的业余观测者，他们被排除在宇宙学的最新进展之外，但却能写出关于月球、行星和恒星的权威文章。牧师们仍然活跃在这个领域之中，包括赫克托·麦克弗森（Hector MacPherson）牧师，他曾担任爱丁堡天文学会（Astronomical Society of Edinburgh）的秘书，以及另一位苏格兰人，阿伯丁的查尔斯·怀特（Charles Whyte）牧师。麦克弗森在近半个世纪的时间里出版了一系列书籍，从 1896 年的《天文学的百年进展》（*A Century's Progress in Astronomy*）开始，一直到 1943 年的《星空指南》（*Guide to the Stars*）。怀特 1933 年出版的《星际奇迹》（*Stellar Wonders*）是根据英国广播公司播出的演讲编撰而成的，其中有一章是关于造物主的力量和智慧的。这是向维多利亚风格的自然神学的一种相当不寻常的倒退，但神职人员在这个层次上对严肃的业余观察的介入使得来自设计的论证语言不会完全消失。在另一个阵营，理性主义者约瑟夫·麦凯布在 1923 年出版了他的《星星的奇迹》（*The Wonders of the Stars*），其中简短地提到了"岛宇宙"理论。另一个延续维多利亚传统的迹象是女性作家的活动。玛丽·普罗克特（Mary Proctor）是理查德的女儿，她本人也是皇家天文学会的会员。她继承了父亲的遗志，出版了《群星之夜》（*Evenings With the Stars*）等书籍。专业天文学家 E. 沃尔特·蒙德（E. Walter Maunder）的妻子安妮·蒙德（Annie Maunder）是 1908 年出版的《天堂和他们的故事》（*The Heavens and Their Story*）一书的主要作者。

几位专门从事技术学科的科学作家将天文学纳入了他们的著作中。1916 年，查尔斯·R. 吉布森的《星星和它们的奥秘》（*The Stars and Their Mysteries*）带领孩子们乘坐"奇妙的飞行机器"进行了一次太空旅行。这本书包括了对太阳系各行星的访问的描述，并对火星上存在生命的可能性持怀疑态度。吉布森的《我们赖以生存的星球》（*The Great Ball on which We Live*）一书首先解释了地球在太阳系中的位置，然后描述了它的地质历史。吉布森是一位普通的科学作家，他几乎可以把他的笔转到任何主题上，但在天文学方面，他是在与那些把个人的观察经验作为其流行叙述的基础的作家相竞争——尽管这些文本很少涉及更广泛的宇宙学问题。

专业天文学家也写了关于这个主题的作品，特别是在更高级的自学教材中（见第 7 章）。在第一次世界大战前的几年里，登特（Dent）的《科学初级读本》（*Scientific Primers*）收录了皇家天文学家 F. W. 戴森（F. W. Dyson）撰写的一份调查报告，而《家庭大学丛书》则收录了剑桥天文台（Cambridge Observatory）的阿瑟 · R. 欣克斯（Arthur R. Hinks）的一份类似报告。杰克出版社的《人民丛书》里有 E. 沃尔特 · 蒙德的《星星的科学》（*The Science of the Stars*）。20 世纪 20 年代，本的《六便士图书馆》系列收录了乔治 · 福布斯教授（Professor George Forbes）的《星星》（*The Stars*）。沃茨的《思想者图书馆》系列里有一本 M. 戴维森（M. Davidson）写的《天文学概论》（*An Easy Outline of Astronomy*）。

专业人士和业余爱好者偶尔会合作，比如哈钦森出版社于 1923—1924 年发行的每两周一次的通俗系列《天堂的光辉》（*Splendour of the Heavens*）（图 4–2；另见第 8 章）。这是由皇家天文学会秘书 T. E. R. 菲利普斯（T. E. R. Phillips）牧师编辑的，许多撰稿人都是该学会的会员，包括专业人士和业余专家。该系列配图精美，并且几乎完全聚焦于业余观测者可以访问的天文学领域。行星天文学构成了该系列的主体。该系列大量使用了照片，关于更广泛的宇宙结构的著作相对较少。赫克托 · 麦克弗森关于这一主题的文章对其他星系的存在表示怀疑。对更广泛的宇宙学问题，如相对论，该系列在简短的章节中进行了讨论。实用话题在这里得到了更详细的介绍，有几个章节为业余爱好者提供了建议，并在最后一期中提供了许多表格和插图。

图 4-2　1923 年，宣布哈钦森的《天堂的光辉》上市的广告插入在同一出版商的《各国动物》(*Animals of All Countries*，Part 8，1923）中，实际上是新系列第一期的封面的预览。（作者的收藏）

观察自然

在博物学领域，也有业余专家，他们可以与专业的植物学家和动物学家一起工作。地质学更加专业化，但在这里，业余爱好者仍然可以提供重要的信息，例如，在发现新化石方面。在这些领域中，专业和业余之间的界限仍然模糊不清；事实上，专业生物学家开始依靠有经验的业余爱好者来完成生态调查和类似的项目。专业人士和业余专家都有能力撰写供公众阅读的权威内容。

地质学是 19 世纪最活跃的科学领域之一，它改变了人们过去对地球的看法。到了 20 世纪初，这场革命早已完成，大多数受过教育的人理所当然地认为，他们所看到的周围的景观是在很长一段时间内由自然力量所塑造的。正是这种与地形的联系赋予了地质学经久不衰的吸引力：任何对自然世界感兴趣的人都想知道他们所访问的地区的基本结构以及起作用的力量。因此，在为公众写作方面，具有详细地质学知识的作家就有很大的空间，专业人士和对特定地区具有在地知识的业余爱好者都抓住了机会。

确立地球古迹的重大理论革命现在得到了很好的巩固，但地球科学仍在经历重大的概念进展。在新世纪的最初几年，放射性测年法的出现将地球的年龄延长到了数十亿年。这一转变被吸收到了大众读物之中，但并没有被视为一个主要问题，尽管一位主要的地球物理学家亚瑟·霍姆斯（Arthur Holmes）确实为本的《六便士图书馆》系列出版了一本关于这一主题的书。也许即使是较早的日期也远远超出了人们的想象范围，在数字的末尾多加几个零也没有什么区别。延长时间尺度对地质学用于解释地表特征的方式也几乎没有什么影响——例如，冰期的可见影响是相同的，即使从时间上把日期向后推迟很远。关于大陆漂移的争论在大众读物中偶尔被提及，但很少有作家认真地对待这一观点。

在 19 世纪末赢得声誉的作家，直到 20 世纪还在继续出版作品。在某些情况下，畅销书籍在最初出版很久之后仍在重新发行，而且并不总是以修订的形式。伦敦大学学院的 T. G. 邦尼（T. G. Bonney）所著的《我们星球的故事》（*The Story of Our Planet*）最初出版于 1893 年，1910 年再版，并配有华丽的插图，但文本没有变化。邦尼更小的一本书——《地质学》（*Geology*）最初于 1874 年出版，在新世纪初仍由基督教知识促进会（Society for the

Promotion of Christian Knowledge）出版。

在第一次世界大战前的几年里，新书出现了，其中许多是给自我教育系列供的稿子。那些由专业科学家撰写的作品可以作为真正权威的著作提供给公众。格拉斯哥教授 J. W. 格雷戈里在其中几个系列里出版了一些书籍。这个领域中的其他自学课本由格伦维尔·A. J. 科尔（Grenville A. J. Cole）、H. N. 迪克森（H. N. Dickson）、C. I. 加德纳（C. I. Gardiner）、爱德华·格林利（Edward Greenly）、H. L. 汉金斯（H. L. Hankins）、乔治·希克林（George Hickling）、邓肯·利奇（Duncan Leitch）和 G. W. 泰瑞尔（G. W. Tyrrell）撰写。《剑桥手册》系列包括邦尼的《雨与河》（*The Work of Rain and Rivers*）、克莱门特·里德（Clement Reid）的《水下森林》（*Submerged Forests*）和 J. H. 波因廷（J. H. Poynting）的地质学作品《地球》（*The Earth*）。贝尔法斯特女王大学（Queen's University，Belfast）的阿瑟·R. 德沃里豪斯（Arthur R. Dwerryhouse）对杰克出版社的《现实的浪漫》系列进行了一项调查，通过描述对一个虚构国家的探索来解释科学的重要性。出版商西利备受欢迎的作品包括一些由科学界以外的作者撰写的文本，包括 E. S. 格鲁（E. S. Grew）的《现代地质学的罗曼史》（*The Romance of Modern Geology*）。

尽管其中一些书使用了阿尔卑斯山或大峡谷等充满异国情调的地方的照片，但大多数例子都取材于现在几乎所有人都可以造访的英国的风景，因为所有人都可以乘坐火车去旅行了。对这种机会进行最深思熟虑的探索的是 A. E. 特鲁曼（A. E. Trueman）于 1938 年出版的《英格兰和威尔士的风景》（*The Scenario of England and Wales*）一书，该书在第二次世界大战后在鹈鹕系列中又以平装本的形式再版。特鲁曼抱怨说，尽管许多度假者希望获得更多关于他们所访问地区的地质历史的信息，但这些信息并不容易获得。旅游指南没有提供足够的科学知识，而通俗的地质学教科书只把一些地形细节作为例子，因此对旅行者的用处有限。他在序言的结尾声称，地质学是少数几类可以打破专业人士和业余爱好者之间的障碍并且普通人可以自行发现一些东西的科学之一。

在博物学的特定领域，特鲁曼关于公众仍然可以参与其中的科学的愿景得到了更积极的实现。许多人对乡村的植物和动物很感兴趣，而且一直有相当数量的爱好者和收藏家，他们在对采集到的群体进行描述和分类方面具有很高的专业水平。昆虫学和鸟类学就提供了明显的例子，最好的业余专家可以与自然历史博物馆的专业人员在同一水平上发挥作用。成立于1858年的英国鸟类学家联盟（British Ornithologists Union）等学会，以及各种不同复杂程度的期刊都可以证明。在英国，专业科学家和业余爱好者之间的敌意比美国少，在美国，专业科学家往往被视为试图把业余人士从任何程度的影响中排挤出去。随着学院派生物学家更加执着于实验室工作，张力就出现了，但即使在这里，情况也在世纪之交发生了变化。E. 雷・兰克斯特和J. 亚瑟・汤姆森是新一代学院派生物学家的典型代表，他们通过动物行为和后来被称为生态学的话题，将技术进化形态学与对野生自然的兴趣结合起来。正如查尔斯・A. 威切尔（Charles A. Witchell）在1904年所写的那样，自然的观察者往往分为两类：诗人和科学家。诗人们嘲笑科学家心胸狭窄，而科学家们则认为诗人是空想家。两者需要结合起来，这样才能通过观察来检验理论，大众科学写作在实现这一点上发挥着至关重要的作用。

赞同这一观点的专业人士既能够也愿意写出普通读者可以理

解的材料，将理论问题纳入对其他熟悉的动物和植物的描述中。他们与更有经验的业余爱好者一起发挥作用，其中一些人以写作他们最熟悉的领域为生。尽管大多数业余爱好者对进化论等问题不太感兴趣，但他们可以愉快地与专业人士合作，撰写详细的调查报告。这些调查报告仍然很受公众欢迎，销量很好。当涉及地理分布和生态学等领域时，业余爱好者仍然可以为专业人士提供一些东西，因为在这些领域，需要进行广泛而耗时的调查，以产生可以用来检验理论的原始数据。正是这种可能性使得二者在 20 世纪 30 年代和 40 年代产生了新水平上的合作。

在 19 世纪后期，许多业余爱好者都是只处理死去的标本的收藏家。但是，与汤姆森等人开创的更灵活的生物学方法类似，在世纪之交的时期，人们对自然的实际观察重新产生了兴趣。这在一定程度上是因为自行车和后来的汽车的广泛应用，让城市居民可以更好地前往乡村。摄影的出现为这种时尚提供了另一种动力，同时也为努力满足对辅助鉴定的书籍这一需求的出版商提供了新的机会。如今，在那些成群结队地去野外观察自然的人当中，很少有人能具有与精英专家群体互动所需的专业知识水平。对绝大多数人来说，在报纸上或偶尔读一本关于自然的书就足够了。新一代的报纸出版商非常乐意效劳。正如大卫·艾伦指出的那样，阿尔弗雷德·哈姆斯沃思（诺思克利夫勋爵）本人对博物学很感兴趣，并鼓励在他的报纸中加入“自然笔记”专栏。包括兰克斯特和汤姆森（Thomson）在内的几位专业生物学家培养了定期发表报纸专栏文章所需的写作技能。他们可以用广受喜爱的博物学的载体来传达关于科学的更严肃的信息，（这些信息）隐藏在普通人乐于阅读的动物和植物的描述中。在当时出版的博物学文本中，有很大一部分是由真正的专家、专业人士和业余爱好者撰写的，同时还有更多作为向公众传达科学信息的手段的关于生物学理论的正式论述。

从维多利亚时期到新世纪，这之间又存在着一种连续性的因素。维多利亚时代晚期的一些作家仍然活跃，旧时代最后几十年出版的材料继续被重印，一直持续到新世纪。查尔斯·A. 霍尔（Charles A. Hall）牧师在第一次世界大战前出版了《窥视自然》（*Peeps at Nature*）的完整系列，在 20 世纪 30 年代该系列仍在出版。W. 珀西瓦尔·韦斯特尔（W. Percival Westell）是进入新世纪的圣教书会（Religious Tract Society）的一位受欢迎的作家，他的《每个男孩的英国博物学》（*Every Boy's Book of British Natural History*）于 1909 年出版了第三版，其中有一章是关于野生动物摄影的，还有许多摄影插图。让·亨利·法布尔（Jean Henri Fabre）关于昆虫及其生活方式的著作的译本在 20 世纪初的几十年里很受欢迎，这些译本带有明显的自然神学色彩。

一些牧师兼博物学家是专业的业余爱好者，他们在密切观察动物（尤其是鸟类）的行为和分布方面做出了显著的贡献。在 1927 年出版的《鸟类的魅力》（*The Charm of Birds*）一书中，法洛顿的格雷（Grey）子爵称赞了基于个人观察的书籍，包括利奇菲尔德学院院长亨利·埃利奥特·霍华德（Henry Elliot Howard）的《英国林莺》（*The British Warbler*）。霍华德还写了关于鸟类行为和领域性的作品。另一位野外行为观察者是埃德蒙·塞卢斯（Edmund Selous），他以对收藏家的敌意而闻名，后来他利用自己的知识撰写了关于动物行为的童书。

这些研究与观察动物如何在野外生活的日益高涨的热情非常一致。彼得·布鲁克斯指出，在世纪之交，随着人们对科技和城市化影响的日益关注，大众杂志上突然出现了一种收录动物生活故事的时尚。许多作者利用了由此产生的对文章和书籍的需求，其中一些是业余专家，而另一些则是专业科学家，他们都渴望鼓励公众对这一领域产生兴趣。前一类包括撰写了关于海洋生物的作品的弗兰克·T. 布伦（Frank T. Bullen）以及 C. J. 科尼什（C. J. Cornish）。科尼什在《田野和乡村生活》（*The Field and Country Life*）中发表的文章被收录在几本畅销书中。古生物学家理查德·莱德克尔（Richard Lydekker）也出版了来自《领域和知识》（*Field and Knowledge*）的文章的结集。莱德克尔利用在印度的早期经验，将自己描述为一名大型猎物专家。他在自然历史博物馆的工作提醒我们，公众对这一领域的兴趣超越了在当地农村所进行的观察。

几位生物学家偶尔写了一些文章，利用人们对动物的普遍兴趣来提出关于生命科学的更普遍的观点。第一次世界大战之前的例子包括弗兰克·E. 贝达德（Frank E. Beddard）、F. W. 甘布勒（F. W. Gamble）和亨利·谢伦（Henry Scherren）的作品。彼得·查默斯·米切尔（Peter Chalmers Mitchell）于 1912 年出版的《动物的童年》（*The Childhood of Animals*）经常再版，并于 1940 年以鹈鹕系列平装本的形式再版。在两次世界大战之间，F. 马丁·邓肯（F. Martin Duncan）、大卫·弗雷泽–哈里斯、H. 芒罗·福克斯（H. Munro Fox）和 C. M. 杨格（C. M. Yonge）进行了广泛的研究并撰写成了作品。到目前为止，具有专业科学背景的最多产的作家是 J. 亚瑟·汤姆森。在第三章中提到了汤姆森参与到了对进化论等理论问题的写作之中，但他也写了大量的涉及更广泛的博物学领域的文章和书籍。他的活力论哲学使得他可以用拟人化的语言来描写动物的行为。他通过利用这种语言，将动物描绘得具有真实的个性。他对生态学也很感兴趣，并提供了许多他称之为不同物种“出没”的描述。

作为《家庭大学丛书》的科学编辑，汤姆森确保了它含有一些关于博物学主题的书籍。J. 布雷特兰·法默尔（J. Bretland Farmer）写了植物学，麦格雷戈·斯基恩（MacGregor Skene）写了树木。F. 甘布勒提供了对动物王国的调查，而 W. F. 巴尔弗·布朗（W. F. Balfour Browne）则写了关于昆虫的文章。杰克的《人民丛书》中有斯基恩写的野花和玛丽·斯托普斯（Marie Stopes）（后来更多地被称为节育的倡导者）写的植物学。由剑桥大学植物学教授 A. C. 希沃德（A. C. Seward）参与编辑的《剑桥手册》系列中有几本与博物学相关的书。第一次世界大战后推出的最成功的系列——本的《六便士图书馆》系列，在这一领域不太活跃，尽管它确实包括了巴尔弗·布朗和朱利安·赫胥黎的作品。

专业和业余生物学家合作出版了许多关于博物学主题的系列著作。莱德克是 1910—1911 年《哈姆斯沃思博物学》（*Harmsworth Natural History*）的主要作者，该系列也包括了许多其他著名科学家所撰写的章节。埃夫伯里勋爵（Lord Avebury，前约翰·卢伯克爵士）为哈钦森 1911—1912 年的《宇宙奇迹》撰写了导言，该系列调查了几个科学领域，但主要侧重于博物学。两位著名的博物学作家 A. E. 奈特（A. E. Knight）和爱德华·斯特普（Edward Step）于 1912 年合作完成了哈钦森的《大众植物学》（*Popular Botany*）。20 世纪 20 年代出现了许多原创系列作品，包括弗兰克·芬恩（Frank Finn）为哈钦森撰写的《我国鸟类》（*Birds of Our Country*）。芬恩是哈钦森另一套丛书《各国动物》（*Animals of All Countries*）的主要作者之一，该书于 1923—1924 年发行，第一版卖出了 15 万册，其中包括伦敦自然历史博物馆的一些专家的供稿。在同一时期，竞争对手纽恩斯出版社出版了一本关于英国野生动物的调查，即由彼得·查默斯·米切尔编辑的《自然的盛会》（*The Pageant of Nature*）。1929年，哈姆斯沃思出版社出版了《动物生命的奇迹》（*Wonders of Animal Life*），其中包含了许多著名科学家的稿子。

也有许多博物学调查以书籍的形式出版，有些是多卷本的。莱德克于1893—1896年出版发行的《皇家博物学》（*Royal Natural History*）于1922年再版。J. R. 安斯沃思·戴维斯（J. R. Ainsworth Davis）编辑了八卷本丛书《动物博物学》（*The Natural History of Animals*），于1904年发行。这套百科全书式的著作远不止对动物王国的概述，还包括关于结构、运动、防御以及获取食物的不同方式的章节。伦敦皇家科学学院（Royal College of Science）植物学教授J. 布雷特兰·法默尔于1909年至1910年编辑了六卷本的《博物研究之书》（*Book of Nature Study*），书中有大量关于动物和植物界、矿物学和地质学的章节，其中许多是由专业科学家编写的，包括W. P. 派克拉夫特（W. P. Pycraft）和J. 亚瑟·汤姆森。马里恩·纽比金（Marion Newbiggin）关于水族馆的章节和J. E. 亨尼西（J. E. Hennesy）关于学校花园的章节致力于在更实际的层面上让读者参与进来。

这种百科全书式的调查在20世纪30年代就变得不那么常见了。但也有一些主要由专业动物学家撰写的较短的调查，包括1937年由H. G. 威尔斯撰写了序言的E. G. 布伦格（E. G. Boulenger）的《世界博物学》（*World Natural History*）。约翰·R. 克罗斯兰（John R. Crossland）和J. M. 帕里什（J. M. Parrish）编辑的《世界动物生活》（*Animal Life of the World*）是一份主要由业余专家撰写的调查。对于有组织的乡间漫步者来说，有一些方便的指南，比如埃德蒙·桑德斯（Edmund Sanders）的《口袋里的野兽》（*A Beast Book for the Pocket*），这预示着提供给户外观察者的书在 20 世纪 50 年代将变得非常流行。

一些专业科学家掌握了为大众杂志和报纸撰稿所需的技能，从而能够接触到更广泛的公众。E. 雷・兰克斯特、W. P. 派克拉夫特和 J. 亚瑟・汤姆森都长期撰写每周专栏。有一段时间，查默斯・米切尔是《泰晤士报》的科学记者。其他定期为大众杂志和报纸撰稿的专业动物学家还有 E. G. 布伦格、莱德克、R. I. 波科克（R. I. Pocock）和亚瑟・希普利（Arthur Shipley）。朱利安・赫胥黎为大众媒体撰写了许多主题的文章。在他担任动物学会（Zoological Society）秘书期间，他能够向更广泛的公众推广博物学。赫胥黎也是广播电台中经常出现的播音员。

在 20 世纪 30 年代，专业生物学家和业余爱好者之间的关系有了重大进展。现在有了更多的观察者，他们对特定的动物或植物群体有足够的了解，可以对那些需要持续进行行为观察或大规模田野调查的领域的知识做出重大贡献。正如大卫・艾伦（David Allen）和其他历史学家所指出的那样，生态学研究已经发展到了这样的水平：学术生物学家需要专业的业余观察者的帮助，以广泛地收集对他们的假设进行检验所需的信息。与此同时，公众对自然保护的兴趣日益浓厚，并更加积极地参与到对大自然进行的研究之中。最活跃的业余爱好者在专业人士的项目中合作，而专业人士自己也意识到培养更广泛的爱好者群体的重要性。为专注的观察者提供的严肃手册现在获得了巨大的成功，一个重要的例子就是 1940 年由朱利安・赫胥黎的合作者之一詹姆斯・费舍尔（James Fisher）所著的鹈鹕系列的《观鸟》（*Watching Birds*）平装本。

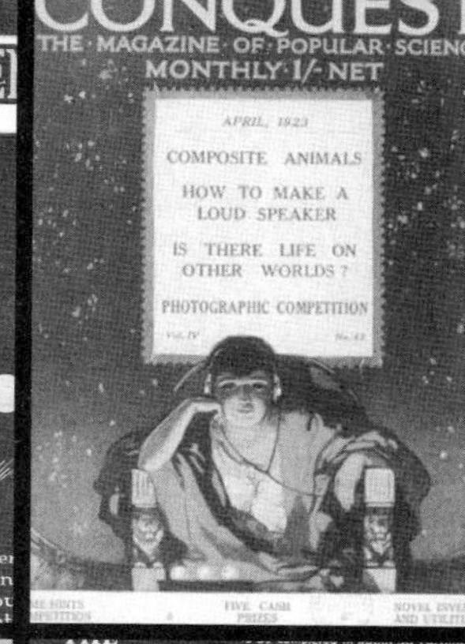

第二部分

出版商和他们的出版物

PART 2

第5章 制造受众

在考虑维多利亚时代产生了多少大众科学文献时，我们吃惊地发现，在20世纪初的几十年里，出版商声称他们是在应对公众对信息需求的新一轮激增。这种说法可能只不过是广告上的夸张，可以半信半疑。但接下来的章节将表明，至少有一部分读者的真正需求推动了出版业的重大进展，这一信念是有一些实质性内容的。这一章探讨了出版商对当时发生的事情的看法，并基于当时的社会进展解释了大众科学潜在读者群的扩大。本章还将概述出版商为应对需求激增所做的努力，并在以下章节中详细介绍不同的出版模式。这反过来又引发了我们对出版商想从他们为这个不断扩大的市场写作的作者那里得到什么的思考。在一个大众营销和耸人听闻的新闻时代，是什么造就了有效的科学写作？作者们——包括许多应对挑战的科学家，是如何应对这些要求的？

1900年后所谓的关于科学的大众书籍和文章市场的扩张，乍一看似乎令人难以置信，原因有几个。我们清楚地意识到了19世纪所出现的进展，当时的新技术和识字率的提高所提供的机会改变了出版业。在关于维多利亚文化应该采取的方向的大辩论中，他们经常会用到科学的大众论述。1900年后，真的有可能进一步扩张吗？在1914年战争爆发前的几十年里，每年出版的图书总量稳步增长，但没有证据表明在较低价格范围内出版的图书比例在增加，而大多数自我提升的图书都位于这一较低的价格水平上。要了解如何才能扩大对大众教育材料的需求，我们需要看看廉价图书市场开发方式的变化，包括大众媒体中新的广告形式所推动的变化。

我们对出版商的说法存疑的另一个原因是，与美国进行比较的话，罗纳德·C. 托比（Ronald C. Tobey）和马塞尔·拉福莱特（Marcel Lafollette）等学者揭示了一种非常不同的发展模式。托比认为，美国的大众科学写作在新世纪的最初几年里衰落了，而在 20 世纪 20 年代，由于科学界的刻意努力，大众科学写作得到了复兴。拉福莱特发现大众杂志对科学文章的需求在波动，在 20 世纪 30 年代出现了明显的下降。约翰·C. 伯纳姆哀叹，大众报道越来越耸人听闻，导致负责任的科学报道减少。杂志上科学报道的减少在英国大致相同，尽管在这里似乎开始得更早（见第 10 章）。正是在严肃的大众科学书籍领域，我们看到英国在 20 世纪头几十年的大规模扩张，并不等同于大西洋彼岸的情况。

还有一个不同之处是民粹主义科学观在英国的部分边缘化，根据这种科学观，普通人和专家一样有权决定什么是知识。这一观点在美国很盛行，在 20 世纪 20 年代，挑战进化论教学的运动利用了这一观点。它也存在于英国，在那里，它导致了人们对专业科学家日益视为伪科学的东西持续存在兴趣。与伯纳姆对美国情况的描述类似，大众媒体也乐于报道关于自然的奇怪想法——从超自然现象到灾变论者对地球历史的描述，以及死亡射线和其他不可能的装置的发明。但是，故意挑战科学界在知识上的权威的努力越来越局限于更耸人听闻的杂志，包括那些刊登科幻小说的杂志。超自然现象是一个主要的例外，由于奥利弗·洛奇等少数精英科学家的支持，科学界不可能被视为形成了反对伪科学的统一战线。总体而言，英国科学界努力在确定什么才是科学方面维护着其权威，并取得了一定的成功。为此，他们积极致力于出版书籍，旨在让人们了解所发现的东西。他们努力的结果是形成了一个分层的社会，在这个社会中，人数相对较少的受过教育和“自我完善”的读者阶层接受了专业人士的科学观，绝大多数读者从大众媒体上获得的只是一个有关正在发生什么的模糊的、过度戏剧化的形象。

我们可以将英国的情况与其他国家进行比较，特别是德国，安德烈亚斯·道姆（Andreas Daum）向我们展示了 19 世纪关于科学在中产阶级文化中作用的斗争如何一直持续到 20 世纪的最初几年。在这里，专业科学家在政府资助的机构中有更强大的基础，但唯物主义者和他们的文化对手之间也有同样的意识形态斗争。英国理性主义者使用德国作家恩斯特·海克尔的译本，作为他们 20 世纪运动的一部分。但英国理性主义者及其反对者的宣传目标超越了中产阶级，至少进入了工人阶级文化中更具反思性和智力野心的元素之中。

对权威自学材料的需求解释了为什么至少有一部分英国大众科学市场在 1900 年后再次“起飞”，而美国却没有出现类似的激增。现在几乎所有的学者都同意，大众科学写作并不是一个科学进展可以被简化并传递给普通读者的自上而下的过程。它是科学界、出版业和公众之间互动的复杂过程。这反过来意味着它对社会环境的变化极为敏感。本章探讨了在 20 世纪早期英国为权威作品创造了一个实质性市场的环境。大众科学可以成为一个自上而下的过程，如果有读者渴望从他们认为是专家的作者那里了解这一主题的话。大众科学出版利用人们对集教育和娱乐于一体的读物日益增长的需求大赚了一笔。它利用了一种普遍的感觉，即科学现在是任何自我完善计划的重要组成部分。这种需求并没有在整个人口中扩散开来——因此大众杂志对科学的报道减少了，但它创造了一个足够大的可以鼓励出版商的市场。为满足这一需求而设计的书籍旨在提供对其主题的权威调查，这一事实也解释了为什么专业科学家更受青睐。不过前提条件是，他们能够学会以符合出版商要求的水平进行写作。

然而，读者并不是完全被动的，作者和出版商都必须努力将他们的作品定位在恰当的水平上。如果出版商不能满足读者，他们就会破产。因此，出版界对能够以适当水平写作的科学家的需求量很大。但是，由于读者希望从公认的权威那里学习，那些生产这些素材的人有机会将他们的信息嵌入如何理解和使用的特定图像之中。大多数出版商都支持现有的社会秩序，因此他们将科学描述为在技术创新所驱动的经济中进行自我完善所需要的东西。出于这个原因，政治左派开始怀疑这种自我完善类读物，认为（有一定的理由）它旨在削弱对科学在资本主义手中所扮演角色的任何批评。但是，几十年前的自学书籍很难成为代表统一的科学团体的整体宣传。知识界关于科学含义的大辩论也在大众科学写作的舞台上一争高下，敌对派别在这个舞台上试图将自己的观点强加于他们所呈现的信息之中。无论科学是一种智力冒险还是现代生活的实际需要，无论它是支持物质主义还是对宗教的回归，即便在最明显的教学文本中，这些问题都找到了进入其中的途径。

识别趋势

出版商察觉到了一种明确的感觉，即总体上的自我提升读物，特别是科学读物，正在形成一个新的市场。他们知道维多利亚时代科学作家的成就，但有一种感觉，那就是在旧世纪的最后几十年里，这场运动已经失去了动力。现在，一股新的趋势正在读者中兴起，他们愿意并能够学习，但却没有机会通过上大学来满足这一需求。这个市场介于知识分子的高雅辩论和针对大众的耸人听闻的新闻报道之间。这是一个专业市场，主要由工薪阶层和中下层读者组成，他们有时间和金钱偶尔购买书籍，并希望通过阅读进行自我提升以及娱乐。许多普通人没有参与这场运动，或者他们的兴趣太过随意，以至于很难在娱乐的同时提供任何指导。但那些确实参与了的人创造了一个出版商决心去满足的巨大的需求。

从凯根·保罗的《国际科学丛书》的消亡中，我们可以看出19世纪末大众科学图书出版商面临的困难。认真的学生想要一本教科书，而漫不经心的读者想要一本浅显易懂的初级读物，要平衡这两种需求绝非易事。《国际科学丛书》提供了非常严肃的书籍，但它未能占领一个具有经济可行性的市场。新一代大众科学图书的目标读者是那些对学习准备不足，但只要材料以足够容易接受的形式呈现，就渴望学习的读者。

乔治·纽恩斯是一位在大众市场中经验丰富的出版商，他推出了一系列针对“19世纪最后几年迅速增长的……对自然和物理科学的事实和真理展现出兴趣的成千上万的男性和女性”的书籍。在第一次世界大战之前的几年里，新的自我教育系列得到了极大的扩展，而且不仅仅是出版商认为这是一项可以与维多利亚时代的大众科学相媲美的计划。出版商登特在为其1909年出版的《科学初级读本》系列做广告时声称，现在有必要替换30年前出版的著名的介绍性文本了。剑桥大学出版社（Cambridge University Press）引用了《诺丁汉卫报》(*Nottingham Guardian*)

对其 1911 年系列丛书的评价："自大约 30 年前的《文学和科学初级读本》(*Literature and Science Primers*)以来，就没有再出版过像《剑桥手册》这样集中了卓越成就的杰作了。"人们普遍认为，随着世纪之交面向大众的新闻的出现，情况发生了变化，但出版商确信，有一群读者想得到比日报和周报提供的内容更严肃的东西。1911 年，威廉斯-诺盖特公司(Williams and Norgate)的《家庭大学丛书》上市，目的是"对经常讨论的问题进行实际的测试：如果能以足够便宜的价格买到好书，人民大众是否想买好书，或者他们是否满足于再版和小说"。

剑桥大学出版社、威廉斯-诺盖特公司等出版商愿意冒这个险，他们的教育丛书由此也蓬勃发展起来。在谈到《家庭大学丛书》时,《曼彻斯特卫报》写道，它满足了一种常见的饥饿感，迄今为止，这种饥饿感"被部分但不明智地填补了，或多或少造成了严重的消化不良"。《每日纪事报》(*Daily Chronicle*)认为，该系列不仅是对需求的回应——它正在塑造严肃教育读物的受众："该计划从一开始就是成功的，因为它满足了热心读者的需求；但它更广泛和持续的成功肯定来自这样一个事实，即它在很大程度上创造并实际上提高了人们欣赏它的品位。"在解释为什么他们要推出一个竞争性系列时，出版了《人民丛书》的杰克出版社的经理非常明确地谈到了他的公司希望面向的市场："这个国家的读者主要是那些收入微薄的人——学生、教师、机械师，他们渴望提高自己，而男男女女则希望跟上现代学术的步伐。"

第一次世界大战对出版业造成了沉重打击，因为很多作为这些系列丛书的读者的男性都去打仗了。但在相对平静的 20 世纪 20 年代，同样的读者群重新形成，对大众教育，尤其是科学教育的需求重新出现。新的教育系列被推出，包括豪德-斯托顿公司

（Hodder and Stoughton）1923年出版的《人民知识文库》（*People's Library of Knowledge*），其目的是“在某种程度上满足对知识日益增长的需求，这是我们这个时代最快乐的特征之一”。科学记者J. G.克劳瑟在回忆这一时期时指出，战后技术工人的生活比以前更好，而购买教育丛书的正是这些人，比如成千上万本地购买H. G.威尔斯的《世界史纲》。1927年，朱利安·赫胥黎决定放弃教授职位，与威尔斯一起撰写《生命之科学》，《自然》杂志对此进行了评论：

随着大众教育的普及和应用科学的应用，不仅出现了一大批渴望获得更多知识的普通大众，而且出现了以廉价印刷、广播、教学影片和大众讲座系统化的形式满足这种渴望的途径。

《家庭大学丛书》被认为是这一趋势的典型产物。两年后，新的大众科学杂志《扶手椅上的科学》的第一期声称，现在人们对科学的兴趣甚至比五六年前更大。事实是否如此很难确定，因为《扶手椅上的科学》难以为继，20世纪30年代将是一个艰难的时期，出版商面临着越来越多的困难，左派对科学在经济体系中所扮演的角色变得更加挑剔。

对教育的需求

出版商发现，越来越多收入不高的普通人渴望通过非正式途径获得更好的教育。他们不是讨论科学对现代文化和社会影响的知识分子。他们也不是有收入（如非必要，也不会倾向于）去购买制作精良的书籍的中产阶级读者。他们是想提高自己的文书或熟练的体力劳动者，现在他们意识到科学在现代世界中发挥着重要作用，需要被纳入任何严肃的阅读计划之中。20 世纪最初的几十年人们经历了自我教育需求的上升，现在有相当一部分人受过中等教育，但几乎没有多少人希望继续进入大学或学院深造。对他们来说，非正式的教育方法，也许是在一项旨在替代高等教育的计划的帮助下，为他们提供了唯一的出路。这个群体为严肃的非虚构类读物提供了一个重要的市场，前提是它的售价足够便宜。实际上，他们想要的是一本教科书的精简版，以一种业余学生阅读起来既简单又有趣的方式呈现。因此，出版商和作者必须在教育和娱乐之间取得适当的平衡。

这一市场的出现可以归因于 20 世纪初英国特殊的社会环境。到 1900 年，几乎人人都识字。这使得《每日邮报》和《珍趣》等发行量巨大的报纸和杂志得以出现。这些报纸和杂志被知识分子嘲笑为是为受教育程度很低和注意力持续时间有限的店员而写的。但是，工人阶级努力自我完善的悠久传统现在得到了发扬，因为许多较富裕的工人阶级现在可以每周花几个便士购买读物了。至少有一些人选择把这些钱花在书籍或杂志上，因为它们比通俗的报纸提供了更多的内容。理查德·霍加特（Richard Hoggart）认为，这些人是工人阶级中“认真的少数派”，他还指出，大众媒体倾向于将他们描绘成局外人。

1902 年《教育法》(*Education Act*）的颁布，激发了人们对更高级的自学教材的需求。该法设立了负责为所有人提供中等教育的地方教育局（Local Education Authorities）。实际上，财政限制阻碍了这一政策的实施。整个 20 世纪 20 年代，工会和其他机构一直在为普及中等教育而奔走。许多政界人士反对这一政策，声称国家负担不起。然而，在第一次世界大战前的几年里，进入中学的儿童人数确实开始上升，在 1919 年达到 8.5 万人的高峰，之后在 20 世纪 20 年代初暂时下降。在几年内，这些学生进入了工作领域，但没有希望通过正规途径进一步接受教育了。即使他们能负担得起大学教育，大学里也没有足够的名额。1925—1926 年，英国大学的学生总数不到 3 万人（总人口为 4500 万）。少数人可能会幸运地获得一所新技术学院的奖学金。大多数人不得不自己读书，或者参加许多计划中的一项。这些计划现在开始在学院和大学的围墙之外为人们提供有限形式的继续教育。1944 年的一项调查显示，42% 的工薪阶层记得自己是在有大量书籍的家庭中长大的，而 54% 的人家里至少有几本书。

一些组织提供了这种非正式教育。大学推广运动（university extension movement）是为了给那些上不起牛津或剑桥的人（包括妇女）提供课程而创立的。20 世纪初，这两所古老的大学与伦敦大学一起开设了大量的校外课程，包括一些科学课程，新成立的"红砖"大学也参与其中。大约有 5 万名学生参加了考试，尽管在新世纪的第一个十年后参加考试的人数有所下降，但课程的实际出勤率仍然很高。这些课程吸引了大部分中产阶级学生。对于工人阶级来说，成人学校（Adult Schools）在第一次世界大战前非常活跃。它们在整个 19 世纪一直存在，并于 1899 年通过全国成人学校理事会（National Council of Adult Schools）组织起来。1909 年，全国有 1900 所这样的学校，学生超过 10 万人。成人学校主要由出任教师的不遵奉圣公会的新教教徒维持，他们在课程中强调对《圣经》的学习，但也提供了一些对传统价值观提出了挑战的力量的认识。1910 年后，它们的受欢迎程度迅速下降，很快就吸引了大部分女学生。它们被工人教育协会（Workers' Educational Association）所取代，该协会也与不遵奉圣公会的新教教徒存在联系，但与工会和合作社运动（cooperative movement）的联系更紧密。1903 年成立的促进工人教育协会（Association to Promote the Education of Working Men）在两年后更名为工人教育协会。其创始人阿尔伯特·曼斯布里奇（Albert Mansbridge）曾参加过大学推广课程，并希望将其覆盖范围扩大到中产阶级以外。他的协会吸引了大学和当地教育部门的热烈支持。许多大学讲师利用业余时间到校外大学辅导班（University Tutorial Classes）授课。尽管教授的科学课程次数有限，部分原因是实验设备不足，但这一比例最终上升到近 10%。左翼激进分子不赞成该协会，因为它促进了现有体制（退出系统）内的自我完善，并阻止了更激进的活动。但让它得以维持下去的正是出版商的非正式教育书籍所针对的学生读者。

工人教育局（Workers' Educational Authority）和大学推广课程都鼓励私人学习，包括全国家庭阅读联盟（National Home Reading Union）。文学和哲学社团（Literary and Philosophical Societies）仍然活跃在许多城镇。所有这些运动都部分依赖于为那些买不起书的人提供必要书籍的公共图书馆系统。在 20 世纪初，图书馆网络有了很大的扩展，这样大多数城市和大城镇很快就有了良好的设施——尽管农村地区的图书馆设施仍然很差。因此，图书馆为自学读物的出版商提供了潜在的市场，但必须指出的是，只有一小部分借阅的书籍属于非虚构类。有许多关于公众偏爱小说的抱怨，在一些地区，出借非虚构类的比例只有 4%。出版商的一些广告当然是针对图书馆工作人员的，但个人读者构成了大部分销售的基础。

出版商的反应

出版商以各种方式开拓非虚构类素材的市场，并利用影响力越来越大的日报来推广产品。总体而言，图书市场在19世纪末和20世纪初缓慢但稳定地扩张。维多利亚时代晚期，书商之间竞争激烈，直到1899年，出版商弗雷德里克·麦克米伦（Frederick Macmillan）领导了一场制定《净书协议》(*Net Book Agreement*)的运动，这种残酷的局面才得以停止。该协议要求书商以出版商确定的价格销售图书，这为市场引入了一直持续到20世纪的稳定因素。该协议受到了《泰晤士报》的挑战，该报试图通过创建一个图书俱乐部以折扣价出售图书来规避其条款，但在持续了几年的“图书战争”之后,《泰晤士报》在1908年被诺思克利夫勋爵收购后做出了让步。除了这一例外，图书出版的整体形势在第一次世界大战之前的一段时间内保持相当的稳定。这让我们不禁感到疑惑，市场上怎么会有自我教育书籍的扩张空间。但报纸正在以其他方式侵入这一领域，一个主要的出版举措包括糅合杂志和书籍的版式进行连载。在这种情况下，价格结构的底端有可能出现真正的扩张，特别是因为出版物可以在同一家公司发行的报纸和杂志上进行宣传。

在第一次世界大战之前的几十年里，价格较低的书籍所占的比例基本保持不变。西蒙·艾略特（Simon Eliot）提供的数据显示，在19世纪70年代至1912/1913年期间，大约60%的图书属于低价类别，即低于3/6d。高价书（超过10/–）的比例也基本保持在10%左右。非专业的科学书籍出现在所有价格水平上，但它位于有最大扩展空间的底部类别。认为低价图书的比例显然固定不变，这种看法是有误导性的，部分原因是出版商自己通过发行通用版式的系列图书来压低价格，通常价格低至 1/–甚至 6d。这也是连载作品的价格范围，因此，尽管这类作品的总成本相当可观，但它是在很长一段时间内被分摊的。出版社为读者提供了特殊的装订设备，使最终产品看起来像一本多卷书。

自学材料的市场提供了一个出版商试图通过这些不同的手段来占领的重要的生态位，在下面的章节中会有更详细的概述。这类文献构成了科学上出版的非专业材料的主要部分，虽然从轻松阅读的意义上来说，这实际上并不“通俗”，但它确实触达了相当多的人。作者和出版商面临的最困难的问题之一是在教育和娱乐之间取得适当的平衡。如果太严肃，材料看起来就像一本教科书，会让那些不愿意认真学习的人望而却步。如果在语气上过于平民化，它看起来就是短暂的，似乎看不到真正自我改善的希望。这个问题不仅困扰着图书出版商，也困扰着创办大众科学杂志的各种努力。

其他潜在的读者群的存在让这一事实变得更为困难。一些努力使同一本书或杂志覆盖两个市场生态位的做法可能会两头落空，左右不讨好。全面的学术教科书不在本研究的范围内，但对那些具有严肃科学知识的人了解其专业以外的其他领域进展的教科书存在着很大的需求。学校的科学教师可能需要同样深度的内容，以使他们了解最新情况。出版商有时希望，针对这类读者的书籍也能吸引更严肃的非科学读者。

还有一个可能的读者是知识精英，他们通常是专门出版相对昂贵书籍的出版商的目标。在这些书里，几乎没有技术细节的空间，因为这些精英主要接受的仍然是古典文学。直到 1927 年，生物学家 J. 格雷厄姆 · 克尔才呼吁在通识教育中用科学取代经典，这引起了轰动。就连《自然》杂志也只建议在这个方向上要循序渐进，并提醒读者，遗传学家威廉·贝特森（William Bateson）曾反对在剑桥大学取消必修的希腊语。朱利安·赫胥黎和 J. B. S. 霍尔丹等知名人物都属于精英阶层，并愿意为其撰稿，他们认识到了试图影响与科学有关的问题的学术辩论的重要性。但出版商在这里再次看到了连接两个市场的可能性，偶尔——就像爱丁顿和金斯的畅销书一样，他们能够将相当严肃的书籍推向普通读者。还有其他一些书，虽然不是真正的畅销书，但销量超过了出版商赢利所需的几千本。这源于知识精英的辩论影响了普通民众的意见。

还有一个极端是想要娱乐的读者只需要最低限度的学习。这些读者需要非常特殊的对待，而且一个受过训练的科学家不太可能以恰当的水平为他们写作。对于这样的读者，作者的权威在任何情况下都是无关紧要的。针对这样一个市场的大众科学文本有可能取得一些成功，前提是该出版物能够得到适当的宣传。威尔斯的《世界史纲》（其中包含一些关于进化论的材料）是《生命之科学》的后续，这两本书都触及了普通读者，因为它们最初是以连载的形式发行的，并在大众媒体上进行了广泛宣传。但吸引公众把钱花在更严肃的读物上是一项艰巨的工作。正如英国广播公司的《听众》杂志在 1935 年评论的那样，那些一般把阅读的焦点放在体育和耸人听闻的犯罪上的读者，更有可能被科学家自己认为是伪科学的东西所吸引。一般杂志似乎越来越不愿意刊登科学方面的文章，但也有一些明显的例外。在专业科学记者出现之前，报纸也很少报道严肃的科学——而这一过程在两次世界大战之间才刚刚开始。

那么，出版商如何处理这些潜在的重叠读者群呢？在高端市场，有传统的非虚构类书籍，针对的是能够花 15/-或1 英镑购买印刷精美的图书的富裕买家。这类书很难被称为畅销书，因为价格限制了买得起它们的人的数量。“非专业人士”也许是一个更好的词。它们通常会卖出 1000 本左右，这是出版商通常能达到收支平衡的数量。正如亚瑟・基思在谈到他关于人类化石的书时指出的，即使是专门讨论一个可能会引起公众注意的话题的图书，销量也只有两三千本。有时，一本价格相对较高的书会获得足够的关注，在几年内重印几次，在这种情况下，销量可能会累积到 1 万本。几本关于新物理学的书就是如此——即使是爱丁顿的畅销书，也是经过几年的积累才达到令人印象深刻的销量。

出版商斯坦利・昂温（Stanley Unwin）抱怨说，中产阶级非常不愿意花钱买书。潜在地，年收入 500 英镑左右的工薪阶层构成了一个巨大的市场：1911 年，英国这一阶层有近 80 万人。尽管 20 世纪 30 年代经济萧条，但富裕人群的数量继续扩大，为奢侈品创造了一个不断扩大的市场。但昂温的观点是，这些人不想把钱花在图书上，因此出版商很难打入这个市场。只有当书籍变得通俗，而且价格降低时，销量才会增加，因为最初的需求往往会使书籍再版。制作精良的儿童科学书籍和类似的提升类书籍也有很大的市场，这些书籍旨在作为中产阶级家庭的生日或圣诞礼物，或作为学校的奖品。这些书的价格通常在 5/–左右，一家名为西利服务公司的出版商专门出版这类书。

针对上述自我教育市场的书籍必须更便宜，因为潜在的读者是工薪阶层，他们最多只能负担一周支出 1/–来购买一本书或杂志。第一次世界大战后，技术工人的境况有所改善，他们最有可能通过阅读科学或其他严肃话题来提高自己。他们不得不把钱花在一本严肃的书上，而不是无聊的小说或耸人听闻的周刊上。广告在这方面可能是有效的，尤其当它是免费的时候——像乔治·纽恩斯和阿尔弗雷德·哈姆斯沃思这样的出版商进入了这个市场，因为他们自己就拥有可以为书籍做广告的杂志和报纸。一个普通的出版商负担不起这样的宣传，但我们将看到昂温如何通过向有影响力的人、学校甚至军队分发传单来推销兰斯洛特·霍格本的自我教育者的。

霍格本的大部头著作是独一无二的，但更常见的是教育系列，如《家庭大学丛书》，它利用了通过公认的专家撰写的简单文本来提供全面教育的形象。它们最初的价格约为 1/–,尽管几十年来这一数字随着通货膨胀而上升。20 世纪 20 年代，本的《六便士图书馆》系列扭转了这一趋势。这些都是很薄的书，但也是由权威作者撰写的。20 世纪 40 年代，更知名的鹈鹕系列脱颖而出，它通过发行长篇作品（最初也是 6d），延续了这一廉价书籍的趋势。也有许多作品以连载的形式发行，这些作品在适当装订后，实际上变成了科学和其他研究领域的百科全书。整个文本随后以正常的书籍格式发行，有时是几个不同的版本，并经常通过读书俱乐部分发。《生命之科学》属于这一类,《哈姆斯沃思大众科学》也是如此——尽管它们提出了对立的意识形态。这些书和连载的出版物本来计划能卖几万本，而那些真正引起公众注意的则可以卖到几十万本。

20 世纪上半叶出版的非专业科学书籍的总数是巨大的。1911 年,《哈姆斯沃思大众科学》的书目列出了近 600 种图书，尽管其中许多是较早的著作和科学经典，但其他图书则是第一次世界大战前几年出版热潮的产物。这些书籍中有近 100 本（约占总数的 15%）定价为 1/6d 或更低，使它们进入了有望吸引工薪阶层读者的价格范围。我自己在这本书中列出的参考书目也很多，但并不全面，包括 1900—1945 年出版的 628 本书，其中 465 本是以自学系列的形式发行的。这些丛书的出版有两次大高潮，第一次是在 1914 年战争爆发前，第二次是在 20 世纪 20 年代末。在 1907—1914 年创立了 18 个系列，在 1925—1929 年创立了 10 个系列——在 20 年代早期大约每年一个，而在 30 年代则很少（这就是为什么鹈鹕系列的创立是一件大事）。

出版商必须对读者的需求保持敏感，因此，即使是自学读物，从书中几乎像教科书一样的内容来看，其方法也不是“自上而下”的。内容和呈现方式必须符合潜在读者的购买意愿。出版业是一个有风险的行业，如果一家公司有太多的书卖不出去，那它可能就会破产。1910 年,《家庭大学丛书》的科学编辑 J. 亚瑟·汤姆森注意到，他的朋友、出版商安德鲁·梅尔罗斯（Andrew Melrose）表达了这样的观点：一家公司要么必须致力于某一特定的市场专业化，要么必须足够大到可以从事广泛的风险投资，这样成功才能与失败相互抵消。梅尔罗斯出版了几本汤姆森的大众科学书籍，但在 1927 年破产了。出版商敏锐地意识到了市场的生态位——我们将看到威廉姆斯–诺盖特公司如何威胁着要将竞争对手杰克出版社告上法庭，因为它的《人民丛书》系列与《家庭大学丛书》的读者群相同。

这些书实际上覆盖了多大比例的人口？自我教育读物的读者实际上相当少，主要是希望提高自己的中下层和上层工人阶级读者。《家庭大学丛书》等丛书预计将在数年内售出 1 万册。一本真正成功的书或系列作品很少触达普通大众。最后，大多数工人阶级仍然对科学及其影响一无所知，甚至在某种程度上持怀疑态度。1939 年，大众观察（Mass–Observation）这个组织开展了一项民意调查，该调查结果作为企鹅出版社（Penguin）新出版的平装本之一出版，结果显示，大多数人对科学漠不关心——更感兴趣的是占星术，而不是天文学。在某种程度上，他们意识到科学对他们的生活产生了影响，他们把它与失业、为实业家赚取利润和生产新武器联系在了一起。

到第二次世界大战结束时，随着原子弹的使用，科学与战争之间的联系变得更加明显，对公众舆论的影响也是可以预见的。大多数人仍然觉得他们不理解科学在做什么，但更害怕它带来的可能影响。1947 年，企鹅公司委托大众观察开展了受众研究，研究结果强化了彼得·布鲁克斯对战后同一群体的科学态度进行调查所得到的结果。对于那些认为出版商能够触达相当一部分人口的人来说，这一结果令人沮丧。即使是企鹅出版社的作品（大部分是虚构的），也只有 4% 的人熟悉，而非虚构的鹈鹕系列只有 1% 的人熟悉。绝大多数人仍然报告说他们对科学一无所知——尽管他们害怕科学在军事上的应用。当我们认识到 5 万本的销量仍然只代表每千人有一本图书（在 1931 年的人口普查中，英国的人口不到 4500 万）时，这些结果不应该让我们感到惊讶。即使考虑到图书馆的使用，最“受欢迎”的教育系列仍然只能触达中产阶级以及工人阶级中那些最积极地进行自我提升的人。那些想了解科学的人可以这样做——但绝大多数人要么不想知道，要么很少有机会去了解。

那些阅读局限于大众媒体的人似乎更喜欢耸人听闻的故事或琐事。1926 年,《自然》杂志抱怨“电影院思维”，记者们用“为什么蚊子更喜欢金发女郎”之类的故事来迎合它。某些对科学的提及可能出现在其他语境中，比如南极探险所产生的兴奋。斯科特上尉（Captain Scott）和他的同伴被媒体描述为“科学的殉道者”。那些只读大量发行的报纸的人可能最多只知道一两个关键科学家的名字，也许对与他们相关的理论有一些模糊的概念。有报道称威尔士矿工在街上争论相对论，并且据说大多数兰开夏郡的磨坊工人都听说过达尔文及其理论。因此，虽然科学常识非常匮乏，但一些象征性人物却得到了广泛的认可。那些知识如此有限的人，当被问及他们对当前科学研究领域的熟悉程度时，他们几乎肯定会感到胆怯。那些阅读自我教育形式的大众科学作品的人会更好地了解情况，但这些人在人口中所占的比例相对较小。

出版商和作者

出版商必须确保他们的作者所写的文本是公众想要阅读的。作者是如何被选中的？他们必须做些什么才能让出版商满意？质量较好的书籍通常是由该国的知识精英撰写的。伯特兰·罗素等哲学家以及J. W. N. 沙利文和杰拉尔德·赫德（Gerald Heard）等文学人物撰写了关于科学含义的书籍和文章（赫德经常在电台做广播）。他们以对其他知识分子有意义的方式探讨了潜在的问题。但一些科学家，特别是牛津和剑桥的科学家，也来自知识精英家庭，并被期望能够以同样的天资与公众进行交流，这就是爱丁顿、赫胥黎和霍尔丹等人物开始他们的非专业写作的原因。这两位生物学家继续尝试为大众市场写作，而爱丁顿则有所保留。他担心在被翻译成大众语言后，自己关于新物理学含义的想法会被歪曲。

然而，在天平的底端，出版商很难找到为周刊和日报撰稿的专家。一些编辑不鼓励使用专家，声称他们无法在不使用普通读者无法理解的行话的情况下开展传播。这指出了那些瞄准自我教育市场的出版商面临的一个关键困境，这个市场介于两个社会极端之间。因为这些书是用于教育的，所以它们必须以权威的形式出现。这意味着它们必须由公众因其资质或专业地位而尊重的专家撰写。作者很少费心去解释科学研究实际上是如何进行的——这确实是一种自上而下的方法，尽管文本有时会对有争议的问题表达看法。但为了让人们了解这些信息，专家们必须能够以普通人能够理解的水平进行写作。他们不需要写下最小公分母（大众化的东西），虽然，他们的读者被期望着愿意付出一些努力。但他们不是正式的学生，他们在业余时间阅读，所以从这个过程中获得娱乐的成分是很重要的。对于希望成为作家的科学家以及出版商来说，弄清楚如何取得这种平衡是至关重要的，尽管后者对实际出版的内容拥有最终的发言权。

广告和评论揭示出了对具有适当专业水平的作者的重视。剑桥大学出版社出版的《科学和文学手册》被广泛宣传为由受过大学教育的人担任作者。书评家们对此大加赞赏:《苏格兰人》（*Scotsman*）指出，它们出自“杰出的学者”之手;《诺丁汉卫报》则指出，每一卷都出自“一位专家之手，他对某一特定主题的每一个细节都了如指掌，并对其进行了精辟的总结，以启发普通读者”。《家庭大学丛书》的出版商在广告中说:“丛书的每一卷都是由公认的权威人士专门为其编写的。”杰克出版社对他们的《人民丛书》也做出了类似的断言:“每一本书都是由一位作者写的，他的名字足以保证所追求的知识标准。这份（作者和书名）名单将表明，出版商已经成功地获得了最高资历作家的合作。”出版商对专家作者的偏好因此为学术专家给至少一部分普通公众写作创造了开端。由于所有这些系列都包含了大量的科学主题，这为专业科学家提供了走出实验室这个象牙塔的机会。许多人接受了这一挑战，并能够将这一活动相对无缝地融入他们的职业生涯中。很少有人允许它取代他们的职业生涯（尽管这确实发生在赫胥黎和汤姆森的案例中）。但许多人觉得偶尔写一本小书来推进他们认为有价值的促进公众科学知识的事业是很舒适的。作为《家庭大学丛书》的科学编辑，汤姆森指导了几位有抱负的作家。霍尔丹娶了一名记者，并接受了她的指导。

不管有没有更有经验的人的鼓励，一本大众科学书籍或一篇大众科学文章的作者都必须学会这门手艺。出版商使用的广告材料很好地说明了它们的一些最重要的要求。最关键的是需要在没有技术语言的情况下提供材料，最最重要的是，不能有数学。正如《人民丛书》的宣传所说，这些书的目的是“以让那些渴望学习的人可以独立于令人困惑的术语……这种方式”来讲述他们的故事。这对大多数专业科学家来说是一个严重的问题——他们的学术训练建基于对专业术语的掌握，试图将其翻译成普通语言是很困难的。他们必须学会如何用日常语言写作，有时，那些以写作为职业的人会非常刻意地让他们明白这一点。有一次，里奇·考尔德给欧内斯特·卢瑟福看他的速记笔记，问他是否能读懂——当然，他不能，于是考尔德进而阐述说，如果普通人要理解物理学的技术细节，就必须将其翻译成日常语言。如果必须使用一些技术术语，就需要尽可能清楚地加以解释。

某些领域的问题比其他领域更严重。博物学确实具有大众吸引力，只要避免使用物种的拉丁文名称，作者通常是可信赖的。汤姆森因以一种有趣的方式描述动物的生活而出名，部分原因是他认为动物具有原始的个性，这使他能够使用拟人化的术语，而许多生物学家对此感到不舒服。

在物理科学中，对使用技术术语和数学的限制要严重得多。许多受过良好教育的人甚至连简单的数学都搞不懂。沙利文写道：“我从经验中发现，那些只受过文学教育的人，智商高、逻辑性强、想象力丰富，但一看到数学符号，他们所有的思维能力就会瞬间瘫痪。”这个问题在描述新物理学时最为严重，许多专家认为，没有数学公式，这些概念就无法得到恰当的解释。爱因斯坦的理论之所以变得声名狼藉，正是因为人们认为许多正在从事研究的物理学家自己也不能理解其中的数学。詹姆斯・赖斯关于相对论的以《没有数学的阐述》（*An Exposition without Mathematics*）作为明显的副标题的小书正面地解决了这个问题。他认为，尽管数学训练对于完全理解是必要的，但普通读者有可能“爬上足够远的陡坡，瞥见开阔的视野，以一种智慧的方式猜测德国物理学家为我们解释世界提供了什么‘新事物’”。他坚持认为，数学并不比描述复杂的机械部件更难，也许受过教育的工人比文学精英更擅长数学。

我们也有必要使描述本身保持简单。卢瑟福显然已经吸取了教训，他给考尔德寄去了一篇演讲的文本，声称“如果你不能向擦洗你实验室地板的打杂女工解释你在做什么，你就不知道你在做什么”。在撰写文章方面取得了一些成功的地球物理学家亚瑟・霍姆斯警告一位荷兰同事，一般读者都不想花什么心思，因此，“要想在英语国家被广泛地阅读，想想你曾经遇到过的最愚蠢的学生，然后想想你会如何向他解释这门学科”。公平地说，他随后承认，这些努力都是值得的。尽管霍尔丹坚持认为一个人不应该为傻瓜写作，但他认为一个人应该在寄出一篇文章之前把它给一个“相当无知”的朋友看。当赫胥黎在写《生命之科学》时，他收到了威尔斯愤怒的来信，抱怨他“让这本书篇幅太长，而且它的写作风格更适合勤奋的学生，而不是受过一般教育或很少教育的公众”。问题是赫胥黎希望他的大众科学能够鼓励人们更多地思考。威尔斯是一位广受欢迎的作家，明白触达大众就意味着简化和概括。赫胥黎自己也承认，他受益于努力将自己的想法归结为要点。

在他的《如何写一篇大众科学文章》（“How to Write a Popular Science Article”）一文中，霍尔丹为试图获得这一技能的科学家提供了许多其他技巧。他们应该在可能的情况下使用短句（尽管他承认兰斯洛特·霍格本使用长句，并且仍然成功）。他们应该选择最少数量的关键点，以便能够适合叙事结构。他们应该使用主动语态而不是被动语态，并且应该尝试将材料个性化（这与科学论文的训练完全相反）。最后，他们应该提到日常生活和任何相关的新闻。在科学概括和人们自身的经验之间建立联系，有助于读者理解这个话题，并使他们对此感到更舒服。

科学记者 J. G. 克劳瑟认为，科学作家需要能够想出生动的图像，使读者能够想象所描述的内容。他的观点在广告材料和大众科学书评中得到了广泛的响应。因此，一篇关于机械的通俗文章的书评评论道：“只使用最简单的语言，并尽一切努力，通过示例或类比，向非科学读者充分地说明了机械的特定部分是如何工作的……”爱丁顿对现代物理学的探索是有效的，因为他帮助读者将最新观点所隐含的不协调性形象化了。每个人（也许除了哲学家）都能领会他所建构的主要由空无一物的空间组成的椅子的图像，或者恋人们试图在星际距离上思考彼此这个问题，因为同时性的概念已经被破坏了。爱丁顿还善于让读者参与进来，让他们在辩论中的对立世界观之间做出裁决。

在文字中创造图像是作者技艺的重要组成部分，但也有可能通过提供有效的插图使文章或书籍更具视觉吸引力。对于许多较便宜的作品，出版商只能负担得起一些线条画和图表。质量较高的文本越来越多地配有照片，这在博物学和天文学等领域特别有用，但也用于应用科学和新技术的说明。在面向大众市场的连载作品中，插图尤其重要，广告经常强调出版商在视觉呈现上花了多少钱，以及几乎每一页上都会有一张图片。在第一次世界大战之前的时期，这些照片通常是基于艺术作品的，随着摄影变得越来越便宜，到了 20 世纪 20 年代，大量的照片经常被收录在这类出版物中。配色仍然是一种奢侈品，广告中经常指定颜色板的数量。有一些作者和出版商反对过度使用图像，因为这会减损文本的权威性。威尔斯在他的《世界史纲》的后期版本中减少了图像的数量，出版商埃德温·C. 杰克（Edwin C. Jack）敦促埃里森·霍克斯不要在他广受欢迎的工程描述中加入太多图像，因为这会给人一种印象，即文本仅仅是作为图片内容的补充。

成功的大众科学也必须是令人兴奋的。广告和评论经常（把大众科学作品）与小说进行比较——当然，小说是大多数普通人的首选读物。《国家》在评论查尔斯·R. 吉布森的作品时说："他把最困难的事情写得如此清晰、如此简单和迷人，他的书就像任何一本普通的冒险小说一样有趣。我们可以想象，他在我们的年轻人中是一种时尚，可以与儒勒·凡尔纳（Jules Verne）的风格相媲美。"《格拉斯哥市民报》（*Glasgow Citizen*）认为他的《科学界的英雄》（*Heroes of the Scientific World*）"比大多数小说都有趣"。事实上，吉布森在他的《电子自传》中确实试图将一个物理实体的"冒险"个人化。一位地质学家通过描述对一个虚构的新大陆的探索来介绍他的主题。沙利文声称，《家庭大学丛书》等系列作品中对科学的描述在受欢迎程度上开始与小说相媲美了，因为"它们更具戏剧性，（并且）展现了更广阔的景色"。小说家阿尔杰农·布莱克伍德（Algernon Blackwood）认为奥利弗·洛奇的《以太与现实》（*Ether and Reality*）像惊悚小说一样令人兴奋。

哈姆斯沃思的《大众科学教师》的导言声称："虽然它以适当的顺序处理科学事实，但是这本书就像小说一样引人入胜。"1926 年出版的《全民科学》（*Science for All*）调查报告的封面上写着，这本书展现的故事"比任何小说都更引人入胜"。这些评论告诉我们是什么让一种科学文本吸引了普通读者：作者的任务是在叙事框架内产生一种发现感和兴奋感。当科学以一种人们可以识别的形式呈现出来时，它就会变得流行起来。

与小说的比较并不总是为了表达赞同，至少在科学界是这样。《自然》杂志上刊登的一篇评论了金斯的一本书的书评抱怨说："我们无法完全摆脱一种尴尬的怀疑，即理论天文学几乎不是小说的合法主题。"但大多数大众科学作品并不寻求用如此宽泛的笔触来描绘，对于那些能够在更传统的教育框架内讲述一个好故事的人，几乎不存在职业上的敌意。许多正从事研究的科学家接受了挑战，迎难而上，试图以一种具有这种大众吸引力的方式来描述他们的领域。还有一些作家本身不是科学家，他们通过其他途径获得了适当的文学技巧和科学知识。知识精英中的一些人受过文学训练，就像沙利文的情况一样。另一些人为公众写作，因为这是他们表达对科学的非正式热情的唯一方式，就像吉布森（他是一家地毯厂的经理）一样。

第 6 章
重大议题的畅销书

大多数为非专业读者写的科学书籍都不是畅销书。制作精良的书籍售价为 15/–或1 英镑，印数约为 2000 册。尽管销量很低，但出版商还是赚了钱，因为价格很高。为了触达更广泛的受众，出版商必须降低价格，以期望更高的销售额产生的利润——但这意味着一场赌博。如果出版商要实现这一信念的飞跃，他们需要确保这个话题有市场，并且这本书是以适当的风格写成的，以触及更广泛的市场。斯坦利·昂温坚持认为，畅销书不能靠广告来创造——在广告开始提高销量之前，人们无论如何都必须谈到这本书。他没有对在英国什么才算是畅销书给出一个定义——在美国，一本书要卖到 5 万本才算畅销书，但英国的市场要小得多。任何一本卖出一万本的书都肯定会被视为是一种成功，而要超越这一点，需要非常特殊的条件。

廉价的自学书籍最终可以实现可观的销量，因为它们已经印刷了很多年。要打造一本真正的畅销书，需要塑造一种形象，说服大量读者在出版后不久就去阅读这本书。为了在非虚构领域塑造这样一个形象，公众需要确信这本书解决了一些紧迫的文化或社会需求。在少数情况下，原本预计销量比较有限的书籍的销售情况要比预期好很多。这些成功可能会诱使出版商投资于宣传，通过吸引同一市场来创造一本真正的畅销书。

在文化层面上，科学似乎在与被认为是紧迫的宗教或哲学问题相关时会表现得最好。亚瑟·爱丁顿和詹姆斯·金斯畅销的宇宙学著作将宇宙历史的戏剧性和亚原子信息的神秘性与被视为对维多利亚时代科学的唯物主义趋势的反应联系起来。宇宙学取代了生物进化，成了最令人兴奋的领域，创造了一种界定了人类在自然界中的位置的宏大叙事。话虽如此，J. 亚瑟·汤姆森的生物学论述为一种近乎目的论的进化论辩护，并取得了一些成功，而 H. G. 威尔斯和朱利安·赫胥黎的生物学调查则明确地试图抵制这种世界观。

传统畅销书的精英主义的自上而下的方法与政治左派的要求越来越不合拍。在科学出版领域，我们可以从兰斯洛特·霍格本将科学的基本知识和思维方式带给普通读者的努力所取得的成功中看出重点的变化。他的《大众数学》和《公民的科学》是 20 世纪 30 年代左翼科学的社会关系运动的经典产物。霍格本抨击了活力论生物学以及爱丁顿和金斯的新理想主义，暗示了旧理性主义和新社会主义之间的某种连续性。霍格本的教育策略是一种新的东西：它没有提供由传统的学术专业所定义的主题的独立课程，而是直接深入到基础层面，以确保读者不会相信任何东西。这是对想要在正在发生的事情中发挥作用的公民的科学思维方式的一种阐述，而不是帮助个人成为现有工业机器中更好的齿轮的自我完善的课程。在 30 年代紧张的社会气氛中，霍格本的实用唯物主义使他的著作成为畅销书。

除了解决所谓的“热门”话题或公众需求外，畅销书的产生还需要一位作者，他需要具有公认的公众形象并能够以适当的水平进行写作。在现代社会，如果每个人都听说过作者的大名，这本书就可能会大卖，即使它难以卒读（经典的例子应该是史蒂芬·霍金的《时间简史》）。这不会发生在 20 世纪早期，所有最畅销的科学家都学会了在适当的水平上写作。但是，拥有家喻户晓的声名当然有助于书籍的销售，就像围绕着爱丁顿支持爱因斯坦的公开宣传为他后来的文学成功铺平了道路一样。爱丁顿和金斯也是早期的电台播音员。出版商也必须意识到这种可能性，并愿意在促销、广告等方面进行必要的投资。在某些情况下，这只发生在他们对一本本以为只是普通的图书的高销量感到惊讶之后。当剑桥大学出版社意识到关于新物理学和宇宙学的书籍有多么受欢迎时，它很快就发挥了宣传机制的作用。剑桥大学出版社也鼓励爱丁顿和金斯之间的友好竞争，以创造一个市场，并用图书的供应来满足这个市场。他们可能是一家学术出版社，但也需要从一些项目中赚钱，并且有意愿和资源来做这件事。

当所有的东西都集中在一起时，一本畅销书的销量可以达到数万册，有时甚至超过 10 万册。这并不总是发生在一夜之间的。爱丁顿的畅销书是在几年的时间里才达到了真正巨大的销量，而且有证据表明，在他的通俗作品出现之后，他的更严肃的书籍经历了短暂的销售复苏。伯特兰・罗素和 J. W. N. 沙利文等作家所著的新物理学书籍的销量明显好于大多数大众科学著作，但没有达到爱丁顿和金斯的天文数字销量（一语双关）。几本畅销书最终以更便宜的形式重新发行，而另一些则以连载作品的形式开始新生。因此，一些备受瞩目的书籍的销售模式与下一章所述的自学材料的销售模式类似，尽管起点较高。很少有科学畅销书能与金斯的《神秘的宇宙》所取得的巨大的、几乎是瞬间的销量相媲美——其人气的下降速度要比爱丁顿的书快很多。

推广新宇宙学

迈克尔·惠特沃思（Michael Whitworth）为我们详细研究了宇宙学畅销书，本节大量引用了他的著作。从某种意义上说，爱丁顿和金斯所取得的巨大销售额只是冰山一角。在第一次世界大战之后的几年里，物理学和宇宙学的革命终于开始为公众所知。1919 年，爱丁顿对爱因斯坦预言明显有效性的证明成了头条新闻，让每个人都意识到科学界正在进行根本性的反思。宇宙的新视野为新的进化戏剧开辟了前景，使 19 世纪的生物学进展相形见绌。正是那些对这场革命的更广泛影响有所贡献的评论家们的著作吸引了最多的关注。科学之外的作家，包括伯特兰·罗素、J. W. N. 沙利文和杰拉尔德·赫德，都帮助普通人认识到观念革命的重要性。并非偶然的是，在引起公众注意的科学家中，正是那些提出哲学或宗教观点的人成了畅销书作家。爱丁顿是一名贵格会教徒，他决心证明新物理学破坏了与 19 世纪科学有关的唯物主义。金斯用他对数学之神的想象重申了设计论的论点。在这两个人中，爱丁顿的观点仍然是公众意识的一部分，不管哲学家们有什么疑惑，他的书在出版几十年后仍然吸引人们去关注科学。

惠特沃思指出，有许多关于新物理学的书并不是特别成功。其他人的表现好于预期，包括伯特兰·罗素的《相对论入门》，该书于 1925 年以 4/6d 的中等价格出版，最终印刷了 7500 本。罗素的《原子入门》在十年内卖出了 8000 多本。J. W. N. 沙利文的《加里奥》(*Gallio*) 出版时，印数为 2000 册，一年后又印了 2000 册。他的《科学的局限性》(*Limitations of Science*) 以 7/6d 的价格出售，卖出了 2000 本，在更便宜的《凤凰图书馆》(*Phoenix Library*) 系列中又卖出了 1000 本。这些都是不错的，但并非异常的销售额，特别是考虑到沙利文吸引到了高雅的期刊出版社的好评。公众需要更多的东西出现在面前，但这个“东西”是什么并不容易预测。A. N. 怀特海（A. N. Whitehead）的《科学与现代世界》（*Science and the Modern World*）于 1926 年由剑桥大学出版社以 12/6d 的高价发行。出版社只从纽约出版商（麦克米伦）那里拿了一个 500 本的订单，并很快就意识到这是一个“不能当真的误算”。尽管这本书不容易读，也没有做广告，但剑桥大学出版社在那一年发行了 3000 多本，并在 1927 年又以更便宜的价格发行了 3500 本。在接下来的 10 年里，它又卖出了 13 000 本，总数接近 20 000 本。虽然这本书不是一本立即畅销的书，但也是一次意外的成功，它提醒了剑桥大学出版社的 S. C. 罗伯茨（S. C. Roberts）——通过更精心管理的宣传活动，有可能给人留下更深刻的印象。

亚瑟・爱丁顿已经是家喻户晓的名字，这要归功于围绕 1919 年探险的宣传，该探险证实了爱因斯坦关于太阳对光波的引力效应的预言。1920 年，他利用自己日益增加的公众形象出版了《空间、时间和万有引力》（*Space, Time and Gravity*）一书。这是一本关于爱因斯坦理论的严肃但相对通俗易懂的书。这本书重印了 2 次，卖出了 3000 多本。但是，正是他的吉福德讲座，即 1928 年的《物理世界的本质》，产生了迄今为止最大的影响，这要归功于爱丁顿具有扰乱读者对现实本质的假设的能力。从怀特海的书中吸取了教训，剑桥大学出版社为此分发了 1 万份介绍文件，虽然价格定为相当高的 12/6d。尽管英国最初的印数只有 2500 册，但在不到 1 年的时间里，总印数增加到了 11 000 册。与此同时，《空间、时间和引力》的销量激增，超过 600 本是在 1929 年售出的。到 1943 年，剑桥大学出版社在英国卖出了 26 159 本《物理世界的本质》（在美国甚至更多），而 1938 年发行的“普通人版”再版又卖出了 17 094 本。以任何人的标准来看，这都是一本畅销书，但重要的是要注意这本书继续出版的时间跨度。最好的单年销量较为一般：1929 年为 7695 本，1938 年的“普通人版”为 9855 本。在首次出版 10 年后，市场仍有对廉价再版的需求，这一事实表明，这是一本既有直接影响又有长期影响的书。

爱丁顿继续撰写了关于新物理学更广泛影响的文章，特别是 1929 年的《科学与看不见的世界》（*Science and the Unseen World*）。他还对天文学的最新进展进行了更直接的描述，包括 1927 年的《恒星与原子》（*Stars and Atoms*）和 1933 年以 3/6d 的低廉价格出版的《膨胀的宇宙》这本小书。这与金斯的《神秘的宇宙》是一致的，但它并不是真正针对相同的受众的，因为爱丁顿承认他没有努力避免技术细节。产生了最持久影响的是《物理世界的性质》这本书，尽管它在即时销售方面远远落后于金斯的书。爱丁顿保留了他的销售和版税的详细记录，尽管由于他在剑桥大学拿着教授工资而使他可能并不需要这笔钱。金斯也不需要钱，因为他财务自由，但他似乎一直非常热衷于制造轰动。S. C. 罗伯茨回忆说，爱丁顿总是很冷淡，而金斯则滔滔不绝，充满热情，他想看看他能把自己受欢迎的作品推广到什么程度。他告诉罗伯茨，其他出版社也找过他，但当剑桥大学出版社表示有兴趣出版一部真正受欢迎的作品时，他就没有对版税讨价还价了。

金斯已经出版了一本关于宇宙学含义的小书——《厄俄斯》（*Eos*）。1929 年 9 月，剑桥大学出版社出版了一本更具实质性的调查报告《我们周围的宇宙》。这本书配有照片，虽然定价为 12/6d，但由于它被广泛宣传，到年底已售出 11 000 本。《泰晤士报》称赞这本书是“‘普通人’的一本好书”,《星期日泰晤士报》(*Sunday Times*)则认为作者既是科学家又是艺术家。伦纳德·伍尔夫(Leonard Woolf)在《国家》杂志上撰文说，金斯“有一种能把物理学和天文学中最困难的事实和理论写得让没有受过科学或数学训练的人也能明显理解的天赋”。当金斯的下一本书准备好时,《我们周围的宇宙》已经出了第二版，其中纳入了新的发现，剑桥大学出版社夸耀说，第一版已经卖出了 4 万册。罗伯茨和金斯对这一成功感到惊讶，并计划根据琼斯的里德讲座出版一本便宜得多的书。他们最终选择的标题是《神秘的宇宙》，这似乎很合适，因为金斯的最后一章是有意冒险进入新物理学的哲学和宗教含义的“深水区”。

《神秘的宇宙》于 1930 年 11 月 5 日出版。这是一本小书，只有一张照片插图，发行的价格也非常合理，为 3/6d，很快降到 2/–(图 6–1)。剑桥大学出版社分发了 9000 份介绍说明文件，并安排在日报上发表了图书一出版就能立即见报的评论。《纽约时报》提前拿到了手稿——它对讲座本身进行了广泛的报道，并给了这本书一篇与社论有关的实质性评论。最初的印数是 1 万册，到年底已经印了 7 万册。有一段时间，这本书每天能卖出 1000 本——这一数字无疑得益于金斯在电台发表演讲，以及这本书在英国广播公司的《听众》杂志上做广告。1932 年出版了第二版，到 1937 年年底，已售出近 14 万册。1937 年，这本书以鹈鹕系列平装本的形式发行，被宣传为“使科学成为畅销书的颠覆传统的一本名著”，以及“打破了严肃科学著作的所有记录”。

媒体评论清楚地表明，是金斯更广泛的猜测引发了人们的兴奋。他对浩瀚空虚的宇宙中孤独的人类的想象有一种严峻的宏伟。金斯从新物理学中获得的理想主义使他感到宽慰，这使他能

图 6-1　詹姆斯 · 金斯《神秘的宇宙》(剑桥大学出版社，1930 年) 一书的防尘套。(作者的收藏)

够赋予人类智慧在创造中的关键作用。更重要的是，他声称，支配宇宙历史的法则表明，宇宙整体是由一位数学建筑师设计的。《泰晤士报》担心普通人可能会觉得自己生活在梦中，但随后又将注意力集中在金斯对柏拉图式教条的复兴上，即"上帝永远是几何化的"。《新闻纪事报》(*News Chronicle*) 将其评论的标题定为《詹姆斯 · 金斯爵士：作为数学家的上帝》(*Sir James Jeans: God as a Mathematician*)。而《每日电讯报》(*Daily Telegraph*) 则定为《詹姆斯 · 金斯爵士和宇宙——数学家的工作》(*Sir James Jeans and the Universe—Mathematician's Work*)。《曼彻斯特卫报》

的马克思主义者 J. G. 克劳瑟提出了很快成为标准的批评，即自然法则的数学特征是一种人类的建构。

《神秘的宇宙》被广泛地认为是一种现象。很少有其他科学书籍能达到这样的销售水平或公众关注度。金斯随后在 1931 年出版了《流转的星辰》，这是一本插图更好的书，价格略高，为 5/–，这本书是以他在对《神秘的宇宙》的狂热达到顶峰时所做的广播演讲为基础的。这本书在报纸上得到了广泛的评论，但并没有达到早期书的销量，尽管它在战争年代重新发行了。爱丁顿和金斯似乎很幸运，在关于一门新的非唯物主义科学能否与宗教达成和解的争论成为热门话题的时候，他们出版了自己的畅销作品。随着 20 世纪 30 年代的进展，日益严峻的社会形势削弱了他们立场的可信度，并将主动权交给了克劳瑟和左派。职业哲学家也对科学家从物理学中衍生出新的唯心主义的尝试充满敌意。金斯迅速变得过时，至少在知识界是如此，而《神秘的宇宙》的销量在 1935 年后迅速下降（尽管以正常标准来看，它们仍然很可观）。爱丁顿保持了更好的声誉，也许是因为他的理想主义在某种程度上更加老练。但整个经历表明，创作出一本畅销书的社会环境有多么脆弱——由合适的作者和激进的出版商创作的合适的书必须在合适的时间出现。

辩论新生物学

新唯心主义如此公开地与物理学的进展联系在一起，这遭到了理性主义者的抵制。但他们最喜欢的科学辩论领域是生物学，19 世纪达尔文主义和唯物主义的遗产似乎仍然有意义。大众理性主义最成功的例子是赫伯特·乔治·威尔斯的《世界史纲》及其生物学续篇《生命之科学》。威尔斯已经是一位著名的小说作家了，当他选择进入非虚构市场时，他以风格特别而出名。但他的成功是通过一条与剑桥大学出版社推广爱丁顿和金斯的路径不同的路径而实现的。他们以极具侵略性的方式开拓了传统的单册图书市场。威尔斯转而求助于出版商乔治·纽恩斯，后者已经因《珍趣》和《斯特兰德月刊》（*Strand Magazine*）等通俗杂志而闻名了，他们选择了一种非常不同的发行模式。每两周发行一部大型作品的传统已经根深蒂固，实际上就像杂志一样——但这些杂志积累起来就形成了一部完整的作品。在第 7 章中讨论的这些连载中的大多数都是由多个作者撰写的，有时是他们匿名撰写的。它们通常是成功的，但很少让人印象深刻。威尔斯在《世界史纲》中使用了同样的技巧，结果成就了一本真正的畅销书。

《世界史纲》于 1920 年出版，卖得很火，最终为威尔斯带来了 6 万英镑的利润——这在当时是一笔可观的财富。马修·斯凯尔顿（Matthew Skelton）为我们提供了一份关于这本书是如何写作和出版的详细说明，让我们对这个系统是如何运作的有了一些了解。他指出，威尔斯后来坚持认为，这本书的成功更多地归功于公众对自我教育的渴望，而不是他的写作技巧。纽恩斯花了 9000 英镑为最初的连载系列做广告和宣传，并发行了 50 万份介绍说明文件。第一部分卖出了 17 万份，尽管后来的一些部分的数字下降到 10 万份以下。威尔斯从连载中获得了 5678 英镑的收入，并从前 3 卷书中获得了 715 英镑的收入。威尔斯后来还出版了一系列的书籍版本，最初是由卡斯尔（Cassell）通过他们的韦弗利图书公司（Waverly Book Company）出版的，这是一家明确为营销这类书籍而成立的子公司。奇怪的是，威尔斯认为最初版本的插图过于华丽，他在后来的版本中裁剪了许多图表，其中一些设法放进了一本很厚的书中。很少有其他此类性质的著作取得了《世界史纲》(包括《生命之科学》)那样的成功，但斯凯尔顿提供的细节让我们对出版商准备在这些系列中投入多少精力和费用有了一些了解。

《世界史纲》是作为世俗主义运动的宣传而写的。它遭到了希莱尔·贝洛克的批评，尽管一些文学人物认为威尔斯受到了羞辱，但正如俗话所说，他是一路笑着去银行的。威尔斯召集了一组专家顾问来帮助他准备文本，其中包括 E. 雷·兰克斯特，他负责监督关于进化和人类起源的介绍性材料。兰克斯特本人是一位直言不讳的世俗主义者，他关于进化论的材料帮威尔斯推广了对自然界的达尔文主义（因此也算是唯物主义）看法，而第一批人类就是从自然界中诞生的。专家合作者每人获得 100 几尼的报酬，这表明他们付出了相当大的努力。他们的贡献在第一版的脚注中得到了承认，但这些脚注在后来的版本中被删掉了，给人留下的印象就是，威尔斯自己写了整个文本。

随着《世界史纲》的成功，纽恩斯决定发行一套关于科学的配套丛书。资深理性主义者约瑟夫·麦凯布开始为后来的《科学大纲》做准备，但这项任务很快由 J. 亚瑟·汤姆森接手了，他喜欢威尔斯的原著，但不太赞同他的意识形态议程。由此产生的系列于 1921 年 11 月开始出版，每两周发行一次，定价为 1/2d。虽然意在对科学进行概述，但其内容反映了汤姆森本人对生命科学的兴趣。兰克斯特和赫胥黎是这一领域的两位主要合作者，前者被认为是“活着的最伟大的动物学家”。唯一被提到名字的物理学家是奥利弗·洛奇，他写了一章关于心灵科学的文章，兰克斯特公开表示反对。汤姆森和洛奇对唯物主义的反对与兰克斯特和赫胥黎所偏爱的更为理性主义的方法相冲突，整个方案在科学之间的平衡上似乎是片面的，在其信息上也是混乱的。这种张力可能反映了汤姆森很难找到愿意在这一水平上写作的科学家。他在引言中指出，公众对科学有着广泛而深刻的兴趣，“如果新知识的创造者更愿意以‘人们能够理解’的方式阐述他们的发现”，那么这种兴趣可能会更大。《科学大纲》在大西洋两岸无疑都是成功的，最初由普特南（Putnam）出版的美国版本，似乎是在正确的时间发行的，利用了美国对这种教育材料的热情的暂时复苏，在 5 年内卖出了 10 万册。1926 年，纽恩斯还出版了汤姆森的《新博物学》，最初分为 24 个部分，是一本关于动物生命的概览，建立在进化论的进步主义观点和汤姆森本人对动物行为和生态学研究的热情之上。

《科学大纲》和《新博物学》当然不是赫伯特·乔治·威尔斯想要的那种《世界史纲》的续篇。他一直希望将他的世俗主义方法扩展到对生物学和经济学进行的大众调查中，当威尔斯和他的儿子 G. P. 威尔斯（被称为“ Gip ”）——剑桥大学培养的生物学家，与朱利安·赫胥黎合作撰写《生命之科学》时，这些项目中的第一个项目最终取得了成果。由于威尔斯早期著作的成功，出版商提供的预付款足以让赫胥黎放弃他的学术生涯而专注于这个项目。他的最低收入保证为 4000 英镑，保守估计他的最终收入为 10 000 英镑——这表明出版商将为销售这部作品付出多少努力。威尔斯和他的两位合作者之间的信件揭示了职业作家和科学家之间的张力，而科学家实际上是在学习这门手艺。由哈姆斯沃思的联合出版社（Amalgamated Press）在 1929—1930 年以每一期 1/3d 的价格出版了 31 个部分（图 6–2），然后该系列首先以三卷本的形式发行，接着是两卷本，最后是一卷本。在 20 世纪 30

图 6-2　赫伯特·乔治·威尔斯、朱利安·赫胥黎和 G. P. 威尔斯合著的《生命之科学》的封面。6, 1929（no. 6, 1929）。（由彼德·布鲁克斯提供）

年代中期，这些部分又作为可用作课堂教材的小书单独发行。

读者对《生命之科学》的评论总体上是好的。然而，对于该书的最终成功，人们似乎意见不一：威尔斯自己承认，与《世界史纲》相比，《生命之科学》及其姊妹篇《人类的工作、财富和幸福》（*The Work, Wealth and Happiness of Mankind*）"相对不成功"。这让他感到困惑，但最初两周发行一次的那部分的销量超出了预期，许多书籍格式的版本确保了未来十年或更长时间的巨大销量。这本书作为教科书一直畅销到战后。作为对生物学的新机械论方法的一种表达，它让读者注意到，现在汤姆逊那一代的准活力论在科学界已经不再流行了。

科学为人民

我们回到单卷本的形式，会发现畅销书的目的非常不同。兰斯洛特·霍格本的《大众数学》和《公民的科学》是 20 世纪 30 年代影响许多年轻科学家的政治左派运动的产物。霍格本是一位生物学家，和赫胥黎一样，反对汤姆森的新活力论。他也反对爱丁顿和金斯的理想主义，不过也认识到了它在试图创造科学和宗教的新综合中所具有的平行作用。但是威尔斯和赫胥黎为理性主义（赫胥黎后来称之为人文主义）写作，而霍格本则赞同左派的观点，即科学思维方式的真正目的是改变社会秩序。《生命之科学》是自学读物这一古老传统的产物，它为希望在现有社会秩序中改善自己命运的公民提供了一个特定科学领域的概述。威尔斯希望的是，有科学素养的人想要一个管理更好的社会，但他没有参与旨在鼓励直接行动的政治煽动。20 世纪 30 年代主导了科学的社会关系运动的社会主义者的目标更为激进，霍格本的著作也许是这场运动中最有效的通俗作品。20 世纪 30 年代，左翼人士撰写的一些大众科学书籍仍然致力于让人们了解特定科学领域正在发生的事情。但霍格本解决了让人们在更基本的层面上进行科学思考这个问题。他将从头开始，从最基本的概念基础开始，建立他们对数学和科学的理解。只有到那时，人们才能不仅理解科学的个别部分，而且理解整个科学的思维方式，然后认识到，如果将这种思维方式应用于社会管理，就会引发一场社会革命。

即使以它所代表的运动的标准来看，霍格本的书也是野心勃勃且反常的。他写的是最大众化的东西，面向的是那些不懂科学的工人阶级，而他的书，虽然从最好的意义上来说是有教育意义的，但很容易被认为在目的和技术上更接近大众新闻，而不是传统的自我教育读物的说教风格。也许这就是为什么霍格本担心写这样的书是在拿自己的职业生涯冒险——引发了科学界传统精英愤怒的往往是新闻而不是教育性作品。他对知识基础的实用主义态度也会让那些重视抽象理论而不是技术应用的数学家或科学家感到不安。正是因为这些书是为没有任何知识的普通读者写的，所以它们的潜在读者数量是巨大的。霍格本知道如何逐渐加强读者的理解，更重要的是，建立他们对自己能力的信心。尽管这些书体积庞大，但销量很大，被认为是科学出版的一项重大创新。就连已成最高阶专业传播者的威尔斯也对此印象深刻。

事实上，霍格本的作品并不是第一本尝试在更基本的层面上对科学的本质进行传播的书。1934 年，朱利安 · 赫胥黎与伦敦大学物理学教授 E. N. da C. 安德拉德合作出版了《简单的科学》（*Simple Science*）一书。两人都不认同霍格本的社会主义政治，而且这个项目的起源也非常不同——它是作为一项针对学生的调查而编写的，后来才以更传统的形式发布。面向学校的原始版本以《科学导论》（*Introduction to Science*）为题分四部分发行，其中前三部分被合并起来，并以更宽松的格式印刷，名为《简单的科学》。第四部分作为《更简单的科学》（*More Simple Science*）单独重新发行。在它们的序言中，作者指出，这本书最初是为年轻人写的，但坚持认为它不是"学校科学"，而是旨在将科学呈现为"与我们周围的一切交织在一起的活的知识体系"，这应该是每个人都可以获得的。该材料面向成年人进行了重新发行，因为人们认为它简单的风格和处理方式适合那些没有科学基础知识的成年人。这本书以题为《什么是科学》（*What Is Science*）的简短介绍开始，然后继续探讨科学知识的最基本领域，强调日常观察的基础，并利用可以在简单的家庭实验室中进行的实验。这本书很少讨论广泛的理论问题，如进化论。霍格本认为，这本书是少数几本通过关注科学的实践基础来对抗爱丁顿和金斯的神秘主义的成功尝试之一。出版商是牛津大学的巴兹尔·布莱克威尔（Basil Blackwell），他似乎认为《简单的科学》会卖得很好，但赫胥黎的信中透露，他对销售情况感到失望，尤其是面向学校的销售，安德拉德后来抱怨说布莱克威尔“相当不满意”。尽管如此，这些书还是继续印刷了很多年，后来战后服务教育计划（Postwar Services Education Scheme）订购了 3000 本学校版。

霍格本已经写了一些旨在改善生物学的正规教育的书。1930 年他的《生物的本质》（*Nature of Living Matter*）解释了为什么许多现代生物学家现在拒绝活力论。同年，他的《动物生物学原理》（*Principles of Animal Biology*）出版，获得了《学校科学评论》的热情评价。但作为一名社会主义者，霍格本也是英国成人教育研究所（British Institute of Adult Education）的积极支持者，他敦促这一级别的生物学教学需要专注于实用性，以便人们能够理解营养不良和公共卫生等问题。这样一场运动的目的之一是削弱优生运动的论点，该运动仍在呼吁限制不健全的人的繁衍。出版商斯坦利·昂温发行了霍格本早期的一些作品，并保留了未来任何作品的版权。他意识到霍格本是一个天才，最终会创作出更大规模的作品。昂温回忆道，霍格本最终提交的《大众数学》手稿，是一堆超过 60 厘米高的纸稿，他的朋友们说服他应该尝试在其他地方出版。昂温成功地阻止了这一威胁，他相信通过适当的宣传，这本书的成功可能会超出霍格本（和其他出版商）最狂野的梦想。

霍格本称，写这本书是为了消遣，当时他正在医院养病，只是在同意承担校对工作的朋友们的劝说下才尝试着去出版这本书。他担心被认定为如此受欢迎的文本的作者会影响他当选皇家学会会员的机会，最初他问同为社会主义者的海曼·利维是否允许他的名字出现在扉页上。利维没有准备好与一本推广“前牛顿”数学的书联系在一起，但无论如何，实际上并不需要他的帮助，因为在这本书出版之前霍格本就当选了会员。昂温记录道，是霍格本自己意识到这本书需要吸引人的插图，于是他们委托了著名漫画家 J. F. 霍拉宾（J. F. Horrabin）绘制插图。为了把这么大一本书的价格降到一个合理的水平，霍格本同意了如果这本书再版他才能得到版税的条款——昂温非常高兴地注意到，这本书的再版是经常发生的事情，这让他在几年里获得了一笔可观的收入。

《大众数学》以 12/6d 的价格售出，对于一本超过 600 页的书来说，这并不是一个不合理的价格，但它的价格确实很高，因而需要精心策划的宣传活动来推广它。昂温强烈地认为图书广告的效果有限，他根据经验判断，广告充其量只能煽动潜在读者之间口耳相传的已经点燃了的兴趣之火。他没有在报纸和杂志上刊登广告，而是开展了一项谨慎的出版前的工作，包括获得知名人士的背书支持，然后向有能力购买这本书或说服他人购买这本书的人发出了大量的信件、传单和介绍说明文件：总共发出了 123 150 件这种文件。每一份文件都突出地展示了 H. G. 威尔斯的评价，即这是一本“伟大的书”，“从 15 岁到 90 岁的每一个试图掌握宇宙中事物窍门的聪明青年都应该读一读……”。它还有朱利安·赫胥黎和伯特兰·罗素的背书支持，以及那些绝望地认为此书可以消除他们自卑情结的人的支持，甚至还有作者的卡通肖像。昂温还发行了 60 650 张明信片，每张明信片都是霍格本手写的 9 张便条中的 1 张的摹本。这些材料被寄给了全国每一位中学数学教师，以及银行和会计师事务所的从业人员（一家银行业杂志声称这本书将提高员工的效率），就连皇家空军也成了目标。结果令人印象深刻。2 年后，当《公民的科学》出版时，昂温在广告中说，早期的书在英国卖出了 3.3 万册，而诺顿出版社（Norton）以《人与数学》（*Man and Mathematics*）为书名的美国版卖出了 4 万册。到 1940 年，全球销量已超过 15 万册。

霍格本的书带领读者通过一系列课程，掌握数学实用技术所需的基本思维方式。每一个领域——算术、几何、代数等，都从学科史的角度来介绍，即人们如何逐渐开始理解，他们可以通过操纵符号来描述并最终预测自然世界行为的原则。书中有无数霍格本告诉读者可以忽略的古怪的独白，这也增加了娱乐的元素。为了阐明他关于数学实用价值的观点，霍格本以“关于科学的结语，或者说，数学与现实世界”（“Epilogue on Science; or, Mathematics and the Real World”）作为结尾，他在结语中强调了我们构建的数学模型的抽象本质与我们只能大致了解的自然法则世界之间的差异。为了有用，科学需要实践法则，我们应该提防理论家们告诉我们的东西，即他们的模型预测的准确性超出了我们现有知识的限制。也许并不令人惊讶的是，这种务实的方法吸引了那些将科学和数学视为控制世界的工具的人，但却遭到了在高等数学各个领域工作的专家的诅咒。利维的担忧已经引起了注意，数学家 G. H. 哈代（G. H. Hardy）后来嘲笑霍格本这部著作缺乏对数学美学价值的欣赏。但霍格本知道自己在做什么，也知道这样做的危险。他的研究为他赢得了皇家学会会员（FRS）的身份，现在他可以自由地以社会主义的名义挑战科学机构的理想主义了。

他几乎立即启动了后续项目，该项目后来成为《公民的科学》。这篇题为《作者的自白》(*Author s Confessions*)的序言表明，该项目的灵感来自威廉·贝弗里奇（William Beveridge）爵士，他曾是伦敦经济学院（London School of Economics）的院长，霍格本现在是该学院的社会生物学教授。他再一次抱怨科学机构不赞成年轻成员写任何可以“毫无痛苦地阅读”的东西。霍格本最近刚从南非教书回来，他想在乡下抚养孩子，所以每个周末都乘火车从伦敦到西南部的埃克塞特镇。这给了他每周六小时的写作时间，他指出，由于提供了普尔曼客车的三等座，使得这一撰稿任务成为可能。这份手稿甚至比《大众数学》的手稿还要厚，但昂温很想出版它——尽管他后来不得不避开侵犯版权的指控，因为这本书的一部分是霍格本根据他已经用作前一本书基础的讲义写成的。

《公民的科学》于1938年，即战争爆发的前一年出版。像前一本一样，它致力于在最基本的基础上建立读者的科学知识，经常使用历史的方法来展示对自然力的理解是如何逐渐提高的。科学的实用性甚至在几个章节的标题中也得到了说明：物理学的“征服时空运动”（“The Conquest of Time and Space Movement”），化学的“征服替代品”（“The Conquest of Substitutes”），等等。作为一名生物学家，霍格本还写了《征服饥饿和疾病》(“The Conquest of Hunger and Disease”）和《征服行为》(“The Conquest of Behaviour”)。一篇题为《新社会契约》(*The New Social Contract*)的后记敦促社会主义者将科学视为一个进步的过程，仅仅因为它可以应用于实际问题，并认为当它“在预言中寻求庇护”时，它就会停滞不前（这是对爱丁顿的另一种讥讽——“吉福德讲座的牧师天文学家”）。科学为现实世界提供了一张有用的地图，而不是一张照片。它提供了一种道德进步，用卢克莱修（Lucretius）的话说，知识有助于“将人类从神的恐惧中解放出来”，但这与更好地控制世界所带来的可能的物质进步密不可分。霍格本以对资本主义的慷慨激昂的攻击结束，资本主义滥用这种控制，将其置于那些追求个人利益而不是公共利益的人手中。他相信，现在越来越多的科学家开始意识到自己的社会责任，并主动提出与有经验的管理者合作，在科学人文主义的基础上创造一种新的社会契约。

昂温用同样的手法推销这本书，销量再次令人印象深刻：到1940年，销量达到5万本。此时，战争已经爆发了，纸张的短缺加上不可避免的社会混乱意味着《公民的科学》是这一代畅销书中的最后一本。最后值得注意的是，在两次世界大战之间，销量达到数万册的极少数科学书籍是如何追踪不断变化的理性氛围和政治气候的。金斯和爱丁顿的理想主义很好地利用了在维多利亚时代所谓的科学叛逃到唯物主义阵营之后，促进科学与宗教和解的尝试。汤姆森的活力论生物学激发了同样的希望。威尔斯和赫胥黎为理性主义者呼吁科学作为摧毁迷信的武器进行辩护。这也是霍格本的观点，他将这一观点与对政治左派日益增长的热情结合起来，促使许多年轻的科学家在20世纪30年代的黑暗日子里创造了一种新的大众科学。他不仅致力于教授人们科学，还致力于教授科学知识是如何建立起来的，这标志着一种新的方法，体现了社会主义者对个人赋权的关注。销售数字表明，许多普通人确实愿意学习。

霍格本刻意尝试以一种使任何人都能参与到科学之中的水平进行写作，这即使不是独一无二的，也是不寻常的。这也许可以解释为什么他觉得自己在科学界的地位受到了威胁。许多科学家从事旨在教育公众的某种形式的非专业写作，这显然不会损害他们的职业生涯。但是，霍格本用他对社会主义的呼吁，以及他有意超越教育写作的公认界限的尝试，动摇了政治之船。他这样做，就像他试图通过被选入皇家学会来接近精英一样。他可能确实有理由担心，如果时机略有不同，他的当选机会将受到损害——毕竟，朱利安·赫胥黎几乎在同一时间面临着类似的困境。但赫胥黎也写了最大众化的东西，在他的例子中，他把脚伸进了科学新闻的浑水中。这两个案例都没有反映出普通科学家偶尔撰写自我教育文章或书籍的典型情况。我们接下来会讨论这些更为平淡无奇的努力。

第 7 章 出版社的系列图书

这一时期出版的许多非专业科学书籍出现在出版商发行的系列图书中，旨在为公众提供非正式教育的基础。这些系列中的一部分在范围上是通用的，将科学与其他知识领域结合在一起；另一部分则专门侧重于科学和技术。这些系列中最令人难忘的是鹈鹕出版社的系列，它于 1937 年首次出版，并一直持续到 20 世纪 80 年代。但鹈鹕出版社只是延续了几十年前其他出版商已经开始的趋势——平装本的样式已经得以确立，例如开始于 20 世纪 20 年代的欧内斯特・本的《六便士图书馆》。鹈鹕出版社的很多作品是由赞同左翼的科学家撰写的，但早在 20 世纪 30 年代的社会关切之前，就已经存在一种不那么激进的非正规教育计划了。我们不应该被左派的花言巧语所蒙蔽，以至于忽视了为普通人提供了解现代科学世界的窗口的出版商和为他们写作的专家们所做的努力。

在 20 世纪初，以系列形式发行教育性质的书籍并不是一种新现象，这种形式在第一次世界大战前的几年重新崛起，并于 20 世纪 20 年代再次复兴。英国战前的繁荣与美国的情况形成了鲜明的对比，在美国，这一时期的特点是新近专业化的科学界不愿意为普通读者写作。相比之下，英国科学家对自学读物创作持续的热情做出了回应。这种热情一直持续到 20 世纪 20 年代，与之相匹配的是，大西洋彼岸对大众写作的兴趣暂时复苏。英国在这一时期的举措在满足美国教育调查需求方面发挥了重要作用，特别是J. 亚瑟·汤姆逊的著作在大西洋两岸都取得了成功。20世纪30年代是不那么多产的十年，直到鹈鹕系列的出现，它在第二次世界大战期间主导着图书市场。

在新世纪的最初几年，英国出版商认为他们有一个真正的机会，可以进入不断扩大的图书市场，服务那些试图通过阅读来提高自己的普通人。政治也发挥了作用——这一章中所描述的系列，以及下一章中要讨论的百科全书和教育连载作品，经常在社会主义报纸《号角报》（*Clarion*）上刊登广告，并经常受到其最有影响力的作家罗伯特·布拉奇福德（Robert Blatchford）的赞扬。《号角报》的读者正是那种有社会意识、有抱负的下层社会成员，他们希望通过教育来提高自己。J. M. 登特（J. M. Dent）的《普通人的图书馆》（*Everyman's Library*）是对他们的需求的一个备受尊敬的回应，尽管由于这本书只重印了经典著作，而且它并没有包括很多科学书籍。下面所讨论的系列都包括大部分是由具有相当专业水平的作者撰写的新作品。通过向读者提供一系列相关书籍，出版商可以寄希望于获得全面的教育，或者至少是对像科学这样的某一特定领域的全面了解。

从出版商的角度来看，以系列的形式发行教育书籍有几个好处。广告变得更容易了，特别是每本书都可以通过放在前面或后面的列表来宣传整个系列（尽管在系列制作的早期阶段所发布的列表有时包括后来从未实际出版的作品）。同一系列采用的统一格式给读者提供了安全感（如果读者继续阅读其他卷的话），同时也为缺乏经验的作者提供了一个模式。如果一个系列中的一本书不如其他书成功，那么损失在一定程度上会被那些卖得好的书的利润所抵消，而提供“全面”教育的总体印象甚至可能证明纳入更深奥的主题是合理的。

当出版商吸引那些寻求非正规教育的读者时，他们会强调雇用的作者的专业知识。出于这个原因，他们想在扉页和广告中引用专业科学家所写的文章以及他们的资历。他们还必须强调，这些专家已经学会了如何在相应的水平上与普通人进行沟通。因而，许多被雇用的学术科学家除了正式的教学职责，还在校外授课中初露锋芒。这种讲课风格为大众写作所需的技能做了很好的准备，而对于希望在教育系列中填补空缺的出版商来说，拥有高效讲师声誉的科学家将是有吸引力的候选人。很大一部分尝试通俗写作的不太知名的科学家是通过被邀请为一个既定的系列撰稿而获得机会的。知名人物可以单独地与出版商打交道，但小人物则要依靠出版商的接洽，通常是通过一位编辑，而这位编辑本人可能也是一位科学家。出版商的名单所显示的专业知识的总和带有一种权威的气息，这在为单个作者提供的细节中可能并不明显，即使是几个知名作家的加入也可以推动整个系列的发展。

一个受欢迎的系列可以面向许多不同的层次，出版商也在不断尝试“新”的形式。一些更严肃的通俗系列被认为适合那些在寻找比专业教科书提供的视角更广阔的学生。这类书籍也被认为对专业科学家非常有用，他们在寻求与自己的专业相关领域的概述。除此之外，还有各种各样的非正式教育书籍，它们试图以不同的比例将信息与娱乐结合起来。当出版商认为他们已经找到一个新的市场生态位时，他们可能会表现出极端的领地意识——威廉姆斯–诺盖特公司因为与杰克出版社的一场关于他们受欢迎的教育系列所针对的读者群的争端而差点对簿公堂。这些书籍除了刻意的以教育为目标的系列，还有其他旨在娱乐或一般轻松阅读的内容。一些非常普通的系列包含了一些大众科学作品，通常是由著名人物创作的。在最受欢迎的层面上，作者专业知识的价值变得不那么重要了。这里的关键是具有以吸引人的风格进行写作的能力，而且参与的科学家较少，尽管作者经常使用与专业科学家的非正式联系，以确保他们提供准确的信息。

给严肃读者的科学

市场的“顶端”需求是信息和可靠性，而不是娱乐。这种需求的目标对象包括学校教师、把目光放到传统教科书之外的学生，以及希望在与自己兴趣相关的领域充实自己知识的专家们。出版商希望，针对这些相当专业的读者的丛书也能吸引更忠实的普通读者，但20世纪初《国际科学丛书》的消亡表明，这种期望并不容易实现。即使如此，出版商也在继续推出这一级别的系列丛书，其中一些与科学教育倡议直接相关。旨在展示科学知识实际上是如何产生（而不是如何应用）的系列丛书被科学界的精英视为将科学作为一般智识和道德教育的组成部分的一种方式。

罗伊·麦克劳德描述了《国际科学丛书》在19世纪后期遇到的问题，并且他分析了下一代出版商寻求重新创造这一市场所面临的一些机会和挑战。由凯根·保罗于1871年创立的《国际科学丛书》扩展到了包括种类繁多的书籍，所有的书籍均由公认的专家撰写。沃尔特·斯科特（Walter Scott）的非常类似的《当代科学》系列——由哈夫洛克·埃利斯（Havelock Ellis）编辑，也出版了大量著作，包括奥古斯特·魏斯曼（August Weismann）的《种质》（*The Germ-Plasm*）的翻译版。但麦克劳德注意到1891年凯根·保罗写给约翰·拉伯克的一封信，它解释了为什么他的系列当时陷入了严重的困境。普通公众不会再买这些书了，因为它们太具有技术性了，而且没有足够认真的学生来保持它的销量。《国际科学丛书》遇到的问题是这一类型书籍特有的：出版商如何在不使用技术术语、数学公式和所有其他日益必要的科学专业知识符号的情况下，让专家传达他们对科学的理解？实际上，该系列掉在了两条凳子中间，两头都落空了——这些书在技术上不足以作为教科书，但对于普通读者来说又太难了。随着科学变得更加复杂，读者注意力的持续时间在追求轰动效应的新闻时代变得越来越短，凳子被推得越来越远。

因此，出版商不得不仔细考虑他们想要接触的读者类型，他们尝试了不同的形式，针对从严肃到休闲的各个层次的读者。无论凯根·保罗的疑虑是什么，专业作品的市场很小。1898 年，布里斯桑兹公司（Bliss, Sands & Co.）推出了《进步科学系列》（*Progressive Science Series*），由动物学家弗兰克·贝达德编辑，定价为 6/–。这个系列很快就被约翰·默里（John Murray）接管了，并由普特南（Putman）在纽约共同出版。大多数作者都是来自大西洋两岸的活跃科学家，包括上一代的一些资深人物，也有一些创新性的著作，如弗雷德里克·索迪的《镭的解释》和 J. 亚瑟·汤姆逊备受好评的《遗传》（*Heredity*）。几十年来新书发行的事实表明，出版商有机会绕过凯根·保罗发现的问题。1907 年，《科学进步》杂志创刊号的封面上刊登了《进步科学系列》的广告。

1909 年，出版商 J. M. 登特针对同样的读者推出了《科学初级读本》系列。在宣传该系列时，出版商将其与上一代的初级读本进行了对比，这些初级读本已经达到了其目的，但现在需要更换。广告还暗示了公众对科学知识存在着广泛的渴望。编辑、剑桥植物学家 J. 雷诺兹·格林（*J. Reynolds Green*）为每一卷争取到了“科学领域的一流作家”，作者名单证实了这一说法，其中包括许多讲师和教授。查尔斯·谢林顿（Charles Sherrington）写了一本关于生理学的书。考虑到目标读者，这种对作者专业地位的诉求并不令人惊讶。这些书针对的是实际教科书市场上边缘的专业生态位市场，但它们很短（只有100多页），而且价格便宜，只有1/–。

1911年，麦克米伦以略高的1/6d的价格推出了《自然知识读本》。这些都是针对学校的，作为一种更深入地了解科学实际上是如何运作的手段。学生将超越单纯地获取信息的层次，去了解科学知识是如何建立起来的。一些书籍前面所包含的“出版商的说明”抱怨许多技术教育中采用的系统方法存在着局限性，坚持认为应该向学生展示个人观察的价值，并告诉他们科学调查的方法。这些书旨在：

> 弘扬科学精神，引导人们献身于自然知识的进步，并展示人类最终如何从这种研究中获益。作为基调的应该是灵感而不是信息，要对读者进行唤醒的不仅是对科学研究方法和自我牺牲精神的欣赏，而且是一种效仿人类生活的愿望，这些人的劳动将自然的知识带到了现在的位置。

广告引用了有利的新闻通告,《苏格兰人》特别赞扬了其“广泛陈述技术和实验专家的观点”的努力。广告还表明，出版商希望该系列将吸引到更严肃的普通读者，但《科学进展》的一篇评论指出，尽管这是一个有价值的目标，但“人们可能会怀疑……是否可能同时满足如此不同的两类人——年轻学者和‘其他读者’——他们的立场往往大相径庭”。

由J. J. 汤姆森担任主席的自然科学教学委员会也表达了类

似的理念，他在 1918 年的报告中呼吁重新努力在学校和更一般意义上的教育中推动科学。作为对这份报告的直接回应，约翰·默里开始出版其《全民科学》系列，后来更名为《普通科学》（*General Science*）系列（另一个产品是《发现》杂志）。这些书大多是由来自知名学校的科学教师编写的，第一卷《化学》（1921 年）是由伦敦城市学校（City of London School）的 G. H. J. 阿德拉姆（G. H. J. Adlam）编写的。虽然针对的是学校，但这些都不是正式的教科书。阿德拉姆宣称，他打算从事实的基础出发，引入理论，并尽最大努力说明原子物理学中的新思想如何影响对化学的传统理解。

反对当权派

20 世纪 30 年代的左翼科学家认为，提醒同胞们关注科学被用来支持资本主义工业的方式是他们的责任。但在此之前很久，就有一些科学家采取了激进的立场，呼吁用理性主义或唯物主义观点取代宗教，呼吁建立一种精英统治而不是贵族统治的新社会秩序。赫胥黎这一代所开展的运动在 E. 雷·兰克斯特等科学家的领导下一直持续到 20 世纪初。这些激进分子并不倾向于社会主义，他们经常支持 20 世纪 30 年代左翼科学家深恶痛绝的立场——例如，他们中的许多人支持优生学。他们以新社会秩序的倡导者自居，当他们有机会在公共论坛上发表自己的观点时，偶尔会登上头条新闻。

兰克斯特和亚瑟·基思经常为理性主义者出版协会的出版物——《理性主义年刊》（*Rationalist Annual*）撰稿。理性主义者出版协会的出版商是沃茨出版社，是一家由活动家查尔斯·阿尔伯特·沃茨创办的公司。在20世纪初的几十年里，该公司出版了一系列书籍，旨在让公众关注理性主义方法——强调科学是理解人类在世界上的地位的基础。从20世纪30年代中期开始，它的《思想者图书馆》成为关于进化论和人类起源等主题的最明显的文献来源之一。这些通俗作品大多宣称这场运动起源于上一代人的辩论，达尔文、赫胥黎和海克尔等作家重印了维多利亚时代进化论的经典著作。但也有新的材料，J. B. S. 霍尔丹和朱利安·赫胥黎等科学家的著作确保了该系列不会完全过时。沃茨出版社最终与海曼·利维和20世纪30年代后期具有社会意识的科学家们建立了联系，尽管艾伦·莱恩（Allen Lane）的鹈鹕系列的崛起让它的努力黯然失色。

在20世纪20年代，沃茨出版社最具创新性的书籍出现在它的《论坛系列》中，以价格为1/–的精装本和7d的纸质本发行。它出版了几部备受瞩目的作品，如H. G.威尔斯对希莱尔·贝洛克批评他的《世界史纲》的回应。它最终收录了基思的三本关于进化论和相关主题的短篇著作，包括《关于人类的起源》（*Concerning Man's Origin*），这是他在1927年发表的有争议的主席报告的文本（其销量令人失望）。伦纳德·达尔文的《什么是优生学？》也在该系列中发表。

《思想者图书馆》于1932年首次上市，并在20世纪50年代稳步扩大，最终成为最广泛的“严肃”阅读来源之一。它用“一种塑化布”装订，最初定价为1/–，战争期间升至1/3d，20世纪40年代末升至2/6d。1934年这个系列有40本，1937年有60本，1941年有84本。最初，该系列只是通过重印维多利亚时代怀疑主义的经典作品，延续了沃茨出版社的悠久传统。也有一些较新的作品，如埃利奥特·史密斯对人类起源的阐释——《开始的时候》。科学从未在该系列中占据主导地位，约占整个系列的四分之一。最终，该系列包括了很大一部分较新的作品，尽管许多作品仍在再版。尽管这一系列作品的基调并不完全是唯物主义的，但它确实宣传了相当一部分激进思想家的作品。1934 年，该系列中加入了霍尔丹的《事实与信仰》（*Fact and Faith*），1941 年，加入了朱利安·赫胥黎的《没有启示的宗教》（*Religion Without Revelation*）。约翰·兰登-戴维斯（John Langdon-Davies）的《人和他的宇宙》（*Man and His Universe*）提供了一部科学史，宣告了包括永生思想在内的许多旧观点的消亡。更激进的政治倾向来自海曼·利维的《科学的宇宙》（*Universe of Science*）。

因此,《思想者图书馆》演变成了一种奇怪的混合体，其中既有老式的激进怀疑主义，也有一些更新、更左翼的研究科学社会关系的方法——偶尔还会承认唯物主义可能并不是全部。1934 年，利维说服了沃茨出版社，让它出版了由朱利安·赫胥黎编辑的《科学与社会需求》（*Science and Social Needs*）调查报告，并推出了一套名为《科学与文化图书馆》（*Library of Science and Culture*）的丛书。这是为了对资本主义利用科学的方式提出更合乎逻辑的批评。利维自己的书《思想与行动之网》（*The Web of Thought and Action*）的卷首插画中有一张照片，照片中的咖啡被倒入大海，以防止其价格暴跌。然而，利维自己也承认，这个系列并不成功。《科学的社会关系》发起的运动所面临的问题的另一个迹象是，由劳特利奇出版社（Routledge）于 1928 年开始创办的 J. G. 克劳瑟的《属于你的科学》（*Science for You*）系列，不允许反映这本书的编辑的社会主义观点。

利维的《科学与文化图书馆》的失败意味着左派没有一个旗舰图书系列。左翼作家依赖于他们与富有同情心的出版商的个人关系，如斯坦利·昂温（他发行了霍格本的书）。一个更好的机会出现在 20 世纪 30 年代后期，艾伦·莱恩的企鹅出版社创作了鹈鹕系列。它发行了大量针对非专业读者的科学素材，显示出比以前发生的许多事情更高程度的社会意识（见下文）。

青少年科学

在意识形态和报道深度的天平的另一端，是针对青少年——通常是十几岁的男孩的系列书籍。这里很少有对科学影响的批判性分析。人们想当然地认为，男孩会赞成科学的实际应用（包括军事应用），并渴望更多地了解技术是如何运用的。但这套丛书并不全是关于应用科学的，大多数书都试图就一些关于天文学和新物理学等令人兴奋的领域中正在发生的事情传递一些信息，同时也涵盖了博物学中的传统主题。一些更高级的书籍来自皇家科学研究所（Royal Institution）为青少年举办的圣诞讲座，其中许多是由乔治·贝尔父子出版社（G. Bell&Son）出版的。其中，贝尔出版社分别基于 W. H. 布拉格（W. H. Bragg）1920 年、1923—1924 年和 1931 年的演讲出版了《声音的世界》（*The World of Sound*），《关于事物的本质》（*Concerning the Nature of Things*）以及《光之宇宙》（*The Universe of Light*）。尽管理论上仍然是针对青少年读者的，但正如布拉格承认的那样，这些文本大大超出了讲座中所呈现的内容，即使对成年人来说也是沉重的阅读负担。

有一些更吸引人的材料是针对年轻读者的，或者至少是针对家长的，他们购买这些书作为圣诞或生日礼物，以及针对需要为学校和主日学校提供奖品的教师。这些书印刷精美，定价通常在

5/–,从而确保了只有相当富裕的人才会去购买（尽管每年只会买一两次作为礼物，但它们可能会触及比预期更广泛的读者）。这些书配有精美的插图，越来越多地配有照片，有时还配有一些彩色图版（尽管这些图版是基于艺术家的素材，而不是 20 世纪初几十年的照片）。值得注意的是，它们通常在封面上有彩色插图，以便能立即吸引年轻的受众。书名的选择也是为了让主题看起来令人兴奋——这些书是关于我们周围世界的“惊奇”“奇迹”，甚至“浪漫”的，主题包括勘探以及科学和技术的各个方面。购买这些书籍的青少年是否真的阅读了这些书籍则是另一回事——父母自己可能将阅读这些书籍作为更多地了解科学和技术的一种相对轻松的方式。

1905 年，出现了一个非常成功的系列，它就是沃德·洛克（Ward Lock）出版社的《奇迹图书》（*Wonder Books*）。当一位动物爱好者哈里·戈尔丁找到出版商，建议它出版一本以他给孩子们讲的动物园动物故事为原型的书时，这个系列就被纳入议事日程了。他想让动物“为自己说话”，这个想法吸引了出版商，他们委托他撰写《动物奇书》（*The Wonder Book of Animals*）。这是一个巨大的成功，并成为一系列图书效仿的模式。这些图书最终包括了一系列科学、技术和博物学主题的书籍，全部由戈尔丁编辑。它们有很好的插图，似乎很受孩子们的欢迎。通过给予戈尔丁对该系列的控制权，出版商确保了可以始终如一地采用一种格式，但并非所有的书都是他自己撰写的，而是使用了恰当领域的专家提供的大量素材。事实上,《发明奇书》是由 A. M. 洛“教授”独家撰写的，他还与其他一些受过技术训练的人一起为《电力奇书》（*The Wonder Book of Electricity*）作出了贡献。《科学奇书》（*The Wonder Book of Science*）包含了一系列“由杰出科学家撰写”

的文章。《奇迹图书》在战后的几年里继续出现，最终出版了 20 多本。它们不断被修改和更新，直到 20 世纪 50 年代还是少年读物的一大特色。

专门针对青少年读者最有效的出版商是西利公司（Seeley & Co.），即后来的西利服务公司。除了探险故事和“激荡”历史之外，它们还引进了多部大众科学丛书。这些都是制作精良，图文并茂的，价格从 3/–到5/–不等（战后上升到 6/–甚至 7/6d）。在通常出现于每一卷末尾的出版商的目录中，它们被明确宣传为礼品书。有几个系列是在第一次世界大战前几年开始的，所有的书都持续出版到了 20 世纪 20 年代，为了跟上事件的发展,（它们对）比较成功的图书一直持续进行修订。这些书的作者各不相同，既有一些专业作家，也有一些学院派科学家。

1907 年，西利公司出版了《浪漫图书馆》（*Library of Romance*）系列，直接以十几岁的男孩为目标读者。到 20 世纪 20 年代，该系列包含了 35 本书，其中大部分致力于科学、技术或博物学。关于技术的书籍反映了现代工业的“传奇故事”——铁路、蒸汽船等，并且它没有试图掩饰技术在战争中的作用（见图 4–2）。大多数书都是由在学术界或工业界没有职位的作者写的，尽管有关化学的那本书的书名是由帝国理工学院的詹姆斯 · C. 菲利普提供的，另外两本是由 G. F. 斯科特 · 艾略特（G. F. Scott Elliot）教授提供的。有几篇是查尔斯 · R. 吉布森写的，他是一个“专家型”大众科学作家的典型，与专业科学家和工程师有着密切的联系（见第 12 章）。西利还以 3/6d 的低价出版了另一个名为《奇迹图书馆》（*Wonder Library*）的系列，并以同样的价格出版了一个短命的《奇迹》（*Marvel*）系列。《奇迹图书馆》里的许多书只不过是《浪漫图书馆》里那些书的廉价再版（图 7–1）。

图 7-1 钟乳石洞，来自詹姆斯 · C. 菲利普《现代化学的奇迹》(*The Wonders of Modern Chemistry*)(西利服务公司，1913 年)的封面。这个出版商的奇迹系列的另一个例子，目标读者是十几岁的男孩。(作者的收藏)

查尔斯 · R. 吉布森很快成为西利出版商最成功的作家之一，出版了《儿童科学》(*Science for Children*)系列的所有书籍，该系列是出版商(现在的西利服务公司)在战争年代设法推出的。该系列甚至包含了《战争发明以及它们是如何发明的》(*War Inventions and How They Were Invented*)。吉布森还为西利公司的《今日科学》(*Science of To-day*)系列撰稿，该系列于 1907 年以 6/–的价格推出。虽然有吸引力的书籍格式类似于儿童的系列，但这是面向更成人的读者群的。尽管《今日地质学》(*Geology of To-day*)是 J. W. 格雷戈里(J. W. Gregory)教授的新作,但其中一些书只是对《浪漫图书馆》中的书稍作修改。然而,在这个系列中,西利公司确实尽力让这些书籍保持最新的程度。格雷戈里的文本在 1925 年进行了修订。为了跟上物理学的快速进展,吉布森《今天的科学思想》(*Scientific Ideas of To-day*)经历了无数次修订,还被广泛地翻译成其他语言。考虑到最近的进展,1919 年的第六版和 1932 年的第八版进行了重大修订。吉布森 1928 年的《现代电学概念》虽然没有作为该系列的一部分发行,但却被作为更新《今天的科学思想》一书的另一次尝试,其中包括关于量子力学和相对论这两个"困难"理论的章节。因此,他在青少年书籍中完善的写作风格,为成年人提供了一种相对轻松的方法来了解现代物理学中更深奥的方面。作者和出版商都认识到在这些领域保持与时俱进的重要性。像许多优秀的大众科学作家一样,吉布森认真地对待自己的作品——虽然没有提供前沿的评论,但他尽最大努力让读者了解正在发生的事情。

艾尔弗雷德·哈姆斯沃思,诺思克利勋爵的联合出版社是一家为成人和儿童出版系列作品的激进的出版社。到了 20 世纪 30 年代,他们的编辑之一是查尔斯·雷。他的写作主题广泛,在大众科学领域尤为活跃。在几年的时间里,他出版了《男孩的日常科学之书》(*The Boy's Book of Everyday Science*)、《男孩的奇迹与发明之书》(*The Boy's Book of Wonder and Invention*)和《男孩的力学与实验之书》(*The Boy's Book of Mechanics and Experiment*)。这些书在市场上被宣传为兼具教育性和娱乐性,并且非常强调科学技术在日常事务中的应用:

在这些进步的日子里，任何聪明的孩子都不能没有一些科学知识。当然，在学校系统地学习科学是很好的，但如果我们要充分地受益于这些知识，我们必须看到它如何应用于我们周围的普通事件和物体。

雷的书甚至比吉布森的书更关注应用科学，并且没有努力让男孩们参与更广泛的理论辩论。

第一次世界大战之前

最重要的商业机会存在于面向成人读者的廉价图书的大众市场之中，在第一次世界大战前后，这一市场的扩张经历了几个阶段。到了世纪之交，一些出版商已经开始意识到了自我提升读物市场的扩张机会。1897 年，纽恩斯推出了《有用故事图书馆》（*Library of Useful Stories*）系列，这是一系列定价为 1/–的小开本书籍。在早期一卷的序言中，它声称这是为"在 19 世纪最后几年迅速增长的成千上万的对自然和物理科学的事实和真理显现出兴趣的男男女女而写的"。该系列后来被豪德–斯托顿公司接手，并将自己现有的一些书目纳入其中。这些书都是由具有一定专业知识或公众认可度的作者撰写的，尽管很少是专业科学家，许多人［如格兰特·艾伦（Grant Allen）和爱德华·克洛德］都是上一代大众科学作家的中坚力量。即便如此，艾伦在《植物的故事》（*The Story of the Plants*）一书中坚称，他将向读者介绍"关于遗传、变异、自然选择和适应的伟大的现代原理"，但不会用专业术语把他们搞得困惑不解。克洛德的《"原始人"的故事》（*The Story of "Primitive Man"*）是他自己努力把进化论推动为一种世界观的典型。

1910 年，米尔纳（Milner，原来是曼彻斯特的一个出版商）出版的《20 世纪科学丛书》（*Twentieth-Century Science Series*）也采用了同样的老式方法——六本书中有两本出自约瑟夫·麦凯布之手，他曾为沃茨出版社翻译过海克尔的作品，并提出了非常相似的宇宙演化观。在许多方面，纽恩斯和米尔纳系列是维多利亚时代大众科学模式的迟来的产物。如果真的有一个新开辟的市场，而且出版商想进入这个市场，它们就必须更具创新性。

事实上，对于提供这种严肃读物的出版商来说，第一次世界大战爆发前的几年是一个繁荣时期。在 1907 年至 1913 年间，出版商至少创办了 18 个教育系列，仅 1911 年就创办了 5 个。这些系列中的 3 个扩展成了战后继续印刷的价值巨大的合集，尽管只有 1 个——《家庭大学丛书》继续增加新的图书，还有一些较小的系列。哈珀的《生活思想图书馆》定价为 2/6d，包括 6 本与科学相关的书籍，重点强调进化主题。但这些并不是维多利亚时代宇宙进步主义的翻版——该系列出版了亚瑟·基思关于古人类学的第一本书。1912 年推出的柯林斯的《国家图书馆》（*Nation's Library*）提供了“由最有能力且最胜任的权威提供的专业信息，涉及的每一个主题都直接提到了与现代生活和思想的关系”。该系列包括了麦凯布的另一项关于进化的调查报告，还有埃德加·舒斯特（Edgar Schuster）的《优生学》（*Eugenics*）和安德鲁·克罗梅林（Andrew Crommelin）的天文学作品。

1914 年，纳尔逊（Nelson）推出了由埃里森·霍克斯编辑的《现实的浪漫》系列，定价为 5/–。作为儿童天文学和应用科学书籍的作者，霍克斯已经为自己赢得了声誉。该系列旨在既涵盖科学也涵盖技术，但重点是后者，尽管它的标题（并没有显示这一点）——有关于军舰和飞机的书籍。它们表面上是为成年人写的，但有些更适合青少年读者的水平。这个系列在战争中幸存下来，并于 20 世纪 20 年代在 T. C. & E. C. 杰克的持久影响下增加了一些新的书目。

在战前出版的三套大型丛书中，第一套，同时也是在某些方面最具创新性的是剑桥大学出版社 1910 年推出的《剑桥科学与文学手册》（*Cambridge Manuals of Science and Literature*）。这是一套小书，封面用粉红色的布料制作，其设计以 16 世纪的剑桥大学出版社的标题页为基础。它的定价仅为 1/–，这表明出版社已经拓展到了正常的学术读者群之外。出版社分发了一份介绍说明，并在《出版商通告》（*Publishers' Circular*）上刊登了整版广告。剑桥大学出版社已经在学校教科书市场上拥有了强大的影响力,《剑桥科学与文学手册》旨在扩大高中生、本科生和更广泛的公众的阅读范围。在他们的广告中，剑桥大学出版社引用了《旁观者》（*Spectator*）的观点，这是“一套非常有价值的丛书，它以一种非常愉快的方式，将科学真理的通俗呈现与处理这些主题时必不可少的准确性结合在一起……这些书也许是所有书籍中最令人满意的，它们为门外汉提供了技术和专业研究取得的艰难成果”。在几年内，这套丛书就包括了 80 卷，其中大约一半是关于科学和技术的。

该系列的科学编辑是剑桥大学植物学教授 A. C. 希沃德。他在主题的选择上强烈倾向于生命和地球科学，这些主题往往相当专业，有时甚至相当古怪，例如《珍珠》和《水下森林》。但该系列也包括一些重大科学主题的重要调查，例如杰弗里 · 史密斯（Geoffrey Smith）的《原始动物》（*Primitive Animals*）、汉斯 · 加多（Hans Gadow）的《动物的漫游》（*The Wanderings of Animals*）

和 L. 唐卡斯特的《从最近的研究看遗传》(*Heredity in the Light of Recent Research*)。朱利安·赫胥黎的第一本书《动物王国中的个体》(*The Individual in the Animal Kingdom*)也出现在该系列中。这套丛书缺少的一个科学领域是现代物理学——唯一的一本书《超越原子》是约翰·考克斯写的，他曾在麦吉尔大学与卢瑟福开展过合作。关于技术的书籍要多得多，包括一些非常平凡的主题，比如面包制作，另一些则是关于最新的话题的，如无线电、飞机和现代战舰(在导致第一次世界大战的军备竞赛的时代，这也许并不令人惊讶)。

与其他大众科学文献的出版商相比，剑桥大学出版社的优势是拥有大量的专家作者。任何关于学院派科学家，尤其是牛津和剑桥大学的教授，不愿意为非专业读者写作的说法，都是由被招募来撰写《剑桥科学与文学手册》的专家所给出的谎言。许多作者都是剑桥大学的硕士(被授予了包括科学在内的所有学科的学位)。很大一部分人拥有大学职位或学院的会员资格(剑桥学院部分独立于大学)或在其他机构拥有学术职位。有几位是已经开始创作非专业读物的资深人物，但也有一些年轻人，对他们来说，这种水平的写作是一种新的、相当具有挑战性的经历。剑桥大学出版社引用了许多新闻报道，称赞该系列能够提供适合普通读者的素材，尽管《科学进展》(*Science Progress*)中的一篇评论对唐卡斯特有关遗传的书中的专业术语表达了抱怨:“与现代科学所提供的平台相比，巴别塔一定是一个容易交流的地方。”

1911 年，威廉–诺盖特公司还推出了《家庭大学丛书》，与《剑桥科学与文学手册》一样，定价也为 1/–。这是一个更传统的系列，针对的是希望获得非正式教育的读者。它对学科范围的覆盖要均匀得多。到 20 世纪 30 年代，书目迅速增加到 150 多种，其中大约四分之一与科学有关，主编是著名的古典主义者吉尔伯特・默里（Gilbert Murray），阿伯丁大学的生物学家 J. 亚瑟・汤姆森担任科学编辑。汤姆森已经是一位著名的大众科学作家了，他对编辑工作并不陌生，他曾担任他的朋友、植物学家兼环保主义者帕特里克・格迪斯出版的博物学系列的编辑。在他的指导下，《家庭大学丛书》获得了一批杰出的科学作者参与，他们都在汤姆森的指导下在适当的层次上写作。

1911 年 4 月该系列的推出被《出版商通告》视为“本周事件”。对威廉–诺盖特公司的杰弗里・威廉姆斯（Geoffrey Williams）的一次采访宣称，这是一次有意的尝试，目的是探索严肃的自学阅读市场。威廉姆斯对书店销售人员的报告和教育当局表现出的兴趣表示满意。汤姆森告诉格迪斯说，公司将在广告上花费数千英镑。有趣的是，威廉姆斯和汤姆森都确信，以 1/–的价格出售该系列书籍不仅不会削弱更昂贵的科学书籍的销售量，实际上还可能会增加它们的销量。为该系列出版的介绍说明文件称赞这套丛书是现代图书生产的里程碑，并指出最明显的读者群是“小学高年级、公立学校、理工学院、工人学院、大学推广班、夜校、家庭阅读圈、写作社团等等之中的成千上万的学生”。从威廉–诺盖特公司随后在广告里引用的新闻稿中可以看出来，他们的书被认为对寻求一般知识的独立读者具有很大的价值。事实上，《每日纪事报》称赞该系列显著提高了公众的阅读品位。

这些书内容丰富，价值巨大，但并不具有太大的挑战性——《泰晤士报》评价，“每一卷都代表着与一个聪明的头脑进行了三个小时的交流”。格迪斯和汤姆森自己的《进化论》（*Evolution*）一书的协议条款要求，按照《家庭大学丛书》的计划撰写 5 万字的手稿。这些书以小开本印刷，长达 200 至 250 页。由于价格便宜，它们通常没有插图，每售出 1 本（13 本按 12 本计算），需支付 1d 的版税，并需在出版时支付 50 英镑的预付款。这意味着必须卖出 13 000 本才够付预付款，而汤姆森希望能卖出 50 000 本。在 1913 年之前的 2 年里,《进化论》在英国和美国卖出了 2 万多册。新闻报道普遍对该系列有利，许多个人作品获得了积极的评价。《雅典娜神殿》在谈到 J. W. 格雷戈里的《地球的形成》(*The Making of the Earth*) 时说:“在这套书所包含的许多好东西中，这本书占据了很高的地位。”第一次世界大战后，又增加了新书，这套书中的许多现有书籍都发行了修订版。

由于该系列因其教育价值而得到推广，广告强调了作者高水平的专业知识。这意味着汤姆森面临着相当大的压力，需要招聘资历突出的专业科学家。正如护封所宣称的那样:“《家庭大学丛书》的每一卷都是由公认的地位崇高的权威专门撰写的。”由于作者还必须能够以适当的水平写作，汤姆森发现起初很难吸引到合适的人。1910 年 10 月，他向格迪斯抱怨说，他在寻找作家方面没有成功。他一直试图让 E. 雷·兰克斯特写一本关于进化论的书——但最终他和格迪斯一起写了这本书。同时，汤姆森在选题上也不能随心所欲。他推荐格迪斯（最初是一位植物学家，但现在参与了城市规划）作为一本关于“城市的演变”的书的作者。他还为这本书起草了一份协议备忘录，但由于其他编辑的反对，这本书没有被收录在丛书中。汤姆森和格迪斯还一起合作撰写了该系列的另外两本书（《生物学》和《性》），汤姆森本人则撰写了《科学导论》。

这些书被广泛宣传，并有宣传噱头，包括以单卷为基础的有奖论文竞赛，也有一些负面的预测，特别是萧伯纳（George Bernard Shaw）拒绝撰稿，因为他认为威廉-诺盖特公司没有分销机构来确保足够的销售。事实上，该系列最初的销量相当不错——到 1913 年 10 月，销量超过 100 万册，但在当年晚些时候陷入了困境，因为出版商在其中投入了太多的资金。吉尔伯特·默里通过发行债权股帮助筹集了 6000 英镑的新资本，他自己也获得了其中的一部分债权股。

无论最初的困难是什么，汤姆森最终招募到了一批代表着广泛专业知识的作者。A. N. 怀特海写了《数学导论》（*An Introduction to Mathematics*），弗雷德里克·索迪写了《物质与能量》。这些主题涵盖了物理、地球和生命科学的整个范围，从而实现了成为“家庭大学”的雄心。但物理科学方面的书籍相对较少，这反映出汤姆森对生物学更感兴趣。在后一个领域，汤姆森的新活力主义观点既反映在自己的书中，也反映在他对许多相关主题的作者的选择中。威廉·麦克杜格尔（William McDougall）撰写了《心理学》（*Psychology*）一书，新拉马克主义胚胎学家 E. W. 麦克布赖德受托撰写了《遗传研究导论》（*Introduction to the Study of Herenity*）。许多科学家也会关注罗伯特·坎贝尔·麦克菲（Robert Campbell Macfie）的《阳光与健康》（*Sunshine and Health*）一书，麦克菲虽然受过医学训练，但却是一位著名的自然神秘观倡导者。约翰·麦肯德里克的《生理学原理》和本杰明·摩尔（Benjamin Moore）的《生命的起源与本质》（*The Origin and Nature of Life*）都警告说，对生命进行纯粹的机械论解释是不可能的。奥利弗·洛奇为 F. W. 甘布勒的《动物世界》（*The Animal World*）写了一篇序言，讲述了“生命的奥秘”——尽管他也为整个系列做了宣传。因此，汤姆森对科学的深层含义的强烈观点不仅塑造了他自己的陈述，也塑造了整个系列——然而，这反映了最新的想法。不过，公平地说，汤姆森确实招募了亚瑟·基思来写《人体》这本书。这个系列也反映了汤姆森对优生学的支持——有一本书专门讨论这个话题，作者是 A. M. 卡尔 · 桑德斯（A. M. Carr Saunders），麦克布莱德关于遗传的书则包含了他对种族以及需要限制低等人种繁衍的极端主义观点。

战前第三个主要的教育系列是《人民图书》，由 T. C. & E. C. 杰克公司于 1912 年 2 月推出。该公司在伦敦和爱丁堡都设有办事处，爱丁堡办事处的记录显示，该系列是从那里开始的。《人民图书》要比《家庭大学丛书》短得多（通常每本不到 100 页），而且价格只有 6d，最初有 12 本，其中 5 本是关于科学的。随着该系列预计扩展到 60 本，科学所占的比例大约保持在 40%。科学部分包括了一些著名科学家的传记研究，比如赫胥黎和开尔文。这套书的编辑是《每日邮报》的记者 H. C. 奥尼尔（H. C. O'Neill），这表明与威廉-诺盖特公司想通过它们的系列吸引的读者相比，这套书的目标读者更随意。该公司的广告非常强调这套书的可读性，尽管他们也试图招募一些具有专业地位的作者。在宣布即将推出该系列丛书时，《出版商通告》宣称，该系列丛书将“以通俗易懂的语言，以最穷困的读者都能负担得起的价格，为人民提供真正的图书馆”。两周后，他们又发表了一篇内容充实的文章，并附有八位作者的照片。文章刊登了对该系列编辑的采访，他坚持认为该系列并未模仿竞争对手，因为它是在两到三年的时间里酝酿而出的。这个价位上没有别的书，但即便如此，作者也是“最好的，只有最好的”。这套丛书代表了第二次文艺复兴，意在“向所有人敞开知识殿堂的大门：不仅要告诉他们最近获得的学术成果，而且会以这样一种方式来讲述它，即让那些渴望学习的人可以不困扰于一个令人困惑的术语，从而能够跟上现代研究的步伐——至少对我们这代人来说是这样”。出版商相信这套丛书会有回报，因为有一群读者，虽然收入不高，但渴望提高自己。《出版商通告》认为，该系列将比许多教育立法的尝试更有效地在人民中传播文化的“酵母”。

出版商当然希望这个系列能吸引到更多的读者。他们印制了2.5 万份印有作者肖像的介绍说明文件和 10 万份较小的公告。他们打算“把它们推到前台，让全国每个书商都绝对有必要备货”。在出版之前，对这些书的实际内容绝对保密——发布的资料显示，在出版之前，这些书不会落入记者手中，以免某家报纸试图抢在其他报纸前面发表相关消息。有人提出了通过报刊经销商出售书籍的可能性，尽管认为这可能会引起书商的反感。

在它们的广告中，出版商称，尽管知识正以越来越快的速度发展，但迄今为止，还没有人试图向普通读者打开这些宝藏。《人民丛书》旨在涵盖整个现代知识领域，每一卷都将由“一位其名字就充分保证了所针对的知识标准的作者来撰写”。许多作者实际上是在职或退休的科学家，对外公布的名单强调了他们的学历和专业地位。麦克布赖德写了一本关于动物学的书，但遗传的主题被交给了爱丁堡大学的讲师 J. A. S. 沃森，他对孟德尔学说（Mendelism）进行了非常公正的概述。玛丽・斯托普斯最早的出版物之一是关于植物学的书——在她转向推广节育之前，这是她最初的专业领域（事实上，该系列包括其他作者关于性和母性的书籍）。尽管作者都是各自领域公认的专家，但出版商着重强调写作风格是简单而有吸引力的。这些书还提供了一个指南，以推动它们所在领域的深入阅读。书评家们似乎觉得作者们达到了正确的水平:《雅典娜神殿》在评价 E. S. 古德里奇（E. S. Goodrich）的《生命有机体的进化》时说，它是一本基础手册的完美典范，用“任何人都能理解的语言”表达出来，没有任何技术细节。后来印刷的这些书附带了一长串对前十二卷有利的新闻评论。

杰克公司伦敦办事处的经理很快就报告说，这些书在那里卖得很好，这一系列书得到了“很好的展示”。他还指出，书商们发牢骚说，竞争对手《家庭大学丛书》尽管业内库存充足，但销量却“停滞不前”。这两家出版商之间有一种强烈的竞争意识，它们的目标是进入利润丰厚的非正式教育素材的市场。威廉-诺盖特公司显然认为杰克公司的《人民丛书》是对《家庭大学丛书》的模仿，意在破坏它们的销售。它们威胁要把杰克公司告上法庭，并在《国家》杂志上互发了充满火药味的信。埃德温·杰克（Edwin Jack）承认，这两个系列几乎在同一时间推出是“一个相当奇怪的巧合”，但他觉得威廉-诺盖特公司的律师给了糟糕的建议——他自己的律师非常坚定地对待对方“异乎寻常和厚颜无耻的信”。该公司伦敦办事处的经理还称，该系列针对的受众略有不同。他的销售人员强调,《家庭大学丛书》“对学生来说是必不可少的，而我们的书则更简单，是为‘普通人’准备的”。但仅仅几周后，他就注意到，他正特别努力地在学校推广《人民丛书》。

20 世纪 20 年代

第一次世界大战造成了出版业的大规模中断。原材料出现了短缺，销售也中断了。一些在战前创立的系列没能幸存下来，西利公司可能是唯一一个在战争期间创作新系列的出版商。在 20 世纪 20 年代，情况开始好转，严肃读物的市场再次开始扩大。战前刚刚创建的三大系列都幸存了下来，尽管《家庭大学丛书》是唯一一个扩展其书目列表的系列。当然该出版商还创作了新的系列，包括几个针对更具文学品味的富裕读者的系列。出版业在低端市场上还有一项重大的新举措，即欧内斯特·本的《六便士图书馆》，它在鹈鹕系列之前十年就开创了关于严肃主题的平装本。

《剑桥科学与文学手册》和《人民丛书》（现在由纳尔逊出版社出版）中的几本书在 20 世纪 20 年代重印，其中一些是修订版。但这两个系列都没有增加新书，而且许多现有的书似乎没有战后重印的日期，这表明出版商只是在消耗现有的战前库存。《家庭大学丛书》的继续扩张大大增加了科学书目的名单。1926 年 8 月，出版商刊登了 3 本新书的广告，其中一本是关于科学的，现在价格已经涨到了 2/6d。即便如此，最初的出版商威廉–诺盖特公司还是陷入了财务困境。1927 年，该系列被卖给了桑顿·巴特沃斯出版公司（Thornton Butterworth）（尽管他们的名字直到 1929 年才出现在书中）。汤姆森在这个时候被邀请担任另一个系列的编辑，但他准备留在《家庭大学丛书》的新出版商那里。桑顿·巴特沃斯公司继续出版该系列，一直持续到 20 世纪 40 年代，后来被牛津大学出版社接管。

汤姆森继续担任《家庭大学丛书》的科学编辑，直到 1933 年去世（最终由朱利安·赫胥黎继任）。同年，凤凰图书公司（Phoenix Book Company）组织了一场声势浩大的销售活动，在宣传中提到了他对该系列的长期参与。他们的计划是为客户提供该系列的 12 卷、20 卷或 30 卷，通过邮寄交付，并每周分期付款，每卷的成本约为 2/8d，比正常价格高出 2d。该活动通过《探索》等杂志中的传单进行营销，并延续了长期以来的主题，即声称为普通读者提供一条“通往知识的康庄大道”。传单的特色是有剑桥天际线的剪影（可以通过国王学院的礼拜堂清楚地辨认出来，见图 7–2），这借自该系列的防尘套。它的文本扩展了防尘套上使用的修辞，坚持说：“我们必须跟随那些正在揭开人类伟大生命过程的人的脚步！”《家庭大学丛书》提供了“150 多本袖珍指南，由专家为业余爱好者撰写，由名字后面有字母的专家为名字前面有字母的门外汉撰写”。显然，拥有“专家”作者的声望仍然是这类家庭教育丛书营销的一个重要方面。

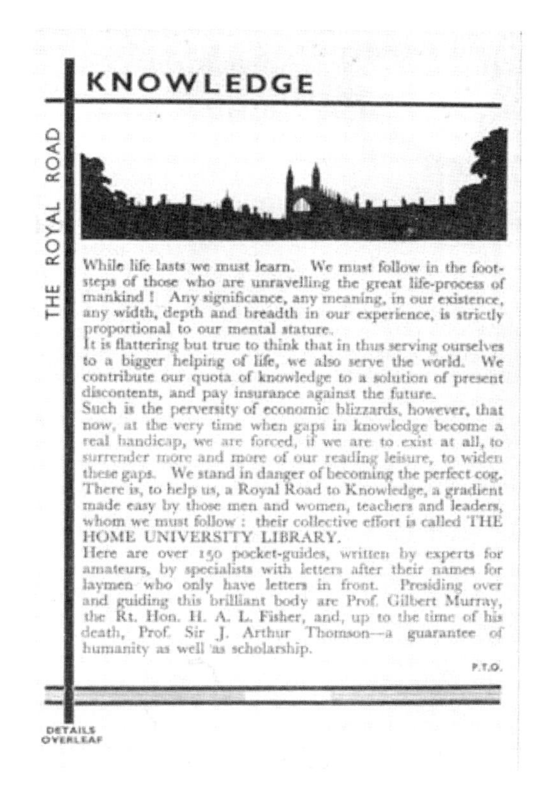

图 7–2 《家庭大学丛书》的广告传单，发行于《发现》杂志，1933 年。剑桥天际线的剪影暗示着学术上的尊重。（经剑桥大学图书馆辛迪加许可）

在 20 世纪 20 年代早期，《家庭大学丛书》在市场上受到了豪德–斯托顿公司的《人民知识文库》定价为 2/6d 的家庭教育书籍的挑战，其中包括 J. W. N. 沙利文的《原子与电子》(*Atoms and Electronics*) 和汤姆森的《日常生物学》(*Everyday Biology*)，还包括奥利弗·洛奇综合了科学和唯心主义的努力的一本书——《进化与创造》的再版。像威廉–诺盖特公司一样，豪德–斯托顿公司确信，这类书的需求量很大，公众希望作者是该领域中拥有丰富知识的人。这个系列的目的如下：

在某种程度上是为了满足不断增长的知识需求，这是我们这个时代最快乐的特征之一。《家庭大学丛书》第一卷的作者姓名足以证明，每个主题都将得到权威的处理，而权威不会是"枯燥无味"的命令。学习不仅有可能不用流眼泪，而且还有可能使获取知识成为一种令人兴奋和有趣的冒险。

对于可以多花一点钱的读者来说，杰克公司接手了纳尔逊的《现实的浪漫》系列，并在埃里森·霍克斯的编辑下加入了最初的名单，价格从 5/–上涨到 6/–。在十年后的很长一段时间里，劳特利奇的《属于你的科学》系列也瞄准了这个更昂贵的市场。尽管由左翼科学记者 J. G. 克劳瑟担任编辑，但该系列的大部分书籍提供的娱乐要多于教育。

20 世纪 20 年代出现的对《家庭大学丛书》最明显的挑战是欧内斯特·本于 1926 年创办的《六便士图书馆》。本于 1925 年开始创办了名为《科学故事》(*Stories of Science*) 系列的短篇书籍，以软皮和硬皮两种形式发行，印刷相当好（与《六便士图书馆》采用的格式相比）。该系列的大部分图书计划都没有实现，似乎被《六便士图书馆》的推出取代了。本以前专注于精品限量版，但现在正在寻求打入批量生产的书籍市场。以 6d 的价格销售的奥古斯都（Augustan）诗人系列取得了巨大的成功，现在又推出了《六便士图书馆》，希望在普通家庭教育市场上取得类似的成功。这些书是简短的平装本（约 80 页），封面是独特的橙棕色。这套丛书具有“革命性的目的，即以六便士一册的价格，对当时最权威人士所著的最优秀的现代思想提供一个完整的参考图书馆”。基于对巨大销量的预期，这套丛书对书店有直接的商业吸引力，但也有一种感觉，即该系列具有提高普通人文化意识水平的真正潜力：“我们相信，这些书既是有史以来出版的最便宜的书，也是最好的书，销量应该会迅速达到数百万本。在这种情况下，书商和出版商除了赚钱之外，还可以通过为大众教育做一些真正有用的事情来拯救自己的灵魂。”

前六本书中有三本是关于科学的。奥利弗·洛奇的《现代科学思想》是基于一系列广播谈话编纂而成的，并不像标题暗示的那样是最新的——它以呼吁要有一个主宰宇宙的超级思维结尾。E. N. da C. 安德拉德的《原子》和亚瑟·霍姆斯的《地球的年龄》（*The Age of the Earth*）都是传达最新研究成果的重要努力。接下来十卷的主题包括欧内斯特·琼斯（Ernest Jones）的精神分析、珀西·斯皮尔曼（Percy Spielmann）的化学，以及詹姆斯·赖斯在“不用数学的情况下”解释相对论（这本书在接下来的几年里重印了好几次）。早期几卷中科学的高比例在之后没有得到保持，到 20 世纪 30 年代初，150 本中有 40 本是关于科学主题的，几乎所有的作品都是由专业科学家撰写的。生命科学在后来的几卷中得到了很好的体现，包括赫胥黎的一本关于蚂蚁的书。在这本书中，他将蚂蚁基因上强加的社会结构的死胡同与人类的进步进行了比较。进化论主题的作者是麦克布赖德，该书直言不讳地为现在越来越不可信的拉马克理论进行了辩护，并暗示人类灵魂超越了生物学。遗传学家 F. A. E. 克鲁（F. A. E. Crew）提出了一种更为正统的遗传观点，支持优生学（这通常也是麦克布赖德喜爱讨论的话题之一）。

尽管该系列中的大多数作者将自己局限于阐述已有的科学“知识”，但也有少数作者设法将自己对这些主题的更广泛含义的感受包括在内。一些最能言善辩的作家是像麦克布赖德这样的知名人物，他们的观点不再代表最新的思想。这是教育系列的一个普遍问题，汤姆森与《家庭大学丛书》的合作就凸显了这一问题。约瑟夫·麦凯布等唯物主义者急于指出，公众在某种程度上被提供给他们的最新版本的科学思想误导了。至少在某些情况下，处在严重扭曲公众理解的位置之上的，是一个拥有已经确立的立场的，并且已经发展出了为非专业人士写作所需的技能的不具代表性的老科学家群体。

《六便士图书馆》可能没有达到鹈鹕后来享有的标志性地位，但它开创了廉价生产教育系列的想法，由想要接触大众的专家撰写，这要比艾伦·莱恩进入这个行业早了整整十年。它的书很短，很容易阅读，而且很便宜，任何人都可以买到。它们甚至小到足以绑定在一起，以在特定知识领域综合成更大的一本书。欧内斯特·本的《现代知识图书馆》（*Modern Library of Knowledge*）以精装书为特色，其中六个《六便士图书馆》的书名被简单地装订在一起，并有一个额外的标题页。例如，第 24 卷包括乔治·福布斯和 W. M. 斯马特（W. M. Smart）撰写的天文学、珀西·斯皮尔曼撰写的化学、哈罗德·皮克（Harold Peake）撰写的农业，以及 C. E. P. 布鲁克斯（C. E. P. Brooks）撰写的天气。

到了 1929 年，劳特利奇为《现代知识导论》发布的广告表明，由专家写的六便士的书现在已经很受欢迎了，“其公认的功能是满足日益增长的对分享现代思想成果的权利的需求。但是，只有在页面中把专家的科学和学识与他们对不是专家的读者所面临的困难的预见能力结合在一起，它才能满足这一需求”。然而，这一系列并没有包括太多的科学,《科学进展》的一位评论家把那里的东西斥责为肤浅的。读者被建议最好把时间花在数量较少的更高级的书籍上。也许可以预见的是，一本主要为那些致力于科学的人撰写文章的杂志会采取更具批判性的立场，但在 20 世纪 20 年代为本的《六便士图书馆》撰稿的专业科学家的绝对数量表明，科学界内有相当多的意见倾向于支持外展服务。

这些系列中的大多数都是以那些想要以或多或少的说明性方式了解科学和其他知识领域的读者为对象的。它们呈现了专家们普遍同意接受的知识。当专家们处理即使在专业团体内也有争议的问题时，分歧就出现了，但是，没有人会期望这些系列中的书籍能够解决关于科学的本质及其影响的一般问题。对于那些有更多知识背景的读者来说，他们确实在寻找评论和批评，有几个系列的书至少包括一些关于科学的书籍。最具创新性的是 1924 年推出的凯根·保罗的《今日与明日》系列。这是一本小书，封面是独特的褐红色，定价为 2/6d。它们的意图是挑衅性的，广告将它们与前几个世纪引发争论的小册子进行了比较。这个系列中出现了几部经典作品，反映了知识界对科学的严重分歧，而这种分歧很少渗透到自我教育系列中。这里有 J. B. S. 霍尔丹的《代达罗斯》、伯特兰·罗素的《伊卡洛斯》（*Icarus*）和 J. W·N. 沙利文的《加里奥》。该系列还包括詹宁斯（H. S. Jennings）关于生物学的未来的《普罗米修斯》（*Prometheus*），以及詹姆斯·金斯的一篇关于宇宙学的推测性论文。它还包括 A. M. 洛——通常不被视为知识精英的一员，撰写的《无线电的可能性》。新闻报道表明，这些书在受过教育的阶层中引起了很大的兴趣，但读者群相对较小。

凯根·保罗还出版了《心理缩影》系列，其中包含类似的有争议的图书，如欧亨尼奥·里尼亚诺和李约瑟之间关于唯物主义的交流。其他主题也意在挑战读者的先入之见和盲点——动物学家 H. 芒罗·福克斯写了关于月球影响人类行为的可能性，地球物理学家哈罗德·杰弗里斯（Harold Jeffries）写了关于作为一颗行星的地球的未来。该系列的标题将其与 C. K. 奥格登（C. K. Ogden）的《心灵》（Psyche）杂志联系在一起。在 20 世纪 30 年代，它被奥格登的“基础英语”项目接管，该项目旨在通过出版使用非常有限词汇的书籍来改革和简化英语。凯根·保罗的《入门》（ABC）系列更具实质性，但价格更高，为 4/6d，其中包括哲学家伯特兰·罗素对物理学最新进展的重要评价，以及关于心理学主题的几本书。查托和温都斯书局（Chatto and Windus）的《凤凰图书馆》，定价为 3/6d，是一个普通的文学系列，但它确实包括赫胥黎、霍尔丹和沙利文关于科学的含义的书籍，以及赫胥黎的一些博物学研究。因此，有文化的中产阶级拥有大量对科学及其影响进行批判性分析的书籍，但这些系列针对的读者群与定价为 1/– 或更低的更务实的系列的读者群是截然不同的。到了 20 世纪 30 年代，《家庭大学丛书》的价格已经提高到每本 2/6d，所以现在它在真正便宜的自学材料和针对那些有更多钱可花的人的高价书籍之间占据了中间地带。

20 世纪 30 年代

在 20 世纪 30 年代，国家的经济和文化生活变得越来越混乱。

大萧条带来的失业对社会的影响是有目共睹的，当家庭收入骤降时，出版商尤其容易受到影响。在这一时期，许多科学家转向左翼，开始为改变科学与社会之间的关系而奔走。这场运动的成果之一是重新努力对普通人进行科学教育，以便让他们了解科学是如何被利用以及被误用的，并理解对经济管理采取更加“科学”的态度对所有人都有好处。

毫不奇怪，在经济紧缩的时代，出版商的重大举措较少。被视为出版史上转折点的是鹈鹕系列，该系列始于1937年，是艾伦·莱恩大获成功的企鹅系列的衍生作品。像家长系列一样，鹈鹕系列有明亮且独特的封面，以非常合理的价格提供了严肃的阅读素材，并积极营销，以达到尽可能广泛的受众。尽管艾伦·莱恩从未正式与左派联系在一起，但他确实给了许多具有社会意识的科学家在他的书中表达他们的关切的机会。然而，当我们更详细地对此加以考察时，会发现新系列与之前系列之间明显的区别往往会变得模糊。对这套书进行研究的历史学家承认，在企鹅系列和鹈鹕系列之前就有了平装本系列，但与现在市场上的作品相比，他们倾向于把诸如欧内斯特·本的系列这样较早的冒险行为看作是没有冒险精神的。但欧内斯特·本已经表明，以6d的价格销售严肃书籍是有市场的，他还让在各自领域拥有真正专业知识的作者参与到这些书籍的撰写之中。早期的鹈鹕系列大多是再版，有些在观点上并不激进（金斯的《神秘的宇宙》在加入该系列时，已经是一部被左派斥为科学理想主义的经典之作了）。鹈鹕系列很快就开始纳入了由专业科学家撰写的原创图书，尽管许多是技术科学的阐述，就像早期系列的书籍一样。企鹅/鹈鹕出版社的新颖之处在于，在战争年代，这些书占据了严肃但廉价的平装书市场。年轻人（包括军人和妇女）都能买得起，它们便于携带，而且与欧内斯特·本的系列不同的是，它们是长篇书籍。

鹈鹕系列并不是当时唯一推出的系列。由沃茨出版社于 1934 年推出的海曼·利维的具有明确政治性的《科学与文化图书馆》并没有取得成功。戈兰茨（Gollancz）在 1938 年推出了《新的人民图书馆》（*New People's Library*），针对消费能力更强的读者，宣称它是“涉及广泛主题的系列书籍，旨在作为基本的介绍。目标是每一本书都应该是权威的，都应该是用简朴的语言写成的，都应该假设读者没有前置知识”。在广告宣传中提到的 20 本书中，有 5 本是关于科学的，包括克劳瑟的《科学与生活》（*Science and Life*）。总体而言，它们在形式上比鹈鹕系列更传统，鹈鹕系列可以负担得起更多的专业化，因为该系列旨在不断地扩张。戈兰茨系列出版的书籍涉及非常广泛的领域，包括生物学、进化和原子物理学。

1935 年，来自鲍利海出版社（Bodley Head）的艾伦·莱恩创立了企鹅系列。他的明确目标是通过振兴廉价平装书市场赚钱（尽管他肯定没有创造这个市场，就像人们有时所声称的那样）。企鹅系列的封面色彩鲜艳，风格独特，似乎捕捉到了时代的脉搏，而且它们最初的定价只有 6d——对于一本完整的书来说，这当然非常便宜。1937 年，鹈鹕作为一个平行系列推出，专门用于非虚构类作品，尽管在实践中，这两个系列各自包括几本在另一个系列中出版可能也同样可以的书。它们最初的价格也是 6d，但很快就涨到了 9d，在战争年代又涨到了 1/–甚至更多。索菲·福根对该系列的科学部分进行了详细研究。她指出，这套丛书的营销力度很大——5 万册的印数是很常见的，这使得出版社达到了收支平衡。作者每本书的版税是 1 法寻（值四分之一旧便士），这意味着即使销售数量这么高，一本书的收入也很少（大约 50

英镑）。所有的作者都是公认的专家，大多数早期的图书都是由已建立声誉的“大人物”撰写的。艾伦·莱恩热切地强调，该系列提供了以明亮的风格撰写的、针对聪明的非专业读者水平的权威的材料。

在这一点上，人们不禁要问，鹈鹕系列到底有什么新的东西，并试图对这样一种迷思提出挑战，即他们代表着对出版新世界的突破。坦率地说，起初他们所做的与过去几十年里出版的一些受欢迎的教育系列没什么差别。诚然，它们更便宜——欧内斯特·本的系列以 6d 的价格出售，但这些书肯定不是完整的。从这个意义上说，鹈鹕系列提供了更好的价值（尽管战争年代的印刷质量下降到一个非常低的水平）。鹈鹕系列的印数当然很高，尽管本的《六便士图书馆》和《家庭大学丛书》等系列也卖出了数万册。从其在系列主题上提供由专家撰写的可用素材这个目标来说，鹈鹕系列并不是一项新举措。事实上，早期的书籍缺乏想象力，由大多数中产阶级读者已经熟悉的再版经典著作组成。除了金斯的《神秘的宇宙》，前十本还收录了赫胥黎在《大众科学》（1926 年首次出版）上的随笔。紧随其后的是 J. H. 法布尔的博物学经典《昆虫世界的社会生活》（*Social Life in the Insect World*）（可追溯到 1911 年）和彼得·查默斯·米切尔的《动物的童年》（1912 年开始）。1938 年，J. G. 克劳瑟两卷本的《宇宙的轮廓》（*An Outline of the Universe*）与弗洛伊德（Freud）的两本书一起再版。有一些书对科学世界提出了更具批判性的观点，包括沙利文的《科学的局限性》、霍尔丹的《人的不平等》（*The Inequality of Man*）和 C. H. 沃丁顿的《科学态度》（*Scientific Attitude*）。

第二次世界大战期间，鹈鹕系列开始提供关于科学及其含义的新的、经常具有煽动性的图书。因此，该系列逐渐成熟，成了战后非专业科学文献出版的主导力量。下面的结语将简要介绍这一成功，其中包括准杂志形式的《企鹅科学新闻》（*Penguin's Science News*）。大多数其他战前系列都没有幸存下来——只有《家庭大学丛书》继续增加新书，但没有一本是关于科学的。这些自学丛书的流行在很大程度上是第二次世界大战爆发前英国繁荣的特殊社会环境的产物。鹈鹕系列是这一传统的最后一个伟大产品，也是唯一一个彻底适应了战后出现的情况的产品，甚至它的成功也被证明只是暂时的。

第 8 章 百科与连载

除了传统出版商发行的系列图书，科学教育读物还有另外一个特色，那就是旨在促进自我完善的市场的其他形式。百科全书数量众多——从权威的《大英百科全书》(*Encyclopaedia Britannica*)到针对普通家庭的廉价单卷文本，以及侧重于特定研究领域的百科全书，包括科学和技术学科。这种类型的文献通常以杂志式平装本的形式发行，每周或更常见的是每两周发行一次，在一年或十八个月的时间里积累起来，就可以形成关于特定主题的大量文献。这些系列通常都配有精美的插图，而且定价合理，普通人也能买得起。它们经常与报纸联系在一起——阿尔弗雷德·哈姆斯沃思（诺思克利夫勋爵）的联合出版社专门从事这种形式的出版。这与《每日邮报》的成功有关。《每日邮报》可以通过从出版商那里获得的版权把这些部分装订在一起，以形成多卷书。它们通常稍后以传统的书籍形式发行。我们已经提到过 H. G. 威尔斯、朱利安·赫胥黎和威尔斯的儿子吉普所著的《生命之科学》是科学领域中这种形式最著名的例子。但有几个早期的系列也致力于科学，包括哈姆斯沃思自己的《大众科学》。

像《大英百科全书》这样的大型百科全书，其成功依赖于其文章明显的权威性。在这一点上，证明它们是由公认的专家撰写的是至关重要的。再往下，权威就不那么重要了，一些便宜的百科全书甚至没有列出写文章的人的名字。在系列作品中，可论证的专业知识水平也存在类似的差异。这些当然是大众市场努力的结果，这些报纸的销量成千上万。如果与一份日报关联起来，广告就很容易，一旦读者“上钩”，就很有可能想要阅读整个系列，以避免留下没有完全阅读的遗憾。在这个层面上，出版商对非技术性写作风格的需求甚至比对丛书的需求更大，很少有专业科学家能够发展出这种必要的技能。但就像赫胥黎参与《生命之科学》一样，一些专业人士确实也参与其中了。更严肃的产品，如教育书籍系列，在营销时非常强调撰稿人的专业地位。出版商强调了准备该系列的巨大成本，部分原因是为了强调插图的数量，但也暗示读者购买的是高水平的专业知识。

百科全书

享有盛誉的《大英百科全书》的出版商努力使新版本更容易为普通读者所接受，同时保持其权威特色。1875 年至 1899 年出版的第九版是一部巨著，后来有人称，“由专家对专家的科学内容所做的处理，远远超出了绝大多数读者的理解能力”。到 1911 年第十一版出版时，该项目由霍勒斯 · P. 胡珀（Horace P. Hooper）在美国指导，他咄咄逼人的促销活动扰乱了传统的图书贸易。剑桥大学出版社受邀将其名字放在英国版上，这在大学内部引起了很大争议。这个版本仍然可以在互联网上找到，并被誉为有史以来最好的出版物。动物学家彼得 · 查默斯 · 米切尔负责生物学的条目，据说他最初希望报酬足够好，以避免他还要通过其他写作活动来赚钱。然而，1929 年第十四版的编辑抱怨说，第十一版对物理科学的覆盖面严重不足：“原子”被用过时的术语来讨论，“宇宙进化论”被当作神话的一部分；“电子”只有几行字，没有关于同位素和量子理论的内容。现在出版商正在认真努力地纠正这种情况，其结果是，至少在科学上，第十一版和第十四版之间的进步不是二十年，而是一百年。

来自大西洋两岸的主要科学家被委托撰写这些文章。爱丁顿是负责天文学的编辑，安德拉德负责物理学，赫胥黎负责生物学和动物学，剑桥大学的约瑟夫·巴克罗夫特（Joseph Barcroft）教授负责生理学，剑桥大学的经济地质学读者 R. H. 拉斯托尔（R. H. Rastall）负责地质学。他们雇用了一大批科学家，其中包括 70 多名来自英国的科学家（而不是美国的撰稿人）。有一些人很出名，包括物理学领域的欧内斯特·卢瑟福和 J. J. 汤姆森。编辑特别指出奥利弗·洛奇是百科全书几个版本的"资深撰稿人"——尽管洛奇关于以太的文章毫无逻辑。在生物学领域，有一些重要人物，如古生物学家 D. M. S. 沃森（D. M. S. Watson）；也有一些新人（赫胥黎与他们关系良好），如霍尔丹和霍格本。

这个版本的编辑 J. L. 加尔文（J. L. Garvin）敏锐地意识到任何试图将科学的最新发现与普通读者联系起来的工作所面临的问题。虽然出版社在鼓励专家使用简化的表达方式和通俗易懂的语言方面已经做了很多工作，但事实上，每个领域都有自己的专业术语，这意味着科学永远不可能像历史一样具有可读性。然而，加尔文坚持科学对现代想象的重要性："我们至少必须驱逐仍在太多人头脑中挥之不去的官样文章式的谬论——科学研究没有人文价值。"明显地，他意识到，选择爱丁顿和金斯这样的人物来撰写物理学文章，会给人一种印象，即最新的进展正在削弱"旧的决定论教条"，并为"一种新的、连贯的理想主义"铺平道路。然而，赫胥黎选择霍尔丹和霍格本来撰写一些生物学文章，会在某种程度上抵消这种反唯物主义的方法。

很容易想象，除了在公共图书馆，普通人可能无法接触到《大英百科全书》，但事实上，剑桥大学出版社为推广该系列付出了相当大的努力。它最终以两周一次的形式发行，并在《号角报》周刊上以整版广告的形式宣布了该系列的推出。该计划旨在将这项工作带进家庭，甚至是那些收入不高的家庭，这符合新闻界的愿望，即“最广泛地推广大学所提倡的学习”。这则广告立即引起了卡克斯顿出版公司（Caxton Publishing Company）的反应，该公司一直在通过同一份报纸上的一系列大幅通知来宣传最新版本的《钱伯斯图解百科全书》(*Chambers'Illustrated Encyclopaedia*)。和《大英百科全书》一样，钱伯斯也拥有一大批专业作家，其中一些人在他们的广告中榜上有名。卡克斯顿出版社的主任 J. S. 马尔科姆（J. S. Malcolm）曾写信给剑桥大学出版社，质疑他们关于《大英百科全书》是最好的英语百科全书的“含糊的说法”，并要求他们将这两部百科全书提交给一个由公众人物组成的小组，以判定哪一部对普通读者来说是最好的。剑桥大学出版社没理会这一挑战，而是邀请《号角报》的读者试读这两本书并自行判断优劣。人们注意到，每两周出版一次的《大英百科全书》需要五年时间才能集齐。

大多数其他的普通百科全书都没有努力去确定它们的作者，尽管它们都至少覆盖了一些科学的话题。多卷本的《普通人百科全书》(*Everyman's Encyclopaedia*) 没有给出撰稿人的详细信息，尽管 1931—1932 年的版本确实将 E. J. 霍尔米亚德（E. J. Holmyard）称为科学编辑。1906 年出版的八卷本的《哈姆斯沃思百科全书》(*Harmsworth Encyclopaedia*) 声称涵盖了“科学的最新进展和现代发明的进步”。该书中的文章都很短，而且没有署名。

也有广泛覆盖某一特定领域的作品，包括几部致力于以科学和技术为主题的作品。其中一些采用了按字母顺序排列主题的传统格式，但也有一些实质性的（通常是多卷）调查，提供了专门针对特定领域的整个章节，每个章节都由一位专家作者撰写。实际上，这些相当于一系列小书，但通过将章节合并成多卷格式，可以在文章的长度上有很大的变化。在这种形式的科学调查中，最令人印象深刻的是格雷欣出版公司（Gresham Publishing Company）于1908年至1910年间发行的六卷本《现代生活中的科学》（*Science in Modern Life*）。该书由赛伦塞斯特皇家农学院（Principal of the Royal Agricultural College at Cirencester）校长J. R. 安斯沃思·戴维斯编辑，副标题为《科学进展、发现和发明及其与人类进步和工业关系的调查》（*A Survey of Scientific Development, Discovery, and Invention, and Their Relations to Human Progress and Industry*）。出版商在广告中说，每月只需几个先令就可以买到这一套书，而不必借助于分期付款的方式。戴维斯在序言中将其称为19世纪晚期“最令人震惊的科学复兴”，通过达尔文主义等理论对人类思想产生了重大影响，也通过新技术的进展对日常生活产生了巨大的影响。为了强调后一点，这套书包含了一个关于农业的小章和一个关于工程的大章。戴维斯在序言中评论说，无线电等技术的进步在使“我们这样的世界帝国得以延续”方面发挥了至关重要的作用。关于工程的大章以关于军舰的一节结束，这使得戴维斯评论说，既然“国家的命运很可能由武力决定，所以最后几页是关于机械设备的，这些设备现在使陆地或海上的战争成为一项巨大的事业”。所有的文章都是由受过训练的科学家或工程师写的，尽管大多数都是次要人物。

1911年，韦弗利图书公司（Waverly Books）重印了一套十卷本的科学丛书，这套丛书最初由当代文学出版公司（Current

Literature Publishing Co.）在美国出版，几乎完全由美国作家撰写。这本书名为《宇宙科学史》（*The Science History of the Universe*），在社会主义报纸《号角报》上通过 1912 年 1 月至 8 月间几乎每一期的大幅广告进行了广泛的宣传。该系列以分期付款的方式发行，首期付款为 2/6d。据报道，到 1 月 26 日，《号角报》的读者已经买空了第一次印刷的数量。人们引述该报纸的科学作家哈里 · 洛尔尼森（Harry Lowerison）的话来说明这本书的效果，这个系列比他和他的同事写的任何东西都要好得多。后来的广告引用了《号角报》最著名的作家罗伯特 · 布拉奇福德的话："科学扼杀了神话故事吗？我认为没有。科学是丰富想象力的宝库。现在，当我需要神话故事时，我会去找地质学家、化学家和天文学家。"广告中没有提到作者的名字，大概是因为英国读者不熟悉美国科学家，一般只有在文章正文中对单卷进行评论时，作者的名字才会出现。

还有更多专注于生命科学的专门系列。1904 年，安斯沃思 · 戴维斯为卡克斯顿出版公司（Caxton Publishing Company）写了一部八卷本的调查报告，题为《动物博物学》。这并不是当时常见的那种对动物王国的常规调查——它还提供了诸如动物结构、运动、营养和对捕食者的防御等主题的广泛报道。1909 年至 1910 年间，卡克斯顿出版了六卷本的《自然研究之书》，书中对生物学和地质学进行了广泛的报道。这套书由伦敦皇家科学学院的 J. 布伦特兰 · 法默尔编辑。尽管该系列明显是针对教师和对博物学感兴趣的广大读者的，但它对这些科学领域中的大多数领域提供了令人惊讶的技术说明。其中一些章节是由学校教师撰写的，也有一些是由专业科学家撰写的，包括 J. 亚瑟 · 汤姆森和 W. P. 派克拉夫特，还有一些来自大学或研究所的不太熟悉的人物。

格雷欣出版公司还出版了专门针对特定行业的多卷本百科全书，其中一些包含关于科学主题的文章。该公司出版的 12 卷《现代农业和农村经济标准百科全书》(*Standard Cyclopaedia of Modern Agriculture and Rural Economy*) 于 1908 年至 1911 年发行，包括相关生物学主题的文章，多是由在大学或农业学院任教的科学家撰写的，包括著名的地质学家和生物学家，如格伦维尔·A. J. 科尔、J. 亚瑟·汤姆森、R. I. 波科克和 J. 科索尔·埃沃特（J. Cossor Ewart）。

这种多卷书在战后似乎变得不那么流行了，尽管单卷百科全书式的作品继续发行。1926 年，沃德·洛克出版了《全民科学》，副标题为《大忙人的大纲》(*An Outline for Busy People*)，是一系列书籍的一部分，包括对包括航运和铁路在内的几个技术主题的调查。这本书以查尔斯·谢林顿爵士的序言开始，评论了作者在没有技术语言和数学的情况下传播科学面临的困难。他还强调了科学和技术对经济的实用价值。这本书包括大量关于特定科学领域的文章，其中大部分是由专业科学家撰写的。撰稿人包括天文学方面的 A. C. D. 克罗姆林（A. C. D. Crommelin），动物学方面的亚瑟·希普利爵士和人类学方面的安斯沃思·戴维斯。

1931 年，维克多·戈兰茨（Victor Gollancz）出版了一本由伦敦国王学院（King's College, London）的威廉·罗斯（William Rose）编辑的巨著《现代知识大纲》(*Outline of Modern Knowledge*)。这本书在很薄的纸上用小字印刷了 1000 多页，考虑到这本书的范围，这并不令人惊讶。罗斯在序言中强调了最新科学进展推动的世界观的变化，但也指出，科学与其他领域的分离以及科学本身的专业化，导致现代思想日益分裂。《现代知识大纲》提供了关于科学、经济和政治以及艺术等主要领域的大量文章，每篇文章都由一位具有适当写作经验的专家撰写。J. W. N. 沙利文撰写了有关物理学最新进展的文章；苏格兰皇家天文学家 R. A. 桑普森（R. A. Sampson）撰写了有关天文学和宇宙学的文章；物理学家詹姆斯·赖斯是在相对论领域一位著名的通俗作家，撰写了有关数学的文章；J. 亚瑟·汤姆森在《生物学与人类进步》（*Biology and Human Progress*）中公开宣扬活力论，与之相匹配的是，F. A. E. 克鲁对性和遗传作了更实际的解释。

连载

这一时期的许多百科全书式的作品最初都是以连载的形式发行的。出版商通常每周或每两周出版一部分，在一年或更长时间内积累成大量材料，这些材料可以用专业装订机装订成卷，也可以用出版社出售的封皮自己动手装订成卷。这些材料通常在事后以常规书籍的形式发行。H. G. 威尔斯的《世界史纲》和他后来与朱利安·赫胥黎合作的《生命之科学》都使用了这种格式，取得了很好的效果，但在它们出版时，这种格式已经确立起来了。它受到了控制着发行量很大的报纸或杂志的出版商的青睐，因为他们可以以最低的成本向适当的读者群做广告。（出版《珍趣》周刊的）纽恩斯出版了《世界史纲》，阿尔弗雷德·哈姆斯沃思（诺思克利夫勋爵）的联合出版社出版了《生命之科学》。它们的标准格式是四开本，通常每一期都有插图封面。在 20 世纪 20 年代，该系列通常以全彩封面推出，尽管在最初的六期之后，通常被单色所取代。每一期都选择了很好的照片和几个彩色图版。

在新世纪发行的最早的普通科学系列之一是以略小的格式

出现的，与后来的体裁相比，封面不那么吸引人。卡斯尔的《大众科学》于1906年以每期7d的价格分18部分发行，由亚历山大·S. 高尔特（Alexander S. Galt）编辑，他的名字出现在第二卷而不是第一卷的扉页上。（扉页和索引通常是分开印刷的，以便在装订成册时可以加上。）为创刊号撰写的引言指出，现在有许多“给知识（原文大写）披上日常外衣”的尝试，但坚称这些尝试大多不成功，“或者说，‘大众科学’可能被解读为‘不精确的科学’的想法从未像今天这样广泛传播”。这一新的努力称它们是与众不同的，在可能的情况下使用普通语言，并在必须使用的情况下对技术术语进行界定。该项目很重要，因为它将帮助普通人了解工业和日常生活许多方面涉及的过程背后的科学原理。书中确实非常强调应用科学，引言中坚持“如果不实用，最真实的科学就什么都不是”。

该系列的文章没有特定的顺序，每一期都包含不同的主题。高尔特本人在文中写了一些关于植物学的文章，尽管他似乎没有任何科学资历。在其他撰稿人中，约有一半具有某种形式的资格（尽管许多文章未署名）。高尔特还感谢了E. W. 蒙德在天文学方面的帮助，以及来自雷丁大学学院（University College, Reading）的两位科学家在农业科学方面的帮助。T. G. 邦尼教授撰写了地质学方面的文章。T. C. 赫普沃思（T. C. Hepworth）撰写了关于摄影的文章，并提供了许多更具技术性的照片。他还写了一些关于物理学方面的文章，包括X射线和放射性。

然而，卡斯尔并不是最活跃的系列作品的出版商。三家公司确立了自己的主导地位，它们之间的竞争一直持续到20世纪30年代。毫无疑问，纽恩斯凭借赫伯特·乔治·威尔斯的教育系列获得了最大的成功，哈钦森的系列首次提供了以照片为主的大开本作品，从而帮助定义了这一细分市场。尽管竞争对手公司在这一举措上进展缓慢，但这些系列的整体外观在 20 世纪 20 年代逐渐改变，以遵循哈钦森早在 1900 年就已经推出的模式。相关的纽恩斯系列已在第 6 章中进行了描述，在这里，我们用其他两个竞争对手——哈钦森和诺思克利夫勋爵的联合出版社来讲述我们的故事。

哈钦森出版社

当卡斯尔的《大众科学》出版时，哈钦森已经开创了一种更大格式的连载作品，其封面风格更加大胆，并大量使用照片。1900 年，他们开始连载一部名为《人类现存的种族》(*Living Races of Human*)的通俗人类学作品，每 2 周发行一次，分 24 次发行，每一次售价为 7d。这是几年前由著名博物学作家亨利・内维尔・哈钦森（Henry Neville Hutchinson）牧师（与出版社创始人乔治・汤姆森・哈钦森没有关系）开始的一个项目的兑现。尽管向哈钦森牧师支付了几笔预付款，但该项目仍未完成，直到被出版社接管。在这一点上，它的篇幅大大地增大了，并每 2 周发行一系列图文并茂的部分。尽管哈钦森牧师仍然负责，并委托撰写了许多额外的文章，但该系列没有在扉页上把他作为编辑而列出名字。该系列第一期印刷了 10 万份，很快就销售一空，第二期的发行被搁置，而第一期则被重印，随后又被重新发行两次，1905 年的第三版被大幅改写，这一次是被普遍认可的哈钦森编辑的。后来的这一版，定价仍为 7d 一期，被宣传为已经准备了四年，是“前所未有的劳动、创造和廉价的典范”。这一系列配有精美的照片（其中许多照片在后来的版本中被替换）。出版商显然想让读者相信，他们得到的是一份由专家撰写的关于人类不同种族及其习俗的调查报告，尽管现代人类学家不会发现其中列出了熟悉的名字，而且可能会对“专家”由其他领域的科学家、陆军和海军军官以及殖民地行政官员组成的程度感到震惊。动物学家理查德·莱德克尔写了一篇关于《人类的三种类型》（“The Three Types of Mankind”）的介绍性调查——这是当时种族理论的典型产物，他是第一版的封面上最著名的人物。

哈钦森继续开发了一些类似的科学主题系列。1911 年，他们开始了一个名为《宇宙奇迹》（*Marvels of the Universe*）的系列，共 28 个部分，每部分定价 7d。这些主题将“立即得到通俗而准确的处理”，文章“由公众熟知的作者撰写，他们将专业知识与清晰而简单地表达知识的能力结合起来，以造福于所有人”。该系列的导言由埃夫伯里勋爵（前约翰·卢伯克爵士）撰写，他哀叹公众对科学的无知，尽管科学上的最新发现有着迷人的本质及其实际应用对日常生活产生了影响。然而，事实上，该系列对科学的覆盖范围仅限于博物学和少量关于太阳系的天文学的文章。尽管封面上自豪地写着著名的大众天文学作家卡米尔·弗拉马里翁（Camille Flammarion）的名字，但他仅贡献了一篇文章，该领域的其他文章都来自 E. W. 蒙德的笔下。博物学文章由众多作者撰写，其中几位是专业动物学家，包括理查德·莱德克尔、W. P. 派克拉夫特和 R. I. 波科克。

1912 年，该公司发行了由阿尔弗雷德·E. 奈特（Alfred E. Knight）和爱德华·斯特普撰写的哈钦森《大众植物学》，分为 18 个部分。斯特普已经是一位著名的植物学和博物学通俗作家了。然而，与《宇宙奇迹》不同的是，《大众植物学》不仅仅是一部描述性的作品。这本书被宣传为是为那些事先不了解这门学科的人而写的，“但并没有忽略那种在那些旨在通俗的作品中经常发生的困难”。这本书涵盖了植物的内部结构、植物生理学、种子的发育和生态关系。

第一次世界大战后，《宇宙奇迹》的合订本仍在以 2/15–英镑的价格出售，或者每月支付 5/–和2/6d 的押金，为期 12 个月。但哈钦森显然希望公众记忆力很差，因为《宇宙奇迹》和《大众植物学》都以几乎不变的样式以连载的形式重新发行，就像它们是新委托的一样。《宇宙奇迹》于 1926—1927 年以每期 1/3d 的较高价格发行，《大众植物学》于 1924 年以 1/–的价格发行。值得注意的是，埃夫伯里勋爵的名字在《宇宙奇迹》的封面和序言的扉页上被删除了——他死于 1913 年，这可能穿帮了。封面宣称“这件作品花了一小笔钱”“价值非凡”“宏伟无比”。

这两个再版是在两种新的博物学连载成功之后发行的，这两个系列都以通俗作家弗兰克·芬恩为主角。1923—1924 年，哈钦森发行了《我国鸟类》，分为 24 个部分。这在很大程度上是一项描述性工作，直接针对业余鸟类观察者——芬恩在第一期中添加的注释里承认，正文中不会使用专业的物种名称（但会在附录中给出）。这本书当然引起了公众的注意，第一次印刷的 5 万本销售一空，另有 1.5 万份订阅。

芬恩在后续系列——哈钦森的《各国动物》的开头也表现强劲，该系列每 2 周发行一次，共发行 50 次，价格为 1/3d。它被宣传为“耗资 7.5 万英镑的伟大作品”。它包括来自许多“顶尖专家”的作品，其中一些实际上是自然历史博物馆和动物学会的专业人员。但是，芬恩写了大部分关于哺乳动物的早期章节，该系列的广告传单使他作为一名通俗作家的名声大增。它还提到了进化论的重要性，进化论“在过去半个世纪里彻底改变了人类思想史”。第一期的导言（未署名）中也提到了这一点。对进化论的引用表明，出版商试图强调该系列作为科学著作的资格，而不仅仅是博物学。更令人震惊的是，实际上芬恩是仅存的几个反对进化论的人之一，他声称自己在科学上是受人尊敬的。他的文稿中没有提到这个想法一点也不奇怪，因为这些文稿是严格的描述性的，尽管关于动物行为的轶事让它变得生动。奇怪的是，导言还强调了科学的实用价值，认为除追求知识本身之外，“实现并充分利用科学发现已成为一种爱国的义务……我们的商业和工业繁荣以及我们的国防都依赖于此”。读者可能想知道他们对动物的迷恋与国家意义有什么关系，所以大量购买了第一期——售出了 15 万份，在接下来的 2 个星期里，出版社夜以继日地印刷以满足需求。

1925 年，哈钦森出版了爱德华·斯特普的另一本描述性丛书——《乡村的树与花》（*Trees and Flowers of the Countryside*），分为 21 个部分。该书使用了通俗的而不是科学的名称，并建议读者参考《大众植物学》以获得更详细的信息。与博物学系列相平行的是，该出版商还出版了一本天文学概览，即哈钦森的《天堂的光辉》（*Splendour of the Heavens*），该书于 1923—1924 年分 24 个部分出版。该书由皇家天文学会秘书 T. E. R. 菲利普斯编辑，扉页上列出的所有撰稿人都是该学会的会员。这是一项雄心勃勃的工作，被宣传为让“伟大的读者”更多地了解该领域的最新进展。封面上写道，菲利普斯的职位意味着他“每天都能接触到每一项伟大的发现”。同时也试图让读者感到，他们也可以在这一科学领域发挥作用：“自学成才的男性做出了最惊人的发现，女性也发挥了自己的作用。”最后，该系列在最新的宇宙学发现方面相当薄弱，但在业余观测者感兴趣的仪器和技术方面则有着大量的章节。

联合出版社

哈钦森与阿尔弗雷德·哈姆斯沃思的联合出版社展开了竞争，后者在通过《每日邮报》推广通俗教育系列方面处于有利地位。阿瑟·米（Arthur Mee）原本是《每日邮报》记者，后被哈姆斯沃思选中编辑《自我教育者》（*Self-Educator*）。该书于 1906 年至 1907 年两年内每 2 周出版一次，并于 1913 年以大幅修订的形式再版，名为《新哈姆斯沃思自我教育者》（*New Harmsworth Self-Educator*）。米的工作非常有效，他在这一年获得了 1000 英镑的额外报酬，并负责一系列后来的项目，包括最著名的《儿童百科全书》（*Children's Encyclopaedia*）（下文讨论）。《自我教育者》相当明确地将自己宣传为满足所需的一种权宜之计，因为国家高等教育体系仍在扩展过程中，以向所有公民提供生活和工作所需的培训：

从现在起的五十年内，像这样的《自我教育者》将没有立足之地。随着合理的国家制度的发展，学校的教育将覆盖生命的整个过程，而不仅仅是触及生活的边缘。不幸的是，世界上仍然迫切需要一种教育——一种可以应用的教育。

书中有哈姆斯沃思本人对职业选择的建议，连载的许多章节都涉及贸易、工业和实用技能，也有包括科学在内的一般教育材料的章节。生物学（包括进化、遗传和心理学）由病理学家杰拉尔德·莱顿（Gerald Leighton）、受过医学训练的凯莱布·萨利比和哈罗德·贝格比（Harold Begbie）负责。后者被介绍为诗人、记者和心理研究学会（Society for Psychical Research）的成员，关于心理学的章节包括有关超自然现象的材料。博物学部分由J. R.安斯沃思·戴维斯撰写。物理学由萨利比和两位工程师F. L.罗森（F. L. Rawson）以及约翰. P.布兰德（John P. Bland）负责，尽管有由西尔瓦努斯·P.汤姆森（Sylvanus P. Thomson）撰写的关于电学的单独章节。

虽然使用的是通用格式,《新哈姆斯沃思自我教育者》仍是原来版本的重大修订。关于科学和技术主题的章节由更广泛的权威专家撰写，包括许多专业科学家、医生和工程师。安斯沃思·戴维斯、基思、劳埃德·摩根、J. 亚瑟·汤姆森和阿尔弗雷德·拉塞尔·华莱士对博物学和生物学的主题做出了贡献。J. W. 格雷戈里和 W. J. 索拉斯撰写了关于地质学的内容，在早期的出版物中，地质学在很大程度上从属于采矿业。西尔瓦努斯·P. 汤姆森再次写了关于电的内容。但总体的重点仍然是实用的，总的基调是由金融家 L. G. 基奥扎·莫尼（L. G. Chiozza Money）撰写的第一部分确定的，这一部分的标题是《成功：对寻求成功生活的旅行者的心理调查》。在一本显然针对那些渴望更多物质成功的人的著作中，专家作者对科学进行了大量报道。这一事实表明，这一主题可以在某种程度上被提升为理解现代工业世界的基本要素。

在《自我教育者》成功的激励下，哈姆斯沃思和米继续创作了一部更通俗的《世界历史》(*History of the World*)——显然，威尔斯并不是第一个以连载形式利用这一主题的人。事实上，威尔斯本人也为这个系列做出了贡献，E. 雷·兰克斯特也是如此。该系列以实质性的序曲开始，概述了地球上生命的历史和人类的出现。也许威尔斯决定《世界史纲》以地球上生命的进化开始，是受到了这一早期努力的启发。米能够把更广泛的科学专家纳入撰稿人之中，包括几个将为《新哈姆斯沃思自我教育者》工作的人。索拉斯和华莱士与地质学家兼考古学家 W. 博伊德·道金斯（W. Boyd Dawkins）和生物学家彼得·查默斯·米切尔一起为这本书做出了贡献。

以这种稳固的形式出现的哈姆斯沃思的下一部作品是 1910—1911 年的《博物学》（*Natural History*），尽管米没有作为编辑参与其中，其主要贡献者是动物学家理查德·莱德克尔。他的六卷本《皇家博物学》最初出版于 19 世纪 90 年代，于 1922 年再版。现在，他瞄准了更通俗的读者群，采用了插图精美的两周出版一次的连载形式。许多详细的文本遵循了典型的描述性博物学样式，部分由莱德克尔撰写，部分由助手撰写，包括其他一些动物学专家。早期的大部分章节都有作者的签名，但随着系列的进展，越来越难以确定各个章节的作者是谁。也许并不令人惊讶的是，无脊椎动物只占据了该系列的最后十分之一，关于哺乳动物的早期章节则严重偏向于著名的英国物种和整个帝国都能看到的动物。非洲探险家和殖民地行政长官哈里·约翰斯顿（Harry Johnston）爵士就后一个主题撰写了文章。然而，该系列包含了一些关于更多理论主题的章节，都是由严肃的科学家撰写的，其中一些涉及相当详细且可能不受欢迎的主题。J. W. 格雷戈里写了关于灭绝动物的内容，J. 亚瑟·汤姆森写了关于人类起源的内容，E. B. 波尔顿（E. B. Poulton）写了关于动物颜色和拟态的内容。华莱士写了关于地理分布的一章，并设法加入了一场关于我们对进化进程的知识如何能够促进未来人类合作的期望的讨论。劳埃德·摩根（Lloyd Morgan）撰写了经过深思熟虑的关于动物智力的一章。在这一章中，他利用最新的研究成果推翻了关于动物推理能力的流行观点。在详细的章节中，动物学家波科克和派克拉夫特写到了灵长类动物和鸟类。

米很快就回来编辑了1911—1913年的《哈姆斯沃思大众科学》，并在《每日邮报》的头版刊登了整版广告。这本书最初每2周发行1期，共发行43期，每期价格为7d。这些章节可以通过“专利分箱装订”装订成7卷，整套书于1914年以合订本的形式重新发行。在最初的形式中，该系列似乎主要针对普通读者和儿童。广告强调的是阅读的轻松，而不是作者的专业知识。事实上，在1911—1912年部分的标题页或广告中并没有提到撰稿人的名字（尽管他们的名字确实出现在1914年合订本的标题页上）。这些部分被宣传为一本杂志——这本杂志最终会变成一本科学百科全书。当这个系列于1913年6月1日结束时，有广告建议那些出于教育目的购买它的人应该转向《儿童杂志》（*Children's Magazine*），这是《儿童百科全书》（*Children's Encyclopaedia*）的延续。

《大众科学》是对为帝国服务的科学技术的公然庆祝。除了致力于科学的部分，该系列还包括发电、工业、商业、社会和优生学。就像《自我教育者》的最初版本一样，它雇用了大部分从事自由职业的技术专家和作家。一些已经确立了哈姆斯沃思作家声誉的专业科学家和医生也参与其中，包括杰拉尔德·莱顿和凯莱布·萨利比。罗纳德·坎贝尔·麦克菲加入了后者，撰写医疗和社会事务方面的文章。尽管优生学被呈现为对未来进步的一种有效贡献，他的影响力似乎确保了这并不是以呼吁改善健康和人类环境为代价的。

《大众科学》在结尾部分列出了大量参考书目，包括大量价格非常合理的书籍，价格为6便士或1先令。该系列配有精美的插图，包括特别委托制作的艺术品和经典画作的复制品等。奇怪的是，许多图片使用无覆盖的女性画像来象征自然和人类探索的各个方面——这可能是一种偷偷摸摸的尝试，通过加入软色情来推销该系列（人们想知道孩子们是如何看待它的）。

1914 年，当教育图书公司（*Educational Book Company*）发行《大众科学》合订本时，他们在全国性报纸上刊登了巨幅广告。合订本将分期支付，首期付款为 2/6d。这套丛书的标题是《科学的童话》（*The Fairy Tales of Science*），突出了这一广受欢迎的特点。书中不仅将科学发现的故事比作童话，还将其比作“世界上最伟大的冒险家最激动人心的冒险经历”。书中强调，这些书既提供了娱乐，也提供了指导：它们“以娱乐小说的魅力和小学生能理解的语言讲述了人类成就的故事——准确的陈述将满足最苛求的学生”。《号角报》上的一篇评论使用了几乎相同的语言，并再次强调了书籍的娱乐性和令人振奋的本质。它也注意到取得恰当的平衡的困难：“科学往往是由那些没有简单地写作天赋的作家来阐述的，有时那些追求简单性的人是通过剥夺他们对主题的所有兴趣来实现的。”在让每一页都“充满了兴趣”方面，《大众科学》极为成功地提供了一部著作。总的来说，这个系列获得了相当大的成功，在美国也很受欢迎。核物理学家 M. L. E. 奥列芬特（M. L. E. Oliphant）后来声称，他是通过阅读《哈姆斯沃思大众科学》而对科学产生兴趣的。

所有这些连载作品使用的格式与米 1908 年首次发行并大获成功的《儿童百科全书》（*Children's Encyclopaedia*）开创的格式非常相似。这本书的 19 个主题中有 5 个涉及科学和技术，其中几个主要贡献者是后来受雇于《大众科学》的人，包括麦克菲和萨利比。书中还提到了 J. 亚瑟 · 汤姆森，尽管后来的《大众科学》将欧内斯特 · A. 布赖恩特（Ernest A. Bryant）列为“《儿童百科全书》博物学部分的作者”。尽管是为儿童改编的，但科学的文章确实认真努力地呈现了诸如宇宙的规模和地球上生命的历史等主题。进化论的思想被引入进来，尽管在某种程度上强调了汤姆森和麦克菲青睐的活力论和几乎是目的论的进步主义。米本人笃信宗教，仍然认真对待诺亚的洪水。《儿童百科全书》还以一种在《大众科学》中对成年人重复的方式强调了工业和技术对人类进步的好处。同样由米编辑的《儿童杂志》是作为这个项目的延续而创办的。

从 1929 年的《动物生命的奇迹》开始，哈姆斯沃思 / 诺思克利夫在 20 世纪 30 年代稳定地更新着其鼓励专业人士和不太知名的专家参与其中的政策。这是由约翰·哈默顿（后来的约翰爵士）（John Hammerton）编辑的，他曾协助米开展了早期项目，并在这一点上接替了他。这本书公开宣称是一本通俗的著作，它避免用拉丁文为物种命名，并将科学权威的著作与博物学的通俗作者的著作结合起来。参与其中的专业生物学家包括 E. G. 布伦格、安斯沃思·戴维斯、基思、马里恩·纽比金、派克拉夫特和汤姆森，他们都有为非专业读者写作的经验。还有一位新人——威廉·E. 斯温顿，他刚刚加入自然历史博物馆，因有关恐龙和其他灭绝生物的通俗著作而成名。

下一个项目是 1931—1932 年的《我们奇妙的世界》（*Our Wonderful World*），以每期 1/3d 的价格每 2 周发行 1 期，共发行 30 期。它被宣传为“精心策划且文笔优美的对现代知识领域的述评”。同一广告还强调了许多贡献者的科学资历，提供了主要人物的肖像照片，包括威廉·布拉格爵士、J. H. 弗勒尔（J. H. Fleure）、J. W. 格雷戈里、奥利弗·洛奇爵士、剑桥天文台的 J. H. 斯马特（J. H. Smart）、J. 亚瑟·汤姆森、J. W. N. 沙利文和阿瑟·史密斯·伍德沃德（Arthur Smith Woodward）爵士。其他没有照片的人包括地质学家 D. A. 艾伦（D. A. Allen），布伦格、阿伯丁天文台的 G. A. 克拉克（G. A. Clarke）和马里恩·纽比金。“自然的奇迹”（The Marvels of Nature）、“世界的仙境”（The World's Wonderlands）、“人类对地球的征服”（Man's Conquest of the Earth）、“今天的奇迹城市”（Wonder Cities of Today）、“科学的奇迹”（The Marvels of Science）、“过去的奇妙世界”（The Wonderful World of the Past）、“自然的奇趣”（Curiosities of Nature）、“人和他的作品”（Man and His Works）等栏目的标题表明，为唤起读者对科学揭示的奇迹和技术激动人心的进展的共鸣，出版社做了大量的努力。

哈默顿还编辑了 1933 年的《新大众教育家》（*New Popular Educator*）和 1936—1937 年的《现代知识百科全书》（*Encyclopaedia of Modern Knowledge*）。《新大众教育家》宣称，它的 50 门简易教学课程是由“现代知识的主要分支的专家”专门准备的，哈默顿表示，有如此多杰出人士做出了贡献或接受了咨询，以至于不可能公布一份完整的名单。他承认，《自我教育者》可能是战前最成功的普及知识的尝试，但他认为，对于许多普通读者来说，这太有技术性了。这个新系列针对的是那些没有受过高中以上教育的读者，以及许多觉得自己错过了正规教育的战争退役军人。

从 1936 年 3 月开始，《现代知识百科全书》每 2 周出版 1 期，共 40 期，每期定价 1/–。整套书将提供“一份永久的家庭财富，价格比你扔掉的日报还便宜”。哈默顿声称雇用了“170 位权威作家”，其中科学家包括（按引用顺序）金斯、基思、赫胥黎、沙利文、埃利奥特·史密斯、威廉·布拉格爵士、沃尔特·加斯唐（Walter Garstang）和霍尔丹。他急切地强调，这些权威中的每一个都可以自由地对有争议的问题发表自己的意见，因此，当读者发现他们彼此意见不一致时，不必感到惊讶。他坚持认为："当我们谈到科学家、学者和探险家后来的研究时，我们面对的是大量的思想材料。关于这些材料，我们要表达的意见肯定不止一两种。正是在这种意见的冲突中，我们最终得出了可以说是决定性的结论，而且一旦它们变得明确，它们就失去了很多兴奋感。"在第一期的前言中，哈默顿提出，如果《新大众教育家》是一所"家庭中的大学"，那么这本新书将提供"一系列完整的研究生课程"。他再次强调了科学是如何通过提出有争议的新理论而进步的，并评论了教会尝试将其传统信仰与现代知识相协调的日益增加的意愿。天文学部分包括新唯心主义建筑师金斯和唯物主义者约瑟夫·麦凯布观点的对比。

20 世纪 30 年代中期，随着《大众科学教师》的出版，这种使用专家作家撰文的政策发生了变化，尽管它的书名强调"教师"，但其目的更多是为了娱乐，而不是启蒙。它非常强调应用科学，其导言强调了科学在工业和日常生活中发挥的作用。此外还有关于生物学和"自然地理学"的章节（后者涵盖天文学、地质学和地理学）。主编是查尔斯·雷，他没有任何科学资质，也没有提供任何可能咨询过的技术专家的信息，然而，它确实经常提到和引用著名科学家的话。雷曾是《儿童百科全书》的撰稿人之一，还编辑过一套针对儿童的大众科学丛书。

连载在 20 世纪的头四十年里大受欢迎，但作为自我教育材料的使用似乎在 20 世纪 40 年代就结束了。即使在今天，这种格式仍然偶尔用于针对明确界定的兴趣群体的通俗百科全书式作品。但在二战后的紧缩时期，在两次世界大战之间的几十年里，英国出版商不可能推出那种奢华的作品。市场也发生了变化，也许在某种程度上实现了米的预言，即正规教育的改善将使这些项目变得多余（这一点将在下文的结语中进一步探讨）。

第 9 章 大众科学杂志

从书籍到杂志的转变将我们带入了不同的领域，尽管在这两种形式中为自我教育而写的大众科学之间存在着一些重叠。杂志是为广泛的读者出版的——从对科学有浓厚兴趣的人到寻找关于技术进展如何影响日常生活的新闻的人。各类读者的总数似乎是有限的，因此许多出版物试图同时触达严肃读者和普通读者，但又都没有满足这两者。我们可以通过查看第 10 章中提到的关于综合人文杂志的科学内容的概括来了解出版商的问题。彼得 · 布鲁克斯的图表显示，在 20 世纪的第一个十年里，通俗杂志对科学的报道有所减少，我的调查也显示，在两次世界大战之间的岁月里，科学的报道甚至更少。这些杂志提供的是娱乐而不是指导，它们似乎对科学越来越不感兴趣，尽管更引人注目的技术成就可能会吸引一些读者的注意力。在这种情况下，一本致力于科学的真正通俗的杂志将很难成功，而更严肃的出版物的市场可能更加有限。

科学杂志面临的困难与前几章所述的自学书籍和期刊的成功形成了鲜明对比。愿意花一点精力在娱乐的同时获得指导的更严肃的读者形成了一个独特的社会阶层，他们的兴趣与那些不那么坚定的公众截然不同。显然有足够多的严肃读者来维持我们看到的系列图书，一些科学家和出版商希望同样的读者也愿意订阅一本专门的大众科学杂志。但事实上，在两次世界大战之间的岁月里，大众科学杂志很难赚钱。显然，购买教育书籍的读者不想要科学杂志中更“新闻性”的内容，至少他们除了在书籍上的花费外，不想再支付每月的订阅费。实际上，每2周出版一次的连载作品吸收了这类读者能够负担得起的定期花费的有限资金。

人们可能会认为，杂志出版商面临的额外困难来自我们所谓的大众科学和科学新闻之间的区别。自我教育文献中呈现的大众科学并不是由当前研究前沿发生的事情来界定的。大多数教育书籍从头开始介绍科学，在转向更成熟的方面之前，会在每个领域都帮助读者建立起坚实的基础。只有在最后它们才有可能介绍最新的发现。出版社需要一年或更长的时间来准备书籍，所以读者不能期望其涵盖最新的研究。相比之下，科学新闻可以在周刊甚至月刊上以最新的方式呈现。它会包括对最新研究结果的简化描述，以及对其更广泛影响的评论。科学家不是通过系统阅读来建立基础的，而是通过实验室所做的工作。科学家们需要自己专业领域之外的科学新闻，但他们不希望这些新闻被平凡化，也不需要用这些新闻来充当理解最新进展所需的背景。但是，对于普通读者来说，科学新闻越来越需要引起轰动——与此同时，文章中必须提供一些背景，以便读者能够理解为什么最新进展如此具有革命性。毫不奇怪的是，这是最难写的一类大众科学文章，而且背景往往容易被省略，新闻的意义往往以让科学家们很恼火的过于简单化的方式来宣布。

然而，仔细观察我们就会发现，系统的大众科学写作和科学新闻之间的明显区别消失了。这两个领域只代表了一系列表现风格的两个极端。教育文献的作者通常会以对最新进展的介绍作为结束语，在许多情况下，这涉及的研究仅在必要的出版延迟方面远远落后于科学新闻。相反，通俗杂志报道最新发展，需要在现有知识的基础上提供一些信息，以便让读者能够了解什么是新的。科学新闻是一种非常特殊的科学写作，但它与教育形式的大众科学写作并不像我们想象的那样截然不同。J. G. 克劳瑟将他的著作《宇宙的轮廓》（*An Outline of the Universe*）描述为“科学新闻的一篇短文，因为（本文描述了）仍然足够新而定义不清的一个行业”。他的意思是，这本书评论了科学的社会影响——涵盖的主题范围类似于任何传统的自我教育调查。科学记者撰写的文章可以汇集成一本大众科学读物，这一事实表明，这两种体裁之间存在着连续性。大众科学总是既提供传统科学的基础，又提供最新进展的介绍。科学新闻只是更积极地关注最新的进展。

这些杂志面临的真正问题似乎是，它们的潜在读者群各不相同，而且没有一个读者群大到足以产生利润，位于最严重的一端的是专业科学界。现在《自然》杂志很好地满足了它的需求，但《自然》杂志所承载的新闻和评论不太可能引起任何不是专业科学家的人的兴趣。正如加里·沃斯基（Gary Werskey）指出的那样，在第一次世界大战后与工党“调情”之后，《自然》杂志转而宣扬 H. G. 威尔斯和受过科学训练的精英政治倡导者青睐的精英意识形态。但是，在威尔斯强烈要求并为有科学素养的公众写作的地方，《自然》杂志对科学家应该参与这种互动的想法表示怀疑。它确实提供了关于科学的一般性评论，并向作者支付了最低的商业费用。朱利安·赫胥黎抱怨每篇专栏文章的报酬只有 10/–，而他得到的报酬是 15/–。编辑理查德·格雷戈里指出，出版商麦克米伦不会支付更多费用，因为它已经通过承担所有的办公费用来补贴期刊了。《自然》杂志偶尔发表有关大众科学图书的评论，但并不鼓励科学界的大众参与。1930 年，一篇关于八本大众科学书籍的书评引用了克劳瑟的说法，即科学想象力和文学想象力以不同的方式发挥作用，这是对那些追求“新闻业奢侈的生活”的科学家的警告。

然而，科学家自己也需要了解自己专业领域以外的研究，而《自然》杂志并不总是提供他们所需要的知情分析。还有一个覆盖了科学界的边缘读者的更广泛的市场，这些读者包括那些受过基础科学训练、在工业界工作或担任学校教师的人。《科学进展》就是为了开发这个相当专业的市场而创建的。第一次世界大战后，新杂志《发现》最终吸引了同样的读者群，尽管它创办的初衷是希望触及由那些通过自学对科学产生兴趣的人组成的更广泛的读者群。“严肃”读者的另一个潜在市场是许多对博物学和天文学等领域有着浓厚业余兴趣的人。新的技术潮流，如收音机，为可能的杂志开辟了受众，只要这些“小玩意儿”可以在家里制造。但这些读者群代表了很难合并的专业的生态位。自然爱好者不想要关于最新小玩意儿的新闻，技术怪胎并非必然对野生动物感兴趣，也不想要太多的理论科学。

有专门迎合这些特殊兴趣群体的杂志，但出版商希望，也有一般科学杂志的空间，它针对的是已经从上述章节中描述的文献里积累了一些科学知识的读者。这样的读者渴望填补他们背景知识的空白，并与新的进展保持同步——前提是这些材料能够以足够的非技术性语言提供。有几家杂志试图满足这一市场，尽管在这里，引入在职科学家作为作者的诱惑似乎不如在图书出版领域那么成功。第一次世界大战之后，《征服》和《扶手椅上的科学》都试图触达更广泛的读者群，但只取得了有限的成功。这类读者偶尔会买一本科学自学书籍，甚至是每两周一次的系列丛书，但他们没有足够的兴趣去订阅一本对整个范围的科学主题只提供了信息片段的杂志。

第一次世界大战之前的杂志

20 世纪初，三本创办于维多利亚时代晚期的相对严肃的大众科学杂志仍然活跃，不过《科学八卦》（*Science Gossip*）于 1902 年停刊，另外两本——《知识》和《科学新闻画报》（*Illustrated Science News*），于 1904 年合并，并一直存活到第一次世界大战初期。在一个非常不同的层面上，《大众科学筛选》继续为普通读者提供大多数科学家憎恶的那种耸人听闻的“新闻”。对于半专业的市场端来说，约翰·默里在 1909 年创建了《科学进展》，该杂志也幸存了下来，直到因战时紧缩而关闭。这些杂志揭示了出版商必须瞄准的潜在读者群的复杂性，以及试图让读者保持足够的忠诚度以坚持每月购买大众科学杂志的手段。在新世纪的最初几年里，这种明显的张力是大众科学杂志市场的通病，只是在 20 世纪 20 年代创办替代杂志时再次出现而已。值得注意的是，第一次世界大战中唯一幸存下来的杂志是刻意平民化的《大众科学筛选》。

19 世纪 60 年代，哈德威克和博格出版社（Hardwicke and Bogue）创办了《科学八卦》。这是一个月刊，主要针对对博物学感兴趣的人。1894 年该月刊推出了一个新的系列，由约翰·T. 卡林顿（John T. Carrington）编辑。新系列第一期中的公告强调，它本质上是一本服务于初学者和业余爱好者的杂志，是“我们相互指导和娱乐的合作事业”。读者被鼓励着以简短笔记的形式提交自己的观察，尽管大多数实际的文章写得更专业，包括罗伯特·鲍尔爵士、阿尔伯特·冈瑟（Albert Gunther）、G. J. 罗曼尼斯（G. J. Romanes）、菲利普·卢特利·斯克莱特（Philip Lutley Sclater）、哈里·戈维尔·西利（Harry Govier Seeley）和 A. C. 哈顿在内的许多著名科学家都承诺为其供稿。在为新系列做广告的另一则布告中，卡林顿还宣布，该杂志将扩大其范围，以涵盖更广泛的科学领域。天文学现在有了自己的一个版块，在接下来的几年里，增加了新的版块，涵盖了大部分物理和生物科学。因此,《科学八卦》变成了一个混合体，既有普通科学杂志的功能，又为业余博物学家提供了更专业的信息来源。

在给读者的另一份布告中，卡林顿明确地试图为他的杂志定义不同的受众。最大的团体由业余爱好者组成，他们是塑造公众对科学兴趣的真正力量，还有一小群严肃的收藏家，包括一些可以与科学精英互动的专家。这本杂志是针对所有这些群体的，但它的主要目的是帮助收藏家和初学者研究自然。1901 年发表的一篇社论承认，编辑和定期撰稿人都没有报酬，这似乎证实了这是一本由业余爱好者撰写并为业余爱好者服务的杂志。它可能是在小本经营，这取决于出版商的善意。这篇社论包含了一个绝望的请求，希望读者鼓励他们的朋友订阅——显然没有成功，因为该杂志在第二年就停刊了。

还有一本起初试图同时满足普通读者和专业读者的杂志是《知识》。1881 年，著名天文作家理查德 · A. 普罗克特创立了该杂志，最初是作为《自然》的竞争对手。普罗克特的意图是在新出现的专业科学家与天文学中仍然强大的古老业余传统之间保持平衡。但他的杂志很快就采用了月刊的形式，并放弃了吸引专业科学家的任何希望。非专业读者受到了这一方针的诱惑，正如扉页上宣称的那样——文章“措辞清晰”，主题“准确描述”。虽然涵盖了许多科学领域，但天文学是其主要的重点。到世纪之交，该杂志的编辑是一位专业的天文学家——皇家天文台的沃尔特 · 蒙德。然而，1904 年年初，现有的编辑团队突然宣布“由于其他职责的压力”而辞职，并请求读者支持其竞争对手——后来并入到《科学新闻画报》(*Illustrated Science News*)之中的该杂志的新版本。一期名为《知识与科学新闻》的新系列于 1904 年 2 月以 6 便士的价格出版，由梅杰 · B. 贝登堡(Major B. Baden-Powell)和 E. S. 格鲁编辑。第一期的导言指出,《知识》中通常包含的所有科学版块都将保留。这意味着不仅天文学、植物学、动物学和博物学将继续，而且起初是《科学新闻画报》的范围的有关物理学和应用科学的素材也将被添加进来。他们还希望能增加化学和电学的内容，从而使该杂志能够覆盖大部分科学领域。它仍然有很好的插图，有许多照片，其中一些占据了整整一页。

沃尔特 · 蒙德继续担任天文学的主要撰稿人，文章一般由专业科学家或(天文学和博物学)业余专家撰写。动物学笔记的作者是理查德 · 莱德克尔，他自 19 世纪 90 年代以来也撰写了较长的文章。W. P. 派克拉夫特于 1904 年 5 月开始撰写一系列鸟类学笔记。该杂志偶尔会刊登一些主题广泛的文章，有时是由古生物学家阿瑟 · 史密斯 · 伍德沃德等知名人士撰写的。9 月那一期总是会报道英国科学促进协会的年会。1909 年 12 月，一篇社论宣布杂志的编辑安排发生了变化，引入了更具权威性和重要性的撰稿人，并声称将对物理科学和显微镜给予更多关注。威尔弗里德 · 马克 · 韦伯(Wilfrid Mark Webb)接任编辑一职，仍由格鲁协助。1910 年 5 月的一篇社论列出了新的助理编辑名单，包括天文学领域的 G. F. 钱伯斯(G. F. Chambers)、南安普顿的植物学教授 F. 卡弗斯(F. Cavers)和动物学领域的 J. 亚瑟 · 汤姆森。社论发表后，伦敦大学校长亨利 · A. 迈尔斯(Henry A. Miers)撰写了一篇文章，哀叹专业人士和业余爱好者之间的鸿沟，并强调有必要迎合那些准备花一些时间吸收知识的严肃的普通读者。然而，事实上，这些文章现在越来越多地针对初学者而不是高级读者，并且在天文学和博物学方面还经常有对业余摄影师的争夺。

当第一次世界大战开始时,《知识和科学新闻》断断续续地保留到了 1915 年，到 1916 年，每一期的规模开始减少。1917 年只有两期，第一期刊登了一篇社论，抱怨战时条件造成的问题，并感谢所有同意无偿提供服务的撰稿人。1917 年 10 月至 12 月的最后一期宣布，下一期将于 1918 年 2 月出版，但实际上从未出版。因此，持续了 35 年的《知识》因外部环境而结束，尽管前几年在人员和形式上的众多变化表明，它长期以来一直在努力平衡对科学感兴趣的各类读者的需求。

一个潜在的读者来源被 1906 年创办的一份更专业的期刊抢走了，该期刊旨在为在职科学家提供整个学科进展的概述。这就是约翰·默里在医学作家 N. H. 阿尔科克（N. H. Alcock）和伦敦大学生理学实验室（Physiology Laboratory of London University）的 W. G. 弗里曼（W. G. Freeman）的主编下推出的《科学进展》。19 世纪 90 年代，曾有一本杂志以这个名字出版，现在它又恢复了，因为最初的咨询委员会认为，人们普遍对它没有继续存在感到遗憾。新版本是季刊，最初定价为 5/–，旨在用非技术语言提供最新进展的实质性概述和评估。尽管最初主要面向希望跟上其他领域进展的在职科学家——一篇社论指出，对于那些在帝国偏远地区工作的人来说，它尤其有用，但它也可能吸引了学校教师和其他对科学有浓厚兴趣的人。这一次，这个方案似乎起了作用，后来的几卷增加了书评和简短的笔记，作为专门撰写的调查的主要组成部分。后来的编辑包括 J. 布伦特兰·法默尔和罗纳德·罗斯爵士——后者从 1913 年开始担任该职位，直到 1932 年去世。1913—1914 年关于科学工作者协会（Association of Scientific

Workers）要求的一系列文章表明了该期刊与科学界之间的密切联系。罗斯去世后，该杂志于 1933 年由爱德华·阿诺德（Edward Arnold）接管，他将价格提高到 7/6d。它的价格一直很高，这使得普通读者根本买不起，但它在科学界的地位仍然稳固，今天仍由布莱克韦尔出版社（Blackwell）出版。

在市场的另一端是《大众科学筛选》，由查尔斯·海厄特·伍尔夫（Charles Hyatt Woolf）创立于 1891 年，以延续非专业科学为主责，在整个维多利亚时代，这种科学在更有文化的工人阶级中蓬勃发展。它的定价仅为 1 旧便士（战后为 2 新便士），用廉价纸张印刷，但配有大量插图，发行量很快就达到了 2 万份。它在话题和专题上兼收并蓄，包括竞赛、关于专利药品的建议（和大量的广告），以及关于专业科学家可能认为过时甚至是完全虚假的主题的文章。直到 1924 年，该杂志还刊登了一篇由 F. P. 米勒德（F. P. Millard）医生撰写的关于面相学的头条文章，不仅比较了不同性格类型的人的面部轮廓，还比较了不同种族的人的面部轮廓。同一期杂志还刊登了一篇由 J. 米洛特·塞文（J. Millot Severn）撰写的关于颅相学的文章。塞文是一位颇受欢迎的颅相学家，自该杂志创刊之初就为其撰稿。该杂志从伪科学转向了真正的极端分子，一篇匿名文章根据维也纳的汉斯·赫尔比格（Hanns Hoerbiger）博士的“宇宙冰”理论预言了世界的灾难性末日，该理论认为行星际空间充满了大块的冰。杂志还会刊登关于发明和应用科学的文章，偶尔会提到专业科学家正在研究的主题，包括放射性，但这些都是以一种会惹恼专业人士的过分简单化的方式描述的。实际上,《大众科学筛选》热衷于那些能够迎合人们对于轰动性或自然常见信念的简单解释的话题，公开挑战了学术界。专业人士似乎完全忽视了这本杂志——他们想让大众对自己的工作产生兴趣并获得支持，但是他们最不需要的就是通过承认人们仍然普遍需要一个更简单的模型来说明科学可能是什么而把水搅浑。

两次世界大战之间的岁月

《大众科学筛选》拥有足够强大的读者群，足以让它在战争年代幸存下来。最终该刊于 1927 年停发，表明自维多利亚时代晚期的全盛时期以来，一本致力于真正平民主义科学模式的杂志的市场已经慢慢萎缩了。在任何情况下，科学家和出版商都不会对这种平民主义模式感兴趣，他们想要反映的是主流科学取得的成就，以及专业科学界正在发生的事情。他们面临着一项艰巨的任务，即努力在娱乐和教育之间保持平衡，以满足多样化的读者群，其中包括自学读物的读者，但出于商业原因，他们需要扩展到更广泛的公众中。

《科学进展》除了希望影响到学校教师，还专注于专业人士，以至于无法对大众科学杂志的市场产生太大影响。这意味着，随着 1917 年《知识和科学新闻》的崩溃，英国进入了没有一本致力于向普通读者推广正统科学的杂志的战后时代。然而，有一种感觉是这种杂志的潜在市场正在增加。富裕的工人阶级是一个明显的目标，特别是许多归国军人非常清楚现代技术的巨大影响。填补这一空缺的两本互相竞争的杂志——1919 年的《征服》和第二年的《发现》，几乎立即就出现了。在这两本杂志中，《征服》在语气上更倾向于平民主义，试图将科学家对其工作的描述与更直接地针对普通读者兴趣的材料结合起来。《发现》在很大程度上是科学界传播科学在现代文化中的作用的一种特定愿景的尝试。它之所以能幸存下来，很大程度上是因为出版商出于非商业考虑予以支持。1919年，在伦敦城市学校的G. H. J. 阿德拉姆的主编下，《学校科学评论》创刊，以学校科学教师为代表的更专业的读者群被默里逼入了绝境。这吸走了大部分受过高等教育的潜在读者群。

英国大众科学杂志市场的不稳定状态，可以从1927年《发现》吞并了《征服》这一事实来判断。两年后，又有一本杂志试图挖掘公众对科学实际应用的兴趣，其标题表明了其内容的轻松性质:《扶手椅上的科学》。在发明家和著名作家A. M. 洛教授的定期投入下，这本杂志通过着重于关注新技术在日常生活中可能发挥的作用而生存下来。

《征服》于1919年11月首次面世，定价为1/–，并吹嘘说它有全彩封面，副书名是《一本现代奋进杂志》（*A Magazine of Modern Endeavour*），很快就改为更明确的《大众科学杂志》（*Magazine of Popular Science*）（图9–1）。它是由无线出版社（Wireless Press）的办公室出版的，该出版社专门出版有关无线电的书籍，尽管为了避免给人留下它只是一本无线电杂志的印象，该出版社的名字没有出现在封面或扉页上。编辑是珀西·W. 哈里斯（Percy W. Harris），似乎没有受过任何科学训练。他急于向读者保证，任何人都可以阅读这本杂志:“我们都有在安乐椅上度过的闲暇时间，如果在这些闲暇时间里,《征服》能为你提供你渴望已久的信息，并以有趣和可读的形式呈现出来，那么我们的目的就达到了。”他解释说，标题指的是“对科学、工业和发明的征服”，并强调了应用科学通过无线电、飞机等节省劳动力的设备和技术改变日常生活的力量。同时，他也认识到了许多读者因为对最新的理论进展缺乏了解而产生的自卑感:“你想知道科学家们

图 9-1 《征服》封面，1923 年 4 月，一个穿着古典服装的男孩戴着耳机听广播。（经剑桥大学图书馆辛迪加许可）

在提到‘电子理论’时在说些什么吗？我们将给你一篇文章，它将会用几页的篇幅，告诉你许多沉闷艰深的大部头著作的要点。”

杂志的内容反映了对科学与日常世界的关系的强调，对“大问题”的充分报道让读者感到自己一直与科学保持着联系。该杂志刊登了关于伦敦地铁的文章、关于飞机的文章、关于无线电的文章，以及类似的技术奇迹，也刊登了关于博物学和医学兴趣主题的定期专题报道。它通过提供由弗兰克·T. 阿迪曼（Frank T. Addyman）撰写的“家庭实验”专栏，以及解释日常现象和最新小玩意儿背后的科学专题，鼓励读者参与到科学之中，与科学“打成一片”。在后来的几卷中，该杂志设置了关于摄影和无线电的专栏、关于读者来信和问题以及竞赛的版块。动物学家 R. I. 波科克定期撰写有关“感兴趣的动物”的文章，偶尔也会描述重大的理论争论，尽管是以高度简化的形式撰写。在 1920 年 1 月的第三期中，“主笔职位”（“Editor’s Chair”）专题评论了英国天文学家进行的日全食观测（该观测于 1919 年 5 月进行，并经过研究者们半年多的分析，验证了爱因斯坦广义相对论的正确性），但抱怨新闻报道不够清晰，不利于传播。该评论引导读者阅读杂志刊载的查尔斯·戴维森（Charles Davidson）的文章，它提供了近十页的阐述，包括对相对论基本原理的非数学解释。下一期包含了波科克对有争议的人类起源的眼镜猴理论的评价。然而，在后来的几年里，这种对高深理论的探索逐渐变得不那么常见了。后来的几卷包括关于探险和考古学的文章。《征服》努力在高科技的简化描述和专注于技术为普通人提供什么的更实用的方法之间保持平衡。

这本杂志是如何在文章的准确性和可及性之间取得平衡的？从一开始，它就呼吁人们提交文章以供审议，1926 年 9 月，在标题改为《现代科学》（*Modern Science*）之后，它再次呼吁“那些从事研究的读者，或者虽然不一定积极关注研究但处于能够传播科学调查的结果这一位置或提供《现代科学》所属范围内的文章的人”。总是有很大一部分文章的作者被认定为具有科学方面的学术资格或专业职位。对最后一卷（1926 年第 7 卷）的调查显示，有 31 位作者属于这一类别，其中 23 位作者没有专业知识方面的证据。然而，很大一部分文章——尤其是关于更实际的主题的文章，是匿名的，这些文章也可能是由没有正式资格的作者撰写的。同样明显的是，即使在具备技术资质的作者中，也很少有一流的。动物学家波科克和电气工程师安布罗斯·弗莱明（Ambrose Fleming）爵士定期为该杂志撰稿，赫胥黎和霍尔丹等知名人士偶尔也会发表文章。但这样的大人物变得越来越稀少，因为杂志转向了一种更受欢迎、更耸人听闻的方式。包括弗雷泽–哈里斯（D. F. Fraser–Harris）、J. W. N. 沙利文和 C. M. 杨格在内的知名科学作家的文章源源不断，他们知道如何挖掘大众的兴趣。

起初，编辑流露出自信，认为《征服》成功地回应了真正的公众需求。在《〈征服〉已被征服》的标题下，第三期报道了一名男学生的故事，他展示了通过阅读该杂志获得的科学知识，第五期则刊登了一名年轻女子在化装舞会上穿着由《征服》封面制成的服装的照片。1921 年 6 月的封面宣称发行量为 15 500 份。然而，几年后，一切都变得不那么顺利了。《征服》在封面的格式上有了一些变化，从 1924 年 4 月起，这些就不再是全彩色的了。1925 年 1 月，随着出版商伊利夫父子公司（Iliffe and Sons）的接管，其印刷尺寸缩小了，页面分为三栏印刷。1926 年 4 月，该杂志更名为《现代科学》，并在前一期的一则通知中指出，不断变化的环境使得原书名过于“不确定”，以至于无法让潜在的读者识别。这一年的最后一期也是该杂志以独立形式出版的最后一期。这一期的中间有一则通知，提醒读者它正在被并入《发现》。鉴于竞争对手在如何将科学呈现给公众的问题上有着非常不同的观点，根据日常读者的兴趣进行写作的方针已被证明是难以为继的了。

《发现》是由精英科学团体创立的，目的是促进该团体的科学愿景及其在社会中的作用。它的灵感来自第一次世界大战期间激烈的“忽视科学”的辩论。历史学家把它描绘成一种用来说服普通读者的手段，让他们相信关于世界的新真理是一次伟大的智力和道德冒险。根据这一观点，该杂志旨在把科学展示成一种没有受到其实际应用所污染的纯粹的活动。因此，它宣传的是一种与《征服》截然不同的视角，这两本杂志在如何看待科学并将其用于公共利益方面持有相互对立的观点。事实上，它们之间的鸿沟并没有那么大:《征服》确实努力涵盖理论创新，而《发现》确实有一些应用科学。两者都将科学发现与地理探索和考古学等其他领域的发现联系起来。它们之间更明显的区别在于呈现的风格和使用的作者。《征服》包括一些来自专业科学家的材料,《发现》则完全由活跃的研究人员撰写，他们通常在大学工作。这是在开展普及方面一个自上而下的方法的典型例子,《征服》很少用这样的技巧来吸引普通读者。《征服》没有关于广播如何工作的简短片段，没有测验，也没有回答读者的问题。它虽然有对科学的伦理和社会影响进行的严肃的讨论，但讨论的形式通常会引发专业科学家的关切。当《征服》被并入《发现》中时，对科学进行更平民化的阐释的市场就空了。

《发现》的书名借用了《自然》杂志编辑理查德·格雷戈里1917 年的著作。《发现；或者，科学的精神和服务》是在关于科学目的的更广泛辩论的背景下写成的。一些精英科学家希望将科学作为智力和道德教育的基础来推广，就像经典著作提供的东西一样有价值。J. J. 汤姆森曾担任一个政府委员会的主席，该委员会负责调查科学在教育中的作用，他一直是这场辩论的焦点，在新杂志中向更广泛的公众展示的正是他这种对科学的道德作用的精英观点。

《发现》于1920年1月推出，由约翰·默里以6d的价格出版。副标题宣称它是一本通俗的知识月刊，并强烈地暗示这不仅仅是一本科学杂志。科学将在我们更多地了解自己和所处世界的一般过程中发挥重要作用。作为皇家学会的主席，汤姆森是受托人之一，与他一起的还有英国国家学术院院长（为了表明人文学科也参与其中），以及著名的牧师威廉·坦普尔（William Temple）。编辑是 A. S. 罗素，一位来自牛津大学的物理学家，他也定期撰写稿件。另一位受托人——来自剑桥大学的植物学教授 A. C. 希沃德也是如此。第一期社论清楚地表明，该杂志将报道“正在积极进行调查的主题取得的进展”。它将“由能够在自己的知识领域发表权威言论的撰稿人用简单明了的语言撰写”。专家，而不是记者，是报道他的发现的最佳人选，他有责任向更广泛的受众传达信息：“我们认为，通常情况下专家在向同行传达自己的成果时，应该做进一步的工作，通过书籍、小册子或文章以易于理解的方式向普通人解释同样的结果。”

尽管管理委员会中有许多非科学家，但科学发现始终是该杂志的支柱。该杂志总是有关于探险和考古的文章——既是为了维护作为更广泛活动的一部分的科学的外表，也是为了确保出版商约翰·默里的善意。即使在第一期中，科学也占据了一半以上的篇幅，在几年内上升到了 90%。它对应用科学进行了大量报道，也没有掩盖科学与战争之间的联系。第一期的关于海上烟幕和火炮声音测距的文章，导致有人抱怨过于强调科学的军事应用了。随后的几期涵盖了工业气体、航空学和无线电接收干扰等实际问题，但《发现》并没有像《征服》一样，持续不断地阐述日常小玩意儿背后的科学。科学能够揭示世界奥秘所带来的智力上的兴奋一直是一个突出的主题，许多科学界的大人物都有机会向世界传达他们的想法。在较早的几期中，亚瑟·霍姆斯写了关于地质年代的文章，哈罗德·杰弗里斯写了太阳系的起源的文章，赫胥黎写了遗传的文章以及他对生长的研究的文章。

在接下来的几年里，《探索》获得了一个以一张照片为特写的更具吸引力的封面，尽管价格很快涨到了 1/-。罗素被一系列编辑取代了，尽管他仍然是科学顾问，并继续撰写文章。1926 年，出版商发生了变化，欧内斯特·本接替了默里，并任命受过医学训练的约翰·本（John Benn）为编辑。1929 年,《探索》引入了一个新的专题，其中，杰出的科学家预测了在他们的领域中可能发生的事情，第一个是生物学家 J. 亚瑟·汤姆森。1932 年 5 月，詹姆斯·查德威克在罗素写的关于中子发现的文章中为自己辩解。20 世纪 30 年代见证了与科学有关的道德和社会问题的报道的增加。1931 年 12 月，爱丁顿的名字出现在了封面上，为一篇题为《科学与人类经验》（“Science and Human Experience”）的短文做宣传。1933 年年底，达勒姆主教汉斯莱·汉森（Hensley Henson）写了一篇关于科学与宗教的文章，并警告说“脱离伦理的科学可能给人类带来无法估量的灾难”。随后，整个系列都是关于这个主题的，对此供稿的有赫胥黎、霍尔丹、希莱尔·贝洛克、阿尔弗雷德·诺伊斯（Alfred Noyes）、阿尔弗雷德·尤因（Alfred Ewing）爵士，以及 W. R. 英奇（W. R. Inge）。贝洛克的名字用大号字体印在了第一期杂志上，封面也经过了重新设计。

1938 年 4 月,《发现》转到剑桥大学出版社，由 C. P. 斯诺担任编辑。在一个研究项目出了大问题后，斯诺正在放弃科学事业而投身写作的过程中——他 1934 年的小说《搜索》（*The Search*）虚构了类似的情况。杂志的价格仍然是 1/-,但开本更小——尽管现在有大量的照片。在一篇社论中，斯诺宣称该杂志的使命是触达门外汉，但他明确表示，重点将是报道科学领域的最新发现。如何将深奥的思想传达给公众的问题仍未解决。乔治·伽莫夫的“汤姆金斯先生”系列文章于 1938 年 12 月开始连载。1939 年 7 月，斯诺评论说如此多的大众科学文章均未能实现其目标。伽莫夫知道如何帮助人们理解现代物理学中更矛盾的方面——但他能为整个科学做到这一点吗？霍格本的《公民的科学》是意欲实现这一目标的唯一一部严肃的作品，即便如此，斯诺也认为，由于对科学的宣传过于狭隘，他也失败了。战争迫在眉睫，杂志也刊登了有关于空战和铀弹前景的社论。1940 年 3 月，经过六个月的战争，剑桥大学出版社的委员们不情愿地决定停刊，希望该杂志能在战争停止后重新发行（事实上，该杂志在战争结束前的 1944 年 1 月就重新发行了）。

因而,《发现》就这样幸存了下来，许多科学家，包括一些杰出的科学家，都为它写了文章。但是，他们在触达据推测对科学知识充满渴望的更广泛的受众方面取得了多大的成功？最初的销售确实充满希望——第一期卖出了 18 000 份。但到 1923 年，它迅速而稳定地下降到 4000 份。由此可见，不可避免的情况是许多最初可能拿起它的人发现它并没有达到他们的期望。1932 年，A. S. 罗素试图为门外汉阐明正在扩展的时空的观念，这引起了一位读者的愤怒回应。尽管这位读者受过应用科学的教育，但他发现罗素的叙述与门外汉对现实的看法相去甚远，简直是官样文章。

当该杂志在 1940 年停刊时，斯诺的告别社论承认，如果财务状况良好，它就不会停刊，并指出它在整个存在期间一直在挣扎。尽管它的新版本获得了 2 倍的读者和 4 倍的固定订户，但离收回成本还有很长的路要走。虽然拥有一小部分热心读者，但斯诺承认，该杂志未能触及许多可能感兴趣的人。它在科学家中很受欢迎，斯诺认识到这对科学普及这整个议题来说具有重要意义。对于如何经营一本通俗杂志，有两种截然相反的观点。有人认为，必须认真对待这一主题，以吸引那些已经对科学有所了解并希望获得详细信息和知情评估的读者。实际上，这就是《发现》所采取的方向，其结果是它从未吸引过广泛的读者。另一种观点是为真正的非专业读者写作，他们对细节和技术细节的耐心可能有限。这是《征服》采取的策略——《发现》杂志吸收了这一策略，但没有对这类读者做出任何重大让步。斯诺认为，瞄准如此广泛的知识领域可能是一个错误——更直接地专注于科学可能会更好。更重要的是，要让这样一个项目成功，写作必须在风格上更简单，“尽管找到能够真正简化科学的作者并不容易”。实际上，科学家很难被控制，因为他们不能在这个水平上写作，而且大多数人可能不愿意参与一本真正的平民主义杂志。当《发现》在1944年重新发行时，它是一本针对严肃读者的杂志。

为了生存下来，《征服》试图获得更广泛的受众，并稳步走向低端市场。最后它失败了——这是因为读者太少而无法支持这个项目，还是因为《征服》杂志有太多超出了普通读者的理解范围的专业科学家的文章？《发现》杂志几乎没有努力去接触更广泛的受众，保护愿意将一本“严肃”的科学杂志当作税款冲销的出版商。如果科学家想要制作这样一本杂志，可能会控制它的内容；但如果它充当了一种将科学带给人们的实用手段，就无法接触到真正需要被吸引的人。如果要做出新的努力来实现这一目标，就必须由那些在科学界之外工作的人来完成——无论科学界是否认可这些结果。

1929年，《扶手椅上的科学》的推出填补了《征服》消亡后留下的空白，这一次，专业科学家的投入很少。这个计划起源于A. M. 洛“教授”，他现在已经在媒体上获得了发明家和大众科学作家的名声。洛受到了科学界的鄙视，不仅由于他并不是一名真正的教授，也因为他代表的正是专业人士在争取对政府和行业的影响力时希望超越的那种个人主义，以及修修补补的实用专业知识。洛设想的大众科学杂志将不可避免地忽略大多数科学家，并将淡化重大理论问题，而专注于应用科学。他声称，构思这个项目的部分原因是为了帮助年轻科学家，他大概指的是像他这样的发明家。他得到了工程师珀西·布拉德利（Percy Bradley）（后来成为第一任编辑）和汽车与航空先驱 J. T. C. 摩尔–布拉巴松中校（J. T. C. Moore–Brabazon）——后来的塔拉布拉巴松勋爵（Lord Brabazon of Tara）的支持，后者帮助安排了据称来自 J. S.（杰克）考陶尔德［J. S.（Jack）Courtauld］的 5 万英镑的财政支助。他们成立了自己的办公室，并于 1929 年 4 月开始出版，第一期定价为 7d。封面明亮而吸引人，展示了一位科学家在他的显微镜前工作，一条链子连接着一位坐在扶手椅上舒适地阅读的人（图 9–2）。

这本杂志的宗旨从一开始就写得很清楚。有人认为，在过去的五六年里，普通百姓对知识产生了新的渴望，这在一定程度上要归功于无线电广播的引入。但该杂志并没有在恰当的水平上向读者提供有关科学和发明的知识："我们相信，如果这件事能以一种合理、紧凑和令人愉快的形式被讲述并且让公众对这些东西的吸收成为一种乐趣的话，那么公众是渴望阅读关于'为什么'和'如何'的科学知识的。""提供"知识的方式至关重要，这正是专业科学家失败的地方。该杂志认为："不幸的是，技术人员不能总是以公众可以理解的方式传播知识，所以我们的使命是为他做这件事。"《扶手椅上的科学》不会出现在科学家的图书馆里，但会出现在每个家庭的餐桌上。杂志在第二期声称，它将把科学"从只有高智商人士才能欣赏其音调的贝多芬氛围，转变为每个学会阅读的人都能欣赏的较低层次的爵士乐"。文章不要求"由科

图 9-2 《扶手椅科学》的封面，1929 年 4 月。这是一种有效的方式，表明该杂志的目标是将普通读者与实验室世界联系起来。（经剑桥大学图书馆辛迪加许可）

学界的大人物署名和撰写”，只要求“以每个人都能理解的方式撰写”。

知名人物和宽泛的理论问题并没有被完全禁止——第一期就有一篇关于原子结构的文章，第二期有一篇由 E. E. 福尼尔 · 达尔贝（E. E. Fournier d'Albe）撰写的量子理论的注释。但平民主义的基调是显而易见的：原子被描绘成旋转木马，或者（在放射性的情况下）被描绘成大炮，而达尔贝那篇文章的标题是《块状的光》（*Lumps of Light*）。大多数文章都是关于实用科学的，包括节食、人造丝的生产、无线电和电视项目。洛撰写了名为《在我的旅途中》（*On My Travels*）的定期专题。在专题的第一篇文章中，他预言了移动电话的发明，并抱怨了噪声污染（这是他认真研究的领域之一）。该杂志的 7 月刊和 8 月刊突出了大众媒体对谢尔盖·沃罗诺夫（Sergei Voronoff）博士的工作的争议（他声称用猴腺提取物使人恢复了活力）。一位女士称赞这本杂志帮助百无聊赖的家庭主妇了解她的电器是如何工作的。杂志中有谜题、戏法和对读者问题的回答。更严肃的社会问题偶尔也会被提及：一位天主教神父写了一篇关于科学和宗教的文章。

《扶手椅上的科学》有多成功？第一期刊登了神父致坎特伯雷大主教、哈罗公学（Harrow School）校长和一位议会议员的贺信，后者称赞该杂志填补了教育系统中一个可耻的空白。第五卷第一期声称杂志有了越来越多的崇拜者。到目前为止，洛还是编辑，尽管他从未在扉页上以这样的名字出现。他后来声称杂志的发行量达到了 8 万份，但这是一种夸张的说法——更能说明其受欢迎程度的是一份报告。该报告称，1934 年 1 月，在伦敦白城举办的一次面向学生的展览会上，该杂志在两周内售出了 5000 份。很久以后，布拉巴松勋爵承认，事实证明这本杂志是失败的。它的价格曾提高到 1/–，但在 1933 年 10 月降到了 6d，希望能影响到更广泛的公众。到 1938 年，最初的两栏格式已被三栏格式取代，同年晚些时候，采用了"方便的口袋尺寸"，使用了几个不同的出版商。文章越来越短，匿名的文章越来越多。现在，一稿多投的材料被广泛使用，其中大部分来自美国，因此该杂志在科学内容上具有了《珍趣》的特点，实际上取代了 1927 年关闭的《大众科学筛选》。它的这种角色一直存在到战争初期。1940 年 5 月，由于纸张供应有限，杂志的尺寸缩小了，当年的 12 月号是最后一期。因此，战时的限制既关闭了精英主义的《发现》，也关闭了平民主义的《扶手椅上的科学》，使英国再次处于没有一本大众科学杂志的境地。

特殊兴趣杂志

与科学有关的条目经常出现在一些与特定科学领域有明显联系的特殊兴趣的出版物中。博物学和天文学具有广泛的公众吸引力——一些报纸有关于这些主题的专栏，还有一些杂志更经常地刊登这方面的内容。哈威克（Harwicke）的《科学八卦》（上文讨论过）最初是一本面向严肃的业余博物学家的杂志，即使它已经变成了一本更普通的科学杂志，它也依然保留了这一功能。对于业余天文学家来说,《知识》也起到了类似的作用。这两本杂志都没有在战争中幸存下来，但在两次世界大战之间的岁月里，还有其他专门面向业余天文学家和博物学家的杂志仍然活跃着。无线电和电力等领域的技术期刊，无论是对于商人还是爱好者来说，都提供了基本的科学信息。一些男孩杂志也有关于科学和技术的专题。

1890 年，代表着业余天文爱好者利益的英国天文协会成立，很快就有了近千名会员。它主要专注于行星天文学，这类工作可以由严肃的业余观测者来完成。它负责协调大城市的天文学会的工作。有两位通俗天文学著作的领衔作家在这些学会中发挥了重要作用，他们是利兹的埃里森・霍克斯和爱丁堡的赫克托・麦克弗森。英国天文协会有一本刊登观测结果、书评和会议报道的杂志。格林尼治天文台的沃尔特・蒙德参与了该协会的创建，其期刊的职员和编辑几乎都是皇家天文学会的会员，这表明受过更高水平训练的天文学家仍然对与业余爱好者团体建立联系感兴趣。

杂志对业余博物学家的服务更好，这表明，尽管关系紧张，但专业动物学家和植物学家与业余共同体之间仍有持续的互动。这些联系往往通过地方的和全国的社团发挥作用。许多与此相关的杂志都是针对特定地区的读者的——《博物学家》(*Naturalist*)是英格兰北部的杂志，还有一本《苏格兰博物学家》(*Scottish Naturalist*)是苏格兰的杂志。编辑通常是在博物馆或大学院系工作的科学家，内容包括业余爱好者的观察报告以及技术文章。还有更广泛的文章——1919年,《博物学家》发表了沃尔特·加斯唐教授在约克郡博物学家联盟（Yorkshire Naturalists Union）发表的关于社会达尔文主义的主席演讲。这时的《博物学家》是由哈德斯菲尔德（Huddersfield）生物学讲师托马斯·伍德海德（Thomas Woodhead）编辑的。1933 年，它被利兹大学的两位讲师 W. H. 皮尔萨尔（W. H. Pearsall）和W. R.格里斯特（W. R. Grist）接管。《苏格兰博物学家》由苏格兰皇家博物馆（Royal Scottish Museum）的珀西·H. 格里姆肖（Percy H. Grimshaw）和詹姆斯·里奇（James Ritchie）编辑。《英国鸟类》(*British Birds*)是一本针对严肃的业余观察者的杂志，包含一些技术论文。该杂志由 W. P. 派克拉夫特——一位在大众科学写作中非常活跃的生物学家，以及 H. F. 威瑟比（H. F. Witherby）编辑。两人都是英国鸟类学家联盟的成员。还有更多的鸟类学的专业期刊，包括《海雀》(*Auk*)和《朱鹭》(*Ibis*)，但除了最专业的观察者之外，这些期刊不会吸引任何人。

还有一本经常刊登博物学作品的期刊是《田野》(*Field*)，这是一份标榜自己是“乡村绅士报纸”的周刊。由于它涉及钓鱼和大型狩猎，因而也刊登了广泛的动物学主题的文章。自 19 世纪 80 年代以来，理查德·莱德克尔一直是一名定期撰稿人，利用自己关于哺乳动物的知识和在印度的经历撰写有关大型猎物的文章。在第一次世界大战前，他仍在为该杂志工作。与他一起工作的还有其他动物学家，如派克拉夫特和波科克以及海洋生物学家

J. T. 坎安宁（J. T. Cunningham）。除了完整的文章，这些作者还为名为“自然主义者”的每周系列贡献短文，同时还有许多业余爱好者提供了他们对野生动物的观察。第一次世界大战后，这一版块仍在继续，尽管频率较低。波科克定期提供有关伦敦动物园收到的新动物的消息。但与科学动物学相关的完整文章比较少，一个值得注意的例外是 E. 雷·兰克斯特在 1920 年发表的关于动物园大猩猩的文章，该文章与野生大猩猩的第一张照片有关。

无线电等新技术的进展也催生了一批又一批满腔热忱的业余爱好者，他们为书籍和杂志提供了现成的市场。最活跃的无线电杂志是《无线电世界》。由马可尼无线电报公司（Marconi Wireless Telegraphy Company）于 1911 年创办，刊名为《无线电报机》。最初，该杂志宣传无线电的商业应用，尽管它偶尔会刊登技术专家的科学笔记。1913 年，它更名为《无线电世界》。这是一份旨在促进“有关无线电报的科学和商业进展的思想交流”的月刊。它将是通俗的，而不是枯燥的和教育性的，“虽然我们计划刊登的信息将引起科学家的注意，但它不会超出一般公众的范围”。它仍然包含科学笔记和在国内外出版的无线电技术论文的摘要。但现在也有针对业余爱好者的版块，甚至还有一个聚焦于无线电使用的间谍故事。1920 年，它成为双周刊，价格从 3d 上升到 6d，同年 11 月，被吸纳为伦敦无线协会（Wireless Society of London）的机关刊物。1925 年，它采用了一种更大的版式。对业余爱好者的外展服务被认为是它的主要功能，这体现在一个新的副标题中——《无线电世界和无线电评论：每个无线电业余爱好者的出版物》（*Wireless World and Radio Review: The Paper for Every Wireless Amateur*）。该杂志仍然试图为读者提供无线电背后的物理原理，包括在 20 世纪 30 年代由 S. O. 皮尔逊（S. O.

Pearson）撰写的关于“无线理论简化”的扩展系列。它偶尔会刊登一篇像 J. A. 弗莱明这样的重要科学人物撰写的文章。

针对有实际爱好的男性，该杂志也刊登了一些关于应用科学和最新技术进展方面的内容。纽恩斯的《实用机械》（图 9–3）颂扬了航空等领域的新技术，并在 20 世纪 40 年代更名为《实用机械与科学》。即使是通常专注于非常实用的话题的行业杂志，也可能偶尔会刊登一位著名科学家的文章，比如 1932 年 10 月的

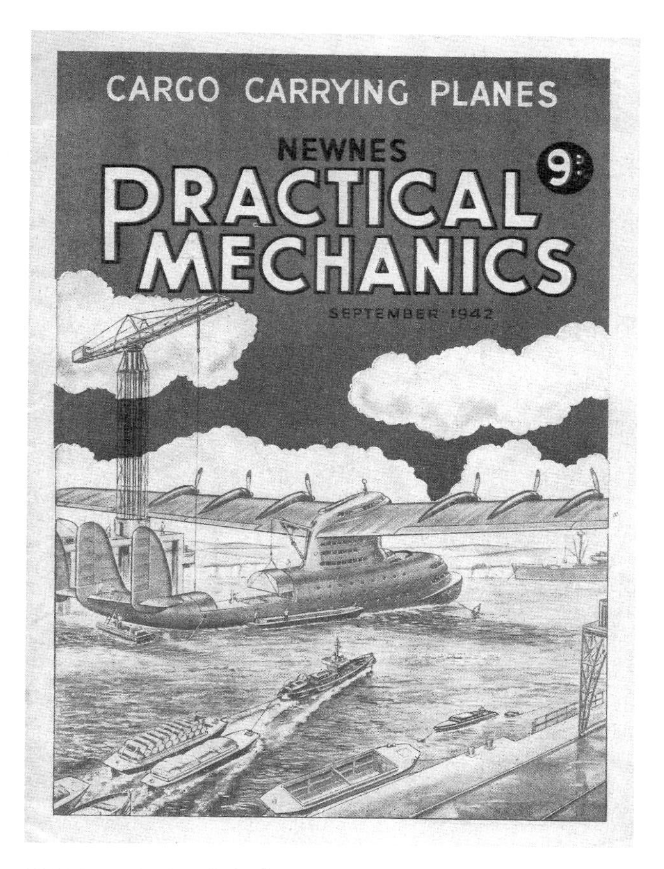

图 9-3　1942 年 9 月，纽恩斯的《实用机械》封面上的载货飞行船。这种对和平的技术进步的乐观看法是两次世界大战之间的典型——然而，这个特殊的例子出现在第二次世界大战的结果仍然悬而未决的时候。（作者的收藏）

《实用电气工程师》（*Practical Electrical Engineer*）第二期刊登了国家物理实验室（National Physical Laboratory）前负责人理查德·格莱兹布鲁克（Richard Glazebrook）爵士的一篇文章。

虽然没有专门针对青少年读者的科学杂志，但有迎合男孩对技术创新的兴趣的出版物，它们偶尔也刊登关于科学的专题材料。一个很好的例子是《麦卡诺杂志》（*Meccano Magazine*），它于 1916 年由一家流行玩具拼搭装备的制造商创办。它是由埃里森·霍克斯编辑的，他还写了大量针对儿童的科学和技术书籍。到 1930 年，该杂志达到了 7 万本的最高销量。它涵盖了模型及其原始机器，因此提供了有关飞机、船舶等的信息。它也包括科学方面的专题——不仅仅是更明显的应用科学领域。杂志文章是未署名的——霍克斯的政策不允许印上投稿人的姓名。但杂志涉及的范围之广令人印象深刻。从 20 世纪 30 年代早期抽取的样本来看，该杂志涉及的话题从海维赛德层（Heaviside layer）和欧文·朗缪尔（Irving Langmuir）的工作，到拉布瑞亚焦油坑（Rancho La Brea Tar Pits）的灭绝动物遗骸和人类化石。麦卡诺是这一时期最受欢迎的积木建造品牌。历史学家现在开始意识到，在这一时期，这些物品在吸引年轻人投身科学方面是多么重要，但由于篇幅有限，我无法在这里进一步讨论这个话题。

第 10 章 面向大众的科学

自我教育读物是在假设读者对了解科学感兴趣的基础上产生的，但大多数普通人并没有这样的兴趣，他们只是在日常阅读中偶尔接触到科学。在让他们了解科学及其影响方面，有什么可用的素材吗？流行杂志和报纸中有多少篇幅是关于科学的？是谁制作的（出于什么目的）？对第一个问题的简短回答是：令人惊讶的少。大多数人阅读是为了娱乐，他们并不觉得学习科学知识的前景很诱人。如果能引起他们的兴趣，那就要将科学与他们的日常生活联系起来，或者把科学变得夸大其词、耸人听闻。技术的最新进展，特别是任何快速移动的东西，如飞机或赛车，都令人兴奋不已。医学科学上夸大的说法也引起了人们的注意。但最令人兴奋的进展也可能是最令人震惊的，就像关于原子弹可能性的再三警告一样。

关于科学的信息和评论可以通过哪些途径传播给对理论辩论或技术问题没有特别兴趣的读者？市场上有针对知识精英的杂志和评论，这些杂志和评论在维多利亚时代提供了讨论科学的主要场所。这些期刊一直持续到 20 世纪，尽管影响力有所减弱。它们听取了精英科学家的意见，以及没有受过科学训练但能够敏锐地评论科学问题的作家的意见。并非所有来自科学界以外的评论都是对科学的发展持赞成态度的，但这样的质疑和争论只会触及很少的读者，即使是有影响力的读者。希莱尔・贝洛克估计，一份周刊需要 1 万份的发行量，再加上稳定的广告收入，才能有利可图，而大多数学术月刊的收入要少得多。

在更受欢迎的层面上，大众市场杂志的销量可以达到数十万。艾琳·麦克劳林–詹金斯（Erin McLaughlin–Jenkins）和彼得·布鲁克斯通过调查为我们提供了世纪之交几十年间这类期刊的科学报道相关情况。麦克劳林–詹金斯表明，有些杂志通过讨论科学界以外的主张来挑战专家的权威。在这里，专业科学家试图将其视为伪科学的东西仍然与主流发现的报道（通常是耸人听闻的）并驾齐驱。这种方式类似于民粹主义杂志的风格，如大获成功的《珍趣》，并且今天仍然可以在大众媒体中看到。约翰·C. 伯纳姆在美国大众媒体中发现了一种类似的趋势，哀叹这种材料具有破坏公众对“真正”科学的理解的能力。但是，正如布鲁克斯指出的那样，这种观点理所当然地认同科学家的观点，即大众科学的目的是教育公众——尽管其主要目的是娱乐。在这里，壮观和不可能的东西远比平凡的东西更有吸引力。

布鲁克斯对英国杂志的详细调查显示，即使对科学相关材料进行最宽松的定义，科学报道平均也只占总内容的几个百分点。他还发现，从 19 世纪 90 年代到第一次世界大战前的十年间，科学报道有所下降。我自己对两次世界大战之间的不太系统的调查表明，科学报道在持续减少，一些杂志连续几个月没有任何科学相关的东西。有些杂志报道的内容往往会引起人们对科学应用的热情或恐慌。它们不是以一种更有洞察力的评论家会认可的方式被报道。像博物学这样的安全话题仍然盛行，但可以被带入这类文章之中的严肃科学的数量受到了限制。

日报上也有类似的情况。新闻界越来越多地被阿尔弗雷德·哈姆斯沃思，即诺思克利夫勋爵等“大亨”所主导，他们的

《每日邮报》开创了追求轰动效应和个人崇拜的技巧。作为一个帝国主义者，哈姆斯沃思对应用科学有一些兴趣，但这很少出现在他的报纸上。再次强调，是技术，特别是与速度有关的技术，可以用来捕捉大众的想象力。在极少数情况下，当一项研究突破——无论是真实的还是想象的，被大肆渲染时，科学家们就不那么高兴了，比如生物医学声称可以永葆青春。剑桥大学的卢瑟福在对记者持怀疑态度方面是出了名的，因为他知道他们喜欢夸大其词（尽管他有自己的理由不鼓励关于原子能的辩论）。英国科学促进协会的年会得到了定期的报道，也许是因为这是在9月初召开的，而此时正好是记者缺少灵感的时候。

1935年2月，英国广播公司《听众》杂志的一篇社论评论了新闻界倾向于宣传近乎伪科学的耸人听闻的科学故事。这并不奇怪，因为科学正在与体育、犯罪和其他本质上令人兴奋和短暂的新闻争夺空间。社论指出，理查德·格雷戈里爵士曾呼吁妥善处理科学新闻的传播，并以科学服务社（Science Service）为例，即美国报纸所有者埃德温·W. 斯克里普斯（Edwin W. Scripps）于1911年建立的新闻服务机构。英国科学促进协会确实更加关注科学家的社会责任，但在与媒体打交道方面，几乎没有采取与美国相当的举措。在英国，科学家和媒体之间的互动是在个人的基础上进行的，从而使少数有媒体意识的科学家和有科学意识的记者扮演着不成比例的重要角色。

尽管《泰晤士报》在世纪之交就有一位科学记者，但J. G. 克劳瑟在20世纪30年代为《曼彻斯特卫报》所做的工作开创了这一职业的现代形式。很少有在职的科学家能够获得所需的技能来制作每日新闻所要求的有限长度（只有几百字）的副本。E. 雷·兰克斯特为《每日电讯报》撰写的“安乐椅上的科学”文章变得非常有名，并设法偶尔引入更严肃的评论。J. 亚瑟·汤姆森和 W. P. 派克拉夫特是仅有的两位在两次世界大战之间定期为日报或周刊撰稿的专业科学家，两人都专攻博物学。

本章将概述各种形式的大众期刊，并将以广播科学报道的简要概述作为结束。尽管这种新媒体提供了令人兴奋的可能性，但在早些年这些可能性在很大程度上被忽视了。英国广播公司对科学广播所采用的方法主要是基于准备好的文本的“谈话”，然后每周在《听众》上印刷。这种形式与质量较好的期刊非常相似，因此形成了我们对印刷媒体开展的调查的恰当结论。

高雅杂志

面向知识阶层的杂志很难“受欢迎”，但他们的读者肯定是有影响力的。维多利亚时代的伟大评论现在被边缘化了，并且出现了一系列的收购接管，其中一些不太成功的较老的机构被吸收到新杂志中。在这种情况下，老传统能否保持下去，取决于编辑的兴趣和有经验的作家的可用性。对科学的贡献可以分为两个层次：由专业科学家撰写的描述性材料，以及由科学界更能言善辩的成员或其批评者撰写的更广泛的评论。J. B. S. 霍尔丹等激进人物与贝洛克等保守派以及包括伯特兰·罗素在内的更现代的科学主义批评者展开了争论。J. W. N. 沙利文等作家以一种向外行读者传达基本要点的方式，描述了现代物理学更为深奥的分支。

新世纪的最初几年为愿意描述和评论科学的作家提供了挑战和机遇。在世纪之交，阿尔弗雷德·拉塞尔·华莱士、奥利弗·洛奇和兰克斯特等杰出人物仍有可能定期为《爱丁堡评论》（*Edinburgh Review*）和《评论季刊》（*Quarterly Review*）等期刊撰稿。他们每写一篇文章都会收到一笔可观的费用——通常是 5 几尼或 10 几尼，这对那些收入有限的人来说是很受用的。对动物学家如亚瑟·希普利、理查德·莱德克和 J. 亚瑟·汤姆森来说，博物学主题非常有效。他们还可以为更专业的杂志撰稿，包括《田野》和《乡村生活》(*Country Life*)。很多时候，他们提供的稿子随后会被收集起来并以书籍的形式重印。

第一次世界大战后，杂志对科学的报道减少了。对 20 世纪 20 年代早期的《评论季刊》的调查显示，只有少数几篇文章与科学有关。A. S. 罗素写了原子物理学，爱丁顿写了相对论，汤姆森写了新生物学。洛奇在《双周评论》(*Fortnightly Review*) 和《19 世纪》(*Nineteenth Century*) 上发表了关于新物理学的文章，但这些期刊几乎没有关于科学的其他文章。克劳瑟在 1932 年给《19 世纪》写了一篇关于原子分裂的文章。维多利亚时代常见的对科学的实质性分析评论已不再流行。《泰晤士报文学增刊》成为对科学领域新出版物进行简短评论的更活跃来源。彼得·查默斯·米切尔记录道，他从 1902 年开始为《泰晤士报文学增刊》撰写科学书籍的书评，并持续了很多年。只要作品有好的文学品质，他就可以自由写作。在两次世界大战之间的岁月里，这份报纸评论了许多科学畅销书，包括金斯的《神秘的宇宙》、威尔斯和赫胥黎的《生命之科学》，以及汤姆森的大量生物学书籍。

科学领域最活跃的期刊是《雅典娜神殿》，它的影响力在 1921 年并入到《国家》后仍然存在。伯特兰·罗素是经常撰写新物理学文章的作家，但科学内容的连续性在很大程度上要归功于 J. W. N. 沙利文，后者是少数几个能够评论现代物理学含义的外行知识分子之一。《雅典娜神殿》在独立存在的最后几年里，仍然有一个专门致力于科学的版块，提供关于科学协会会议的报道。

还有关于新的科学书籍和大众科学期刊的记录。《发现》的第一期因聚焦于科学和战争而受到批评,《科学进展》则因其对相对论、进化论和唯心论的争论的报道而受到赞扬。几周后,《征服》的推出受到了欢迎。沙利文对皇家学会相对论会议的描述批评了金斯和爱丁顿的演讲技巧。他严厉地批评了大多数关于新物理学的书籍，把这些书比作对展览没有真正了解的服务员的闲聊。

最后一期独立发行的《雅典娜神殿》对商业出版机构的活动表示遗憾，认为它们“缺乏原则和理想”，正在摧毁独立期刊。虽然它被政治杂志《国家》吞并了，但一些智识讨论仍在继续。沙利文现在开始了每周一次的科学专题报道。有一些关于科学话题的独立文章，很多也是沙利文写的，但绝不都是关于物理学的，例如，他写了关于人类起源的新观点。他还呼吁对科学进行更好的非专业解释，声称公众对新的理论创新和应用科学的社会影响的信息都有真正的需求。大多数大众科学都过于简单化，或者以一种“让人想起护士给患者涂上沾满果酱的粉末”的方式呈现。

1931 年,《国家》被并入更具政治性的《新政治家》(*New Statesman*)，关于科学的常规专题不再出现了。然而，偶尔会有一些关于科学的更广泛影响的文章，包括对《生命之科学》和罗素的《科学观》(*The Scientific Outlook*)的评论。李约瑟评论了霍尔丹的《进化的原因》。还有一本以政治为主的杂志——《旁观者》，评论了一本关于科学含义的书，并于 1936 年发表了一系列由 C. P. 斯诺撰写的关于物理学及其应用的文章。《旁观者》还发表了 J. D. 克罗夫特撰写的关于波动力学的短文，尽管这并不是其典型内容。

通俗杂志

到 19 世纪末，大众媒体已经具有了某种现代的范围和形式。1900 年，便士周刊《珍趣》卖出了 50 多万份，其他杂志也卖出了数十万份。定价通常为 6d 的月刊针对的是中产阶级，销量只有数万份。较高的发行量要通过迎合大众娱乐市场来实现，针对的是注意力持续时间相对较短的读者。但是，尽管便士杂志是为工人阶级设计的，但它们也被寻求轻松的严肃读者抢购一空。

彼得·布鲁克斯对第一次世界大战前几十年通俗杂志的调查显示，一些教育材料出现在较好的杂志上，尽管是以完全非技术性的方式呈现的。科学披着博物学和天文学的外衣，或与影响日常生活的技术进展联系在一起，还有著名科学家的传记研究。较廉价的周刊很少直接讨论科学，尽管它可能会从侧门进来，例如，出现在挑战对自然的普遍误解的文章中。但是，吸引这些读者所需的写作风格与可以在更多教育材料中使用的写作风格非常不同。很少有专家能掌握这一技巧，尽管出版商对“大人物”有一定的宽容，因为他们的声誉确保值得倾听，有一定的销路。《卡斯尔杂志》（*Cassell's Magazine*）的编辑 W. T. 斯特德（W. T. Stead）在 1906 年警告人们不要再跟专家约稿，理由是他们永远无法摆脱各自领域的技术术语。他想要那些知道如何吸引普通读者的专业作家。

布鲁克斯的项目旨在揭示大众对科学的态度，并不局限于以科学为明确主题的文章。他调查了各种各样的杂志——从耸人听闻的《珍趣》到活泼的帝国主义的《皮尔逊杂志》（*Pearson's Magazine*）和更严肃的《卡斯尔杂志》。他估计月刊的科学含量约为 10%，周刊的科学含量约为 4%，在第一次世界大战爆发的前十年里有所下降。周刊在基调上更受欢迎，包含很高比例的未署名文章，其作者几乎肯定是雇用文人。月刊展现出了一种让人想起维多利亚时代的更严肃的方式，它们的文章经常有署名，尽管许多作者都是籍籍无名的。布鲁克斯的调查显示，在那些可以追踪的人中，36% 是科学家，40% 是普通作家，只有 6% 是专门从事科学的作家。精英科学家往往是像华莱士和洛奇这样的老人物。

布鲁克斯的调查告诉了我们很多关于当时人们对科学的看法。虚构的故事塑造了对人类感情漠不关心的疯狂科学家形象，或者突出了新技术潜在的破坏性社会后果。然而，著名科学家的传记研究总是将他们描述为无私的和专注的。很少有人试图解释科学家是如何工作的，大多数对科学知识的描述都是说明性的和不加批判的。旨在让读者了解科学问题的材料似乎与最受欢迎的专门科学杂志《扶手椅上的科学》非常相似。

我自己的不太全面的调查集中在第一次世界大战后的几年，并表明了科学材料更少这样一种趋势，这是与高雅杂志的趋势相匹配的。这与马塞尔·拉福莱特对美国大众月刊上的科学所进行的分析而揭示出的美国情况形成了鲜明对比。她发现，从 1920 年到 1930 年左右，科学报道有所增加，随后由于科学家越来越不愿意写作或接受采访，科学报道有所减少。在英国和美国，很少有科学家愿意或能够按照大众媒体要求的水平进行写作，而那些这样做的人通常都有一个特点，他们希望引起公众的注意。在美国，科学家们在三十年代似乎对试图操纵公众舆论不那么感兴趣了。英国并没有出现这种趋势的迹象——如果说在两次世界大战之间，科学报道的总量有所下降，那么左翼科学家的日益活跃则确保了那些确实出现在公众视野中的内容往往有明确的社会议程。

科学报道的减少在高端市场的《斯特兰德月刊》中表现得最为明显，该杂志以刊登阿瑟·柯南·道尔（Arthur Conan Doyle）的故事而闻名。这是由乔治·纽恩斯创立的，他的财富来自更平民化的《珍趣》。在19世纪末，该杂志定期刊登关于科学和技术的专题报道，但在1900年后，与科学直接相关的内容大大减少了。在两次世界大战之间的岁月里，《斯特兰德月刊》几乎没有关于科学的内容，而从事研究的科学家会认为这是微不足道的。柯南·道尔对唯心论和超自然现象的热情经常引起争论。在19世纪20年代，有一个关于天堂奇迹的耸人听闻的专题，偶尔会强调航空开发的可能性。探险和博物学偶尔出现在E. G. 布伦格关于动物学会活动的文章中。

从讽刺周刊《品趣》中我们可以更好地了解富裕公众对科学的看法。它讽刺了任何被视为与大众情感相脱节的东西，包括科学。科学术语的技术性被描述为理解的一种障碍，通常是通过一位年轻女性对一位过于热情的年长教授的天真反应来呈现的。这位女士提供了一份灭绝物种的拉丁文名称清单，她问道："你认为我们真的能确定它们被冠以了这些奇怪的名字吗？"她期待读者可以认识到这些被滑稽地模仿的科学主题。每个人都知道哈雷彗星将于1910年被看到，并能欣赏一首关于其令人失望的表现的诗。珀西瓦尔·洛厄尔关于火星运河的观点在《火星天文时报》（*Martian Astronomical Times*）的一篇关于地球的报道中遭到了讽刺。有一篇关于金斯的《厄俄斯》的恶搞评论和一首题为《哈勃泡沫》的赞美埃德温·哈勃（Edwin Hubble）工作的诗。洛奇和弗雷德里克·索迪之间的一场辩论被画成了名为《厌恶原子》（*Odium Atomicum*）的漫画，一家报纸关于每个英国人都熟知爱因斯坦的相对论的主张引发了人们“现在可以免费或未经许可地在公共场合唱这首歌了”的评论。博物学和古生物学的进展经常被报道。1929 年，为了庆祝动物学会成立 100 周年，市场上出现了一幅以彼得 · 查默斯 · 米切尔爵士的肖像为主题的善意漫画。医学科学并没有被忽视，人们对维生素的狂热在诗歌中被戏仿。H. G. 威尔斯和萧伯纳因为他们对进化论和其他话题的看法而受到嘲笑。他们还期望读者了解英国科学促进协会的年度会议。洛奇在 1913 年担任主席期间引出了一种预言，即他将就“高尔夫的心理”发表演讲。

如果《品趣》的读者被期望了解足够的科学知识来识别这些滑稽的戏仿，那么他们从哪里获得信息呢？有一家周刊确实提供了重要的报道，那就是《伦敦新闻画报》。科学和技术特别适合这本杂志的视觉风格的呈现，不过它有一个不依赖于插图的每周科学专栏。1932 年，安德拉德发表了一篇文章，介绍了该杂志自 90 年前创刊以来所取得的科学成就，标志着它对科学的投入程度。3 年后，安德拉德再次被邀请撰稿，在纪念国王登基 25 周年的特刊上撰文，记录了 25 年来的科学进步。

令人惊讶的是,《伦敦新闻画报》对科学的报道很笼统。探索一直都是一个强烈的关注点，多与博物学的常规专题有关，如伦敦动物园来了外来生物。1924 年，动物园新水族馆的开放引起了广泛关注。化石的发现是一个常规专题，修复和展示的过程也是如此。原始人类化石的发现总是能得到报道，包括 1912 年发现的皮尔丹人遗骸。亚瑟 · 基思、埃利奥特 · 史密斯和罗伯特 · 布鲁姆等专家开设了从个人角度对重要发现进行解释的专栏。基思记录道，在职业生涯的初期，他曾以每千字 1 英镑的价格为《伦敦新闻画报》撰写书评，以此来养活自己。画报上偶尔会出现医学专题（例如，在使用镭治疗癌症的报道中）。

天文学经常为富有想象力的视觉表现提供机会。在 1909 年的每周专栏中，G. K. 切斯特顿对卡米尔·弗拉马里翁声称火星上有人居住的说法进行了抨击。在 1929 年和 1932 年，该杂志对德国电影《月亮上的女人》（*Woman in the Moon*）和 1935 年亚历山大·科达（Alexander Korda）拍摄的 H. G. 威尔斯的电影《笃定发生》进行了专题报道。现实生活中的速度和长途旅行技术，以及对未来可能会如何发展的假设推断是固定的主题。H. 格林德尔·马修斯（H. Grindell Matthews）提出的用激光枪来击落飞机的建议被着重报道，就像在每日新闻中一样。罗伯特·尼科尔斯和莫里斯·布朗的戏剧《欧洲上空的翅膀》预言了原子能发现带来的冲突，并作为头条新闻出现在 1929 年的第一期上。物理学的真正发现也出现在报道中，有关原子的分裂的预期以及它于 1932 年的最终实现都是受欢迎的主题。威廉·布拉格爵士在皇家学院的演讲得到了详细的报道。

除了关于科学话题的专题文章外，《伦敦新闻画报》每周还定期开设科学专栏。在 20 世纪初，有一整版是关于科学和博物学的，其中包括一个名为“科学随笔”的部分，由受过医学训练的安德鲁·威尔逊（Andrew Wilson）撰写。虽然它倾向于生物学主题，但它确实在报道一般科学问题上做出了一些努力。威尔逊的最后一篇专栏文章发表于 1912 年 8 月 31 日，两周后，《科学随笔》被两位作家接手，一位是动物学家 W. P. 派克拉夫特，另一位是医学和物理科学作家，署名为“F. L.”。他们继续每隔一周写一篇专栏文章，并一直持续到战争年代，当时的主题呈现出明显的军事色彩，比如派克拉夫特对卡其布作为伪装的价值的解释。战后，派克拉夫特以《科学世界》（*The World of Science*）为题，独自接管了这个专栏，并在两次世界大战之间的岁月里每周撰写一次。这是专业科学家在这一普及的层次上持续时间最长的努力之一。画报以书的形式出版了文章的选集，书名为《从自然的田野中随机收集》（*Random Gleanings from Nature's Fields*）。该专栏最终由遗传学家 E. S. 格鲁（E. S. Grow）接手，他继续主要撰写博物学方面的文章。

在社会等级的另一端，非常受欢迎的《珍趣》偶尔包括科学话题。下面的例子来自对 1910 年、1920 年和 1925 年发行的杂志的详细研究。大多数文章都没有署名，可能是记者写的，可能是从其他期刊转载来的。杂志会定期地发表著名科学家的传记研究。洛奇是其中一个，在 1925 年的复活节，他发表了一篇关于唯心论的文章。杂志上经常有关于天文学和博物学的文章，提供“惊人的事实”来震惊读者。1910 年哈雷彗星的靠近地球使人们确信，穿过彗尾不会有危险。一篇关于生命科学的比较严肃的文章以《让你头晕目眩的事实》为题，报道了在利克天文台发现的一颗新星。关于生命科学的一篇比较严肃的文章赞扬了从巴西向英国皇家植物园走私橡胶树种子以及橡胶工业的确立。杂志关于物理科学的报道很少，但如果从平民化的角度来说，新技术得到了很好的报道：镭在治疗癌症方面的优点受到了赞扬，也有关于原子能潜在危险的警告，还有雨果·根斯巴克（Hugo Gernsback）对于到 1975 年科技将带来包括穿电动溜冰鞋旅行、天气控制和用无线电波来复苏生物的预言。

1938 年，一本名为《图片邮报》（*Picture Post*）的新杂志创刊，目的是大规模使用摄影图片。这是《每周画报》（*Weekly Illustrated*）的后继者，由德国移民摄影师创办于 1935 年，并由斯特凡·洛兰特（Stefan Lorant）担任编辑。它开创了在没有精心准备的情况下使用现场拍摄照片的情形。1935 年 2 月，它刊登了一篇关于自然历史博物馆中一些更壮观的展览的文章。洛兰特随后与出版商爱德华·霍尔顿（Edward Hulton）合作创办了《图片邮报》。这种格式有利于与技术和医学相关的新闻——第一期包括据称是第一次出版的外科手术照片记录。早期还包括由约翰·兰登-戴维斯撰写的“今日科学”的整版专题。尽管兰登-戴维斯指出，一项关于甲虫吃面粉的速度的研究对磨坊主来说具有相当大的实际意义，但所提到的话题都是相当琐碎的。然而，科学报道并没有继续下去,《图片邮报》很快就几乎完全专注于战争新闻了。

报纸中的科学

报纸的出版在世纪之交经历了一场大规模的革命。即使没有受过良好教育，有文化的公众人数也在不断增加，而且技术也可以用来制作廉价、插图精美的报纸。由此产生的新书刊的激增完全改变了大众媒体的性质。标题变得越来越大，文章却越来越短了——这意味着报纸是用来浏览的，而不是用来系统阅读的。人们越来越关注煽情和个性。1896 年，阿尔弗雷德·哈姆斯沃思，即后来的诺思克利夫勋爵创办了《每日邮报》，售价为半便士。紧随其后的是 1900 年的《每日快报》（*Daily Express*）和 1903 年的《每日镜报》（*Daily Mirror*），后者在 1933 年进行了重组，以吸引更多的工人阶级读者。诺思克利夫在 1908 年买下了《泰晤士报》，并很快拥有了一系列其他有影响力的报纸，包括《标准晚报》。日报总体读者群的扩张是迅速而持续的:1918 年为 310 万，1926 年为 470 万，1939 年战争爆发时为 1060 万。

在争取更大发行量的斗争中取得成功的商人变得富有和有影响力——正如政治家斯坦利·鲍德温（Stanley Baldwin）所说，他们就像妓女一样，行使权力而不承担责任。贵族头衔被买走：诺思克利夫的兄弟哈罗德（Harold）于 1922 年接管了他的传媒帝国，成为罗瑟米尔勋爵（Lord Rothermere），而拥有《每日快报》的加拿大人马克斯·艾特肯（Max Aitken）成为比弗布鲁克勋爵（Lord Beaverbrook）。然而，对他们来说，操纵公众舆论并不总是那么容易：他们必须卖报纸，提供娱乐新闻总是最重要的。诺思克利夫是一位著名的帝国主义者，也是在第一次世界大战爆发前几年煽动公众舆论的“散布引起恐慌消息的人”之一。但比弗布克的报纸支持竞争对手的意识形态，而即使是诺思克利夫也无法将受人尊敬的《泰晤士报》变成一份面向大众市场的报纸。1922 年诺思克利夫去世后,《泰晤士报》重新获得了有限的独立性，当时它被一个财团收购。该财团将控制权交给了一个由公众人物组成的委员会，其中包括英国皇家学会主席。《新闻纪事报》原本是自由党的机关报，最终被吉百利家族接管，成为一份独立的报纸。《号角报》周刊是一个历史悠久的社会主义机关报刊，以支持教育读物而闻名。1919 年,《每日先驱报》（*Daily Herald*）作为一份为持中间偏左观点的人服务的报纸重新发行。《曼彻斯特卫报》也采取了左翼政治路线，面向更严肃的读者。

报纸对科学进行了什么样的报道呢？像《泰晤士报》和《卫报》这样的严肃报纸不仅努力提供“科学新闻”的报道，而且还提供一些关于科学在重大问题上的立场的持续感。它们有关于博物学和天文学的定期专栏。快车、船和飞机会定期地出现在报道中，尽管这些报道更多地关注人物而不是技术细节。纯科学只有在极少数成为头条新闻的情况下才会被报道。有些条目所突出的新闻是科学界宁愿忽略的，典型的例子是洛厄尔关于火星运河的报告和格林德尔·马修斯的死亡射线。

英国科学促进协会每年 9 月份的常规年会通常会被更受欢迎的报纸报道，哪怕只是以一种琐碎的形式。严肃的报纸将提供更完整的报道，包括对主席报告中讨论的更广泛议题的一些评论——克劳瑟注意到了考尔德对他在 1936 年会议上获得的报道数量有多么嫉妒。偶尔，这些演讲会触动人们的痛处，成为真正的头条新闻，比如亚瑟·基思在 1927 年发表的关于达尔文主义和唯物主义的演讲。该演讲由英国广播公司播出，基思第二天早上醒来时发现自己身处风暴中心。9 月 1 日，所有报纸都刊登了这个头条——《标准晚报》的头版刊登了这篇报道，包括基思的一张照片，第二天的《每日电讯报》则刊登了基思和一只黑猩猩的照片。洛奇等更具宗教信仰的杰出科学家获得了攻击基思的唯物主义的平台。在对里彭主教关于为了让社会迎头赶上，科学家应该暂停进一步研究，休几天假这一布道的推动下，这场风波持续了几天。这并不是迫使宗教机构正视达尔文主义的持续努力第一次成为头条新闻了。卡农·E. W. 巴恩斯（Canon E. W. Barnes）于 1920 年在威斯敏斯特教堂（Westminster Abbey）的讲坛上发表的《大猩猩布道》（*Gorilla Sermons*）也以同样耸人听闻的措辞获得了广泛支持。

在大多数年份里，英国科学促进协会都没有让媒体产生这样的兴奋，媒体报道的水平也非常有限。较好的报纸文章包括对英国皇家科学研究所的演讲的报道——卢瑟福 1924 年关于原子核的演讲获得了一个名为《原子的奥秘》（*Mysteries of the Atom*）的小标题。伦敦动物园的新动物或自然历史博物馆的展览被广泛报道。当 1919 年日食考察的结果在皇家天文学会的一次会议上报告时，爱因斯坦的相对论引起了公众的注意。《泰晤士报》在一篇题为《宇宙的结构》的文章中报道了爱丁顿对该理论的认可，随后又进行了一系列解释该理论意义的尝试，包括 1921 年爱因斯坦访问英国时对他本人的采访。到 1922 年,《泰晤士报》抱怨相对论在一定程度上已经成为所有报纸和杂志讨论的一种时尚。《标准晚报》发表了小说家阿诺德·本涅特对相对论书籍的赞同但略带讽刺的评论。

与科学史上的知名人物或机构有关的周年纪念活动往往被广泛报道。1909 年纪念达尔文诞辰一百周年的庆祝活动得到了广泛报道。1931 年是一个活跃的年份，见证了英国科学促进协会的百年纪念会议和纪念法拉第发现电磁感应一百周年的大型展览。《泰晤士报》于 9 月 1 日出版了一期法拉第特刊。同年 7 月，出现了科学史上不那么光彩的一幕,《每日邮报》发起了一场运动，反对苏联代表团出席在伦敦举行的国际科学史大会（International Congress of the History of Science）。

从科学家的角度来说，克罗夫特和沃尔顿对原子核首次解体的报道非常生动地说明了，当没有科学经验的记者率先获得新闻时，可能会出现什么问题。卢瑟福之所以担心，是因为自己的工作经常被用来证明分裂原子将产生巨大能量这一信念的正当性。但他在卡文迪什实验室传播新闻的首选来源克劳瑟在取得突破时不在国内，第一篇报道出现在颇受欢迎的周日报纸《雷诺兹新闻》（*Reynolds's News*）上，标题暗示了一种无限能源。那天晚上广播里有报道，卡文迪什被其他报纸的记者包围了。过了几个星期，克劳瑟和考尔德才能够向新闻界提供关于实际所做工作的更有见地的说明。克罗夫特随后向克劳瑟抱怨说，媒体是如何追踪最初的断章取义的报道的，并遗憾地补充道：“然而，一个人不通过自己写一篇文章来纠正错误，那这似乎只会让事情变得更糟。”

当广岛被毁灭的消息发布时，科学家在制造原子弹中的作用得到了强烈的关注。1945 年 8 月 7 日，《新闻纪事报》在头版刊登了尼尔斯·玻尔和詹姆斯·查德威克爵士的照片，标题强调了与德国人的“科学之战”（图 10-1）。第二天，报纸头版刊登了关于莉丝·迈特纳（Lise Meitner）的文章（附有照片）——关于抓捕德国物理学家的竞赛、关于科学家和设备的跨大西洋的交

ballito

News Chronicle

LATE LONDON EDITION

TUESday FIELD·DAY

On this Bank Holiday the course of world history may have been altered

FORCE OF NATURE HARNESSED:

ATOM BOMB ON JAPAN

Power equal to 20,000 tons of T.N.T.

PUT ASIDE HIS TEACHING

ALLIES BEAT GERMANS IN BATTLE OF SCIENCE

From ROBERT WAITHMAN, News Chronicle Correspondent

WASHINGTON, Monday.

IT MAY BE THAT THIS BANK HOLIDAY WEEK-END THE COURSE OF WORLD HISTORY WAS CHANGED. FOR AT 11 A.M. IN THE WHITE HOUSE TODAY PRESIDENT TRUMAN ANNOUNCED THAT BRITISH AND AMERICAN SCIENTISTS, WORKING TOGETHER, HAD "HARNESSED THE BASIC POWER OF THE UNIVERSE," AND THAT A FEW HOURS EARLIER THE FIRST ATOMIC BOMB HAD FALLEN ON A JAPANESE CITY.

This is something so much bigger than any of the stories of war-time scientific discoveries that have yet appeared; its implications, for both good and bad, are still hidden.

Equal to 2,000 of Britain's "Grand Slams"

Even more powerful forms are on the way

"IT CAN BE DONE," HE SAID IN 1941

TARGET, AND RESULT

British and U.S. scientists pooled skill

Next step is to control the force

LATE NEWS

Hidden cities housed the workers

Churchill's statement

Progress in 1941

Maximum priority

First atom bomb vaporised tower

What is meant by atomic energy

Time signals

Pre-war progress

The Germans made efforts

CORNWALL HAS URANIUM

It was a race against Hitler's scientists

LET the BELLS RING

but . . .

THANKSGIVING WEEKS

图 10-1 1945 年 8 月 7 日，《新闻纪事报》头版，《宣告投掷了原子弹》。由于战时的纸张限制，报纸只有四个版面。（作者的收藏）

通，以及关于原子动力火箭可能到达月球的猜测。就解释原子弹背后的科学而言，更严肃的报纸文章表现得更好——克劳瑟为《卫报》写了两篇相关文章。但编辑拒绝接受其第三篇关于原子弹的社会影响的文章［这篇文章后来出现在《格拉斯哥先驱报》（*Glasgow Herald*）上］，这标志着克劳瑟与该报长期合作的结束。在这一点上，尽管新闻界清楚地认识到“世界历史的进程可能已经改变了”［引用《新闻纪事报》的标题］，但核时代到来的全部含义还没有被大众理解。

谁为科学报纸撰稿？这种关系是如何维持的？像卢瑟福一样，大多数专业科学家对为大众日报撰稿或被大众日报报道都非常谨慎。爱丁顿明确区分了《晨报》《每日电讯报》等高质量报纸和《每日邮报》等更大众化的报纸。他告诉剑桥大学出版社的罗伯茨，他不反对他的作品在前一类报纸中连载，但后一类报纸的煽情和轻浮使它相当不合适。事实上，他的作品“不是那种适合大众报纸的材料，只有通过别出心裁才能吸引到普通读者”。他最不想要的就是这样的标题——《阿瑟·爱丁顿爵士谈“世界末日”》。

一些杰出的科学家确实冒险进入了这一领域，既获得了经济利益，也承担了职业风险。亚瑟·基思为《标准晚报》提供了他 1918—1920 年在英国皇家科学研究所演讲的文本，这些文本也刊登在《晨报》（*Morning Post*）和《约克郡邮报》（*Yorkshire Post*）上。《标准晚报》还刊登了一系列关于基思 1927 年在英国科学促进协会上的演讲及其后果的报道，并在 1927 年 10 月推出了一系列关于“人类的命运”的报道，基思、霍尔丹和赫胥黎也给这个系列供过稿子。基思随后在《晨报》上与柯南·道尔辩论唯心论，在《每日新闻》上与洛奇辩论唯心论（后者是转载的未经他同意的发表在《纽约时报》上的文章）。

赫胥黎第一次登上头条新闻是关于他在生长激素方面的工作：《每日邮报》以《生命的秘密：赫胥黎先生的线索：加速的人，未来的实验》（"Secrets of Life: Mr Huxley on His Clues: Speeding-Up Man. Future Experiments"）为题介绍了这篇文章。赫胥黎随后提出为《每日邮报》定期撰写"科学笔记"专栏。虽然编辑表示对这个想法有些兴趣，但他很快就抱怨说，赫胥黎寄来的东西对普通读者来说太难了。《标准晚报》报道了赫胥黎在帝国农业研究会议（Imperial Agricultural Research Conference）开幕式上对生物学实际应用的评论。詹姆斯·金斯的《流转的星辰》在《星期日快报》（*The Sunday Express*）上连载——但令该报不满的是，该材料与英国广播公司的《听众》杂志上已经出现的内容过于相似。

科学记者

偶尔为报纸写文章是一回事，受约定期写文章又是另一回事。J. G. 克劳瑟和里奇·考尔德通常被誉为英国最早的科学记者。情况实际上更加复杂，部分原因是记者本身角色的界定仍然松散。在美国，科学家和媒体之间的互动通过"科学服务社"变得规范化。"科学服务社"是由报业巨头埃德温·W. 斯克里普斯于1921年创立的新闻联合服务机构，由埃德温·E. 斯洛森（Edwin E. Slosson）担任编辑。赫胥黎为斯洛森撰写材料，并收到了关于如何获得更广泛读者群的建议。1924年，英国科学协会成立了一个类似的机构，并请求赫胥黎的支持。尽管英国科学促进协会和《自然》杂志主张与新闻界进行更好的合作，但该项目是短命的。

如果科学家希望了解正在发生的事情，报纸可以与个体科学家接洽，但是只有较好的报纸才能做到这一点。《自然》杂志在 1926 年的一篇社论中敦促科学家更有效地向公众展示他们的工作，并指出大多数严肃报纸的编辑现在都有可供他们差遣的“也是杰出的科学作家的记者”——这一观点与几个月前一篇文章中提出的观点相矛盾。

一些报纸确实与专业科学家有协议，但这些科学家不是在一接到通知后就能立即派去报道这个故事的记者。他们提供的大部分东西都是背景和分析，而不是现场报道。正如克劳瑟后来坚持认为的那样，所需要的那种科学写作“不能由科学家在业余时间进行，无论他们在这个方向上偶尔做出的贡献有多么出色”。许多科学家对他们为日报撰稿的同事持怀疑态度——这不是那种被视为合法职业活动的教育写作。

一些严肃的报纸有关于科学的常规专题，而且由专业的科学记者撰写的趋势也越来越明显。动物学家亨利·谢伦为《泰晤士报》撰写了关于伦敦动物园引进的新动物的文章。当他在 1911 年去世时，彼得·查默斯·米切尔被要求接手这份工作，并在接下来的二十五年里与该报保持联系。虽然米切尔是一位受过训练的动物学家，但他的收入是通过教学、调查以及为一流期刊撰稿而拼凑起来的。1903 年，他被任命为动物学会的秘书，这在经济上给了他一定程度的安全感，但仍给他留下了一些写作的时间。战后，诺思克利夫勋爵——现在是《泰晤士报》的所有者，邀请米切尔成为该报的一员，定期撰写包括科学在内的各种主题的特稿。根据他的记录，他在动物学会工作到下午三点左右，然后转移到《泰晤士报》的办公室继续工作。1921 年，他开始了一个名为《科学的进步》的专题，并一直持续了十年时间，最初是每周一次，1924 年后改为隔一周一次。克劳瑟嫉妒米切尔可以自由地写他选择的任何科学主题。

左翼媒体总是更多地意识到科学和技术所发挥的作用。周报《号角报》的主笔罗伯特·布拉奇福德在反对有组织宗教的运动中引用了兰克斯特的畅销书。J. B. S. 霍尔丹也热衷于向普通读者解释科学。随着转向左翼，他变得更加关注探索科学的社会后果。1925 年，在一起备受关注的离婚案之后，他与夏洛特·伯吉斯（Charlotte Burghes）结婚。她是《每日快报》的一名记者，负责指导他学习大众写作的技巧，这让他的一些科学同事感到恼火。他偶尔为日报写一篇文章，后来声称他在 20 世纪 20 年代中期曾提出为《先驱报》写一个定期的科学专栏，但被拒绝了。他在 1932 年出版的《人的不平等》一书中列出了发表过他文章的 18 种期刊——从日报到高雅杂志。霍尔丹继续偶尔为日报撰写文章，一直持续到 20 世纪 30 年代。1934 年 11 月，《先驱报》发表了一篇英国广播公司拒绝播出的关于西班牙内战的谈话。但唯一愿意让他成为固定专栏作家的报纸是英国共产党的《工人日报》，在那里他可以保证拥有稳定但非常有限的读者。

有两个博物学系列值得关注，因为它们是由经验丰富的生物学家撰写的，他们多年来一直保持着每周撰写专栏文章的频率。最早的是 E. 雷·兰克斯特的系列《安乐椅上的科学》。从 1907 年 10 月 5 日到第一次世界大战开始，它一直出现在《每日电讯报》的周六版上。作为米切尔的密友，兰克斯特曾出版过一本名为《灭绝的动物》的畅销书。1907 年，当他被迫从自然历史博物馆馆长的职位上退下来时，他的退休金不足以维持生活，《每日电讯报》编辑哈里·劳森（Harry Lawson）邀请他撰写每周专栏。《每日电讯报》的发行量有 50 万份，所以兰克斯特肯定是深入到了社区之中。他撰写的话题主要与博物学和生物医学有关，同时也涉足人类学和古人类学。然而，他确实对唯物主义和达尔文主义以及科学的社会影响进行了更广泛的评论。从文章中挑选的内容被收集成一本书——《坐在安乐椅上》(*From an Easy Chair*)，很快在 1910 年扩展为《安乐椅上的科学》。第二个系列紧随其后，以两先令的低价重新发行，标题为《安乐椅上的更多科学》(*More Science from an Easy Chair*)。《博物学家的消遣》(*Diversions of a Naturalist*)在战争年代出版，20 世纪 20 年代初又出版了两卷。《思想者图书馆》以《炉边科学》(*Fireside Science*)为题发布了该系列的精选。包括廉价版在内，第一卷卖出了 5000 册，整个系列的总销量远远超过 10 万册。

兰克斯特转向通俗写作的情况并不罕见。退休后，大多数科学家都有时间尝试写作，而且可能也需要钱。但 J. 阿瑟・汤姆森与《格拉斯哥先驱报》的合作是他整个职业生涯中一项更持久的运动的一部分。该运动旨在将科学传播给人民。到了 20 世纪 20 年代，由于他的写作和公开演讲，他几乎变成一种机构，尤其是在苏格兰。他为《先驱报》撰稿的机会是由化学研究所（Institute of Chemistry）格拉斯哥分部创造的，该分部赞助了他的系列文章，尽管其中几乎没有化学内容。1922 年 12 月 2 日，星期六，《先驱报》发表了《自然的秘密》(*Nature's Secrets*)系列文章的第一篇。汤姆森几乎每周撰写一篇文章，直到 1930 年 5 月 31 日，那时他的健康状况每况愈下（他于 1932 年去世）。大多数人都致力于博物学，这给了他充分的机会来引入他的活力论哲学以及对渐进进化的热情——他最后的稿件是关于后一个主题的。从 1930 年 1 月到 4 月，他描述了在美国旅行的经历，包括对主要大学的访问。

受欢迎的日报往往对应用科学更感兴趣，A. M. 洛“教授”是相关领域最多产的作者。但洛对小玩意儿的过度热情恰恰产生了科学界不信任的宣传效果。如果说专业科学家对通俗写作有偏见的话，那就是专门抵制对这种耸人听闻的新闻报道的参与。洛在噪声污染方面做过一些严肃的工作，但他深入参与了那些吸引了公众关注的赛车和其他高科技活动。他还喜欢推测未来的技术进步（他预测了移动电话及其社会后果），但通常是以极富想象力的方式。洛经常为日报撰写短文，并因他的发明和在会议上的评论而被广泛报道。《每日电讯报》和《先驱报》都报道了他在噪声污染方面的工作，但当这出现在一起针对噪声摩托车的诉讼案件中时，由此产生的宣传效果并没有使他受到科学界的青睐。

正如克劳瑟指出的那样，很少有活跃的研究型科学家有时间定期给报纸写文章，即使他们能够获得写作所需要的技能。他对他们的努力评价不高，批评霍尔丹的文章“充满了闪光的思想，但缺乏逻辑的发展”。受欢迎的报纸用正在寻找他们可以嘲笑或耸人听闻的东西的记者来报道科学。当科学偶尔登上头条新闻时，人们会疯狂地寻找能够发表评论或同意接受采访的专家。正是为了填补这一空白，专业科学记者这一新职业应运而生。

克劳瑟作为《曼彻斯特卫报》科学记者的职业生涯凸显了在媒体中创造这一“生态位”所必须克服的问题。战争期间，他曾在一家军事技术机构工作，于 1919 年从剑桥大学的数学课程中退学了。在教了几年书后，他受雇于牛津大学出版社的技术图书部，并在建立自己的新闻生涯时还一直担任这一职务。克劳瑟于 1926 年开始为《卫报》撰写科学方面的文章，并很快几乎每周都在该报上发表文章。1928 年，他找到新闻编辑 C. P. 斯科特，提议聘请他担任正式的科学记者，当被告知没有这样的职业时，他是这样回答的："我建议发明它。"他获得了任命，并开始坚持为报纸撰写各种科学主题的文章。作为一名马克思主义者，他对科学的社会意义保持警觉，并于 1929 年写了关于苏联的科学的文章。他的许多文章随后被转载到一系列书籍中，包括《属于你的科学》、《科学短篇小说》（*Short Stories in Science*）和《奥西里斯与原子》（*Osiris and the Atom*）。他能够接触到剑桥大学卡文迪什实验室的物理学家，并在 1932 年 2 月 7 日首次发表的一篇被大量转载的文章中披露了查德威克发现中子的故事。他告诉新编辑 W. P. 克罗泽（W. P. Crozier），他现在被视为卡文迪什实验室的非官方新闻代理人，可以获得独家信息。当原子分裂的消息传出来时，克劳瑟正在哥本哈根参加一个会议，因此出现了上面提到的断章取义的报道。他定期为《卫报》撰稿，直到 1939 年战争爆发，随着人员转向了军事研究，大多数科学新闻的来源变得枯竭了。

在一篇写于 1926 年的关于科学与新闻的文章中，克劳瑟指出了不使用技术术语进行传播的重要性，这一观点本身并不罕见，但他继续强调需要找到一个生动的形像，读者可以通过它把正在发生的事情视觉化。他还指出，在任何有机会接触教科书的人都可以检查其中包含的大量内容的领域，写作是很困难的。来往的信件表明了他经常咨询在职的科学家，以确保得到正确的事实。

他还必须与那些对吸引公众有着执着想法的编辑打交道。许多为《卫报》撰写的文章被退回或拒绝，因为它们被认为过于技术性。即使在他的中子故事取得成功之后，也有人请求，关于该主题的任何进一步的稿子都应该不那么具有技术性。他自己对文章的一些想法也会因为无趣而被拒绝，或者被建议必须有一个话题来支撑这个故事。编辑们自己提出了可能的主题和形式，其中一些克劳瑟并不喜欢，尽管他被迫接受了“科学进步”专栏，这让他没有社会评论的空间了。与此同时，他试图与英国和“殖民地”的其他报纸建立关系，部分原因是他觉得自己的报酬很低。尽管《卫报》只付了4几尼（后来提高到5几尼），但他喜欢写的那种文章却花了很多时间，价值10几尼。他抱怨说，他的一些文章没有署名“来自我们的科学记者”，所以没有人能说出他是作者。《卫报》接受了这一点，但随后明确表示，现在他有了这个身份，他就不应该定期为任何其他报纸撰稿了。

克劳瑟非常慷慨地支持了下一位在英国出现的科学记者里奇·考尔德的工作。在考尔德根据《每日先驱报》的报道而编撰的第一本书中，他赞扬了报社这位“能干的年轻成员”的工作，“在英国新闻界的历史上，他第一次采取了适当的方法向公众介绍科学的问题”。这回，一位从事科学报道的记者得到了通常只有对政治、体育和犯罪进行报道的记者才能得到的支持。最后一点表明了两位作者身份的不同：克劳瑟是一名自由职业者，他自己主动接近了《卫报》，他与该报的联系非常有限；考尔德是一名普通记者，他以正常的方式开展工作，如果他遵循自己的职业模式，就会在对所涉及的内容知之甚少的情况下偶尔报道科学新闻。相反，正如弗雷德里克·高兰·霍普金斯（Frederick Gowland Hopkins）爵士在考尔德第一本书的前言中记录的那样，他认真地对待自己的科学任务，并发展了将科学家所做的事情与普通读者联系起来所需的技能。然后，他说服了他的编辑，他应该有机会写一系列关于科学如何影响社会的文章。

《先驱报》是一份工党报纸，因此它比其他日报更适合开始评论科学在工业和健康方面的应用。然而，在整个20世纪20年代，它似乎比其他大多数报纸好不了多少。例如，1929年，一篇对 J. D. 贝尔纳的《世界、肉体和魔鬼》(*The World, the Flesh and the Devil*)的书评突出了这本书中更为夸张的想象。考尔德的目标是改变这种情况，在科学和工业研究部(Department of Scientific and Industrial Research)部长弗兰克·史密斯(Frank Smith)爵士的介绍下，他能够说服研究人员，并在报告之前努力了解他们的工作。他的风格肯定比克劳瑟活泼得多：

> 我侵入了科学隐士的细胞，他们在一些艰巨的任务中孤立自己，创造了他们自己的语言(一种科学的胡言乱语)，吟唱他们奇怪的长篇大论，并以僧侣般的超然态度看待你和我。有时，他们可能会来到铁栅前，把一些新发现的祝福赐予世界，但他们会再次把斗篷拉到头上，回到自己的牢房里。

但他和克劳瑟一样关注新发现对普通人的生活的影响。他认为，如果利用得当，科学可以创造一种理想状态，在这种状态下，所有的物质需求都会得到满足。做到这一点，他认为有必要帮助人们理解科学实际上在做什么。他没有忽视纯科学，但他表明了它是如何与实际事务相联系的。

考尔德于 1932 年 4 月 7 日开始了他的“未来的诞生”系列，并在 5 月发表这个系列的稿子。5 月 2 日，他描述了原子的分裂(在第一次宣布后的几天)，强调了嬗变的隐喻。6 月 7 日，他发表了一篇关于卡文迪什物理学家的更具反思性的文章，指出卢瑟福坚持认为他们的工作有助于我们理解元素是如何形成的，但没有提供实际的能量来源。他的文章很快在 1934 年被扩展成了他的第一本书，也叫《未来的诞生》。他在同年出版了《征服苦难》(*The Conquest of Suffering*)一书，霍尔丹为该书作序。这两本书都呼吁为科学提供更多的资金，并呼吁建立基于科学开发的计划经济。考尔德在战争年代继续呼吁国家规划，后来他成了里奇·考尔德勋爵，成为英国最有影响力的科学发言人之一。

克劳瑟和考尔德为专业科学记者这一混合职业的创立铺平了道路。他们了解到了足够的科学知识，使他们可以进行权威的报道（通常在提交发表之前会要求专家审查他们的副本），并且意识到了需要避免受专业人士厌恶的耸人听闻。然而，他们不是在职的科学家，他们的故事必须通过编辑所设置的障碍，这些编辑对公众感兴趣的东西有着敏锐的感觉。他们必须成功地越过错综复杂的相互冲突的压力，而他们所传递的信息并不在科学家自己的控制之下（尽管一个严肃的专栏作家承担不起疏远科学界的后果）。起初，他们的人数很少：考尔德声称他是 20 世纪 30 年代仅有的三名记者之一，企鹅出版社的《科学新闻》在 1947 年说，一辆伦敦出租车就可以把他们都装进去了。然而在同一年，一个小型的英国科学作家协会（Association of British Science Writers）成立了。科学与公众之间互动的新机制正在形成。在人们对自学的热情开始减退的战后世界，科学作家将把他们的影响范围扩展到日常新闻之外。

广播中的科学

收音机提供了一种新的交流媒介，至少在理论上来说，它不依赖于文字。英国播送公司（British Broadcasting Company）成立于 1922 年，并于 1927 年成为英国广播公司（British Broadcasting Corporation）。起初，它拥有约 10 万名听众。1927 年，全国有

15% 的人都在听它的广播。1930 年，这一比例上升到 40%。1939 年，它几乎覆盖全国。但这种媒介并没有以一种非常富有想象力的方式被加以利用。英国广播公司是一个国家机构，是利用广播作为社会控制手段的国家垄断企业。它以说教的方式介绍科学（和其他严肃的话题），与这一时期的自我教育文献非常相似。电台广播的大多数科学“谈话”都是由专家进行的，随后这些内容会出现在英国广播公司的《听众》杂志上。

在威权导演约翰·里斯（后来的里斯勋爵）的领导下，英国广播公司的制片人和经理们分享了不那么激进的知识阶层的价值观。由于不用担心商业限制，英国广播公司得以播放知识分子（包括一些科学家）的照本宣科的“谈话”——因此往往非常枯燥。这让期待更多的娱乐方式的大众媒体的评论家们非常反感。然而，有一些对科学更广泛的影响进行的分析，包括在里斯最初对宗教问题报道的禁令放松后，立即就播出了一系列关于科学和宗教的节目。带头要求对科学在社会中的作用进行新分析的社会主义者起初并没有得到太多的倾听机会。但杰拉尔德·赫德播出的节目提供了对科学的敏锐而非不加批判的描述，从而使他成为更引人注目的科学“专家”之一，而他本人并不是科学界的一员。英国广播公司在学校广播中也变得积极起来，包括播出了大量的科学节目。

拉尔夫·德马雷发表了一篇关于英国广播公司上的科学的详细研究，特别关注 20 世纪 30 年代初的一段紧张时期。他分析了里斯和他的制作人之间的复杂辩论。这些辩论涉及谁将允许使用无线电波，什么话题是合适的，哪些哲学立场和意识形态可以被认可或至少被容忍，以及怎样才能成为一个成功的科学广播节目。还有一个问题是如何衡量观众的反应。制片人最终意识到，他们应该做出一些努力，超越自己关于什么内容是合适的看法，找出人们真正想要的是什么东西。

1923 年，英国广播公司播放了卢瑟福在英国科学促进协会的主席演讲。在接下来的几年里，布拉格、洛奇和金斯等知名人士定期发表演讲，也相当自觉地致力于教育公众。1928 年，成人教育部推出了一系列教育讲座，每个讲座都与一本《学习辅助工具》（*Aids to Study*）小册子相关联。该小册子提供了插图和进一步阅读的清单。有人指出，20 分钟的谈话只能是介绍性的，目的是引起听众对该专题的兴趣。

主要进展发生在 1929 年。为了让新服务获得声望，里斯推出了一系列由知名人士举办的“国家讲座”（National Lectures），其中第二个讲座是由爱丁顿作的。在随后的几年里，J. J. 汤姆森、布拉格和卢瑟福在这个系列中发表了演讲——事实上，这些演讲几乎是物理学家在 20 世纪 30 年代进行广播的唯一机会，因为他们的主题对听众来说太难了。在有关科学的广播中使用知名人物并不局限于科学家本身。H. G. 威尔斯做了许多演讲，其中一些反映了他对科学应用于社会事务的看法。弗兰克·詹姆斯（Frank James）在他对 1931 年法拉第百年纪念的研究中指出，英国首相拉姆齐·麦克唐纳（Ramsay MacDonald）在英国放弃金本位制（实际上是英镑贬值）的那一天，就法拉第的主题向全国发表了一次事先安排好的演讲。据推测，他希望通过摆出一副“一切照旧”的姿态来消除金融危机感。

1929 年 1 月，英国广播公司推出了《听众》周刊，定价为 2d。最终，它的销量达到了 5 万本左右，成为英国最受欢迎的高雅杂志之一。杂志的主要目的是出版广播谈话的文本，并提供插图——在某些情况下，这些文本会在演讲之前就先发行纸质版，以便演讲者可以参考。《听众》杂志诞生的最初几年，恰逢科学谈话的蓬勃发展，因此大多数周刊都至少有一篇关于科学话题的文章。它还提供由牛津化学家 A. S. 罗素撰写的每周“科学笔记”（Science Notes），罗素也是《发现》杂志的编辑。这种情况一直持续到 1933 年，它涵盖了大量的主题，包括新的发现以及对科学和技术发展提出的更广泛问题的评论。

《听众》发行后的 5 年是广播科学的繁荣时期，因为英国广播公司聘请了剑桥大学培养的生物学家玛丽·亚当斯（Mary Adams）担任谈话节目编辑，此前她发表了一系列关于遗传的成功演讲。她建立了一支稳定的固定播音员队伍，其中大部分是科学家，但也包括像杰拉尔德·赫德这样的科学评论员。演讲总是事先写好脚本并进行排练，支付的费用与杂志文章相同（1941 年，朱利安·赫胥黎抱怨说，他的费用从 15 几尼降到了 10 几尼，因为他无法亲自发表演讲）。互动只能通过预先安排好的提及前几位发言者的方式进行，不过在连续几周就单一主题的专题讨论会进行广播的情况下，这种互动可能相当详尽。直到 1935 年，它才决定冒险进行脱稿讨论，尽管这最终成为 20 世纪 40 年代播出的“智囊团”（Brains Trust）节目的常态。亚当斯和英国广播公司的经理们对谁有好的“广播声音”有非常明确的看法。赫胥黎在广播中表现得很好，牛津大学生物学家约翰·R. 贝克（John R. Baker）也是如此。杰拉尔德·赫德之所以出名，是因为他在这个话题上的表现优于大多数其他播音员。克劳瑟是个差劲的播音员，尽管他很努力地想参与其中，而 H. G. 威尔斯的高音让许多听众感到恼火。

亚当斯热衷于让听众了解科学实际上是如何运作的。她认为，许多以书面形式提供的大众科学内容都希望公众相信这些科学发现，并希望通过使用研究实际问题的科学家来解决这一问题，这些科学家可以解释收集信息和检验假设的过程实际上是如何运作的。植物生物学家诺曼·沃克（Norman Walker）的演讲给她留下了深刻的印象，该演讲展示了如何在家中重复实验。H. 芒罗·福克斯、西里尔·伯特（Cyril Burt）和埃利奥特·史密斯进行了一系列完整的演讲。V. H. 莫特拉姆发表了关于营养学的演讲（附有食谱），J. 亚瑟·汤姆森发表了关于生物学和人类事务的演讲，这一系列演讲因汤姆森最后一次生病而中断，并由玛丽·亚当斯亲自完成。有一个由弗兰克·希思爵士领导的关于科学和工业的系列演讲合集，以及一个由伦纳德·希尔领导的关于应用科学的系列演讲合集。金斯的《流转的星辰》最初是 1930 年播出的广播系列节目。

当时最多产的科学播音员是杰拉尔德·赫德。他既没有什么背景，也没有受过科学训练，热衷于通灵研究和神秘主义。这些兴趣使他能够很好地评论金斯和爱丁顿等人物的哲学言论。他还对生物学、心理学和进化论的更广泛的含义进行评论。1929 年 12 月，他首次出现在一场关于遗传和环境在决定性格中的作用的辩论中。作为奥尔德斯·赫胥黎（Aldous Huxley）的朋友，赫德很清楚新技术在这一领域的应用可能会产生更令人不安的社会影响。对他来说，科学是一把双刃剑，可以用来做好事，也可以用来做坏事。他对专业术语的使用提出了质疑，认为这是专业人士将自己与社会隔离的方式。1930 年，赫德有一个题为《研究与发现》（*Research and Discovery*）的每周系列节目，并在当年的晚些时候更名为《这个令人惊讶的世界》（*This Surprising World*）。这些广播节目最终被改编成了成功的书籍。

当亚当斯在 1935 年因健康不佳而辞职时，她写了一篇坦率的“事后剖析”，讲述了她担任谈话主任期间的经历。她不喜欢知名科学家的演讲，觉得人们是因为播音员的名声才去听广播的，而没有听他们实际上说了什么。她仍然觉得向听众解释科学方法的努力是值得的。她认为，最成功的节目是那些将科学与人们的日常生活联系起来的，以及那些涉及一些关于科学的社会影响的辩论的节目。后者是最难组织的，部分原因是节目必须要提前准备脚本，也因为许多最能言善辩的科学家显然来自政治左派。

随着亚当斯的离开，科学广播出现了下降，当地质学毕业生伊恩·考克斯（Ian Cox）被聘为编辑时，科学广播部分地停止了。他也不喜欢“大人物”的演讲，而更喜欢那些帮助人们理解科学是如何运作的节目。1936 年，在动物学家 D. M. S. 沃森的介绍下，他组织了一系列关于这一主题的演讲。第二年，包括亨利·蒂泽德（Henry Tizard）爵士在内的一群科学家受邀回答“你还想从科学中得到什么？”这个问题。1939 年，两周一次的系列节目《科学评论》（*Science Review*）开播，但战争的爆发导致科学广播几乎完全停止了几年。只有赫胥黎成功地保持了作为播音员的固定位置，因为他被列入了广受欢迎的“智囊团”讨论小组，该小组于 1941 年 1 月开始每周播出无脚本的节目。公众的许多问题并不涉及科学，但赫胥黎随时准备消除人们关于自然的流行的误解。在战争后期，一些直接的科学广播恢复了，戴斯迈拉斯（Desmarais）指出，现在人们越来越担心将科学应用于军事事务而带来的危险。

公众如何看待科学广播？直到 20 世纪 30 年代中期，英国广播公司才有办法了解观众的反应。制片人和经理们强加了他们自己的标准，尽管他们做出了一些努力，以平衡地报道有争议的问题。但就观众的反应而言他们完全依赖于公众寄来的信件，其中一些会发表在《听众》杂志上。来自每日新闻的证据表明，许多普通听众想要娱乐，而不是谈论严肃的话题。1935年,《每日邮报》专栏作家柯利·诺克斯（Collie Knox）列举了英国广播公司更无聊的作品中的一个例子，其中有一个（虚构的）题为《我们如何进化》（*How Do We Evolve*）的演讲，他冷冷地评论道:“我们真的很有趣。”直到1936年，在罗伯特·西尔维（Robert Silvey）的领导下，英国广播公司才成立了一个观众研究部（Audience Research Department），向广大听众发放调查问卷。1941年，它成立了倾听“小组”，以监测听众的兴趣和认可的程度。结果表明，有5%到10%的潜在听众收听了演讲。有些令人惊讶的是，关于科学的演讲获得了最高的支持率。在1942年《人类在自然中的位置》（*Man's Place in Nature*）这个系列的最后一期节目之后所开展的讨论中，西尔维能够自信地说，至少有125万人在听。这些评估证实了玛丽·亚当斯和其他谈话制作人的直觉。听众不喜欢技术细节，他们确实喜欢谈论与他们能够理解的事物相关的科学。那些感兴趣的人想当然地认为科学是塑造社会发展的重要因素。

英国广播公司在科学广播方面所付出的努力，在很大程度上是通过印刷品对信息和评论进行传播的现有流程的一种拓展，之所以要在此对广播中的科学进行讨论，是因为存在着这种相似性。版面和空间阻碍了对许多其他手段进行合适的探索，而这些手段会鼓励公众对科学感兴趣（尽管上面已经提到了媒体对其中一些活动的评论）。两次世界大战之间的几十年见证了许多非常有效的纪录片的诞生，包括1934年发行的朱利安·赫胥黎的《塘鹅的私生活》（*Private Life of the Gannet*）。第二年，赫胥黎从查默斯·米切尔那里接手了动物学会秘书一职，实际上成了伦敦动物园的主管。尽管赫胥黎在 1942 年被迫辞职，但两人都为扩大动物园在公众中的影响力做出了显著的努力。许多地方博物馆现在都在走下坡路，但伦敦的自然历史博物馆扩大了它的展览，并举办了许多特展。对于物理科学和技术来说，科学博物馆（Science Museum）于 1928 年以现代的形式对外开放。科学也以各种形式出现在许多大型展览中，包括 1938 年在温布利举行的大英帝国展览（British Empire Exhibition）。

问题在于，这些促进科学的工具中的大多数只能触及那些已经对科学感兴趣或愿意学习的一小部分自我选择的受众。就像英国广播公司的谈话和前几章考察过的自我教育文献一样，它们主要吸引了那些自觉地努力“提高自己”的人。正如第五章指出的，20 世纪 40 年代末进行的大规模观测显示，只有一小部分工人阶级认为他们对科学有所了解。绝大多数人什么都不知道，也不太关心，至少在他们了解到二战结束时部署的可怕的新武器之前是这样的。英国广播公司早期的说教态度表明了广播将娱乐与信息关联起来的潜力并没有被充分地利用起来。普通人不听科学讲座，也不去博物馆（他们可能会带孩子去动物园，但不会去学习生物学）。如果他们听说过科学，那也是来自大众媒体。20 世纪初，科学的报道实际上在质量和数量上都有所下降。与英国广播公司一样，新一代科学记者试图在 20 世纪 30 年代扭转这一趋势，但有证据表明，他们很难给更广泛的公众留下深刻的印象。

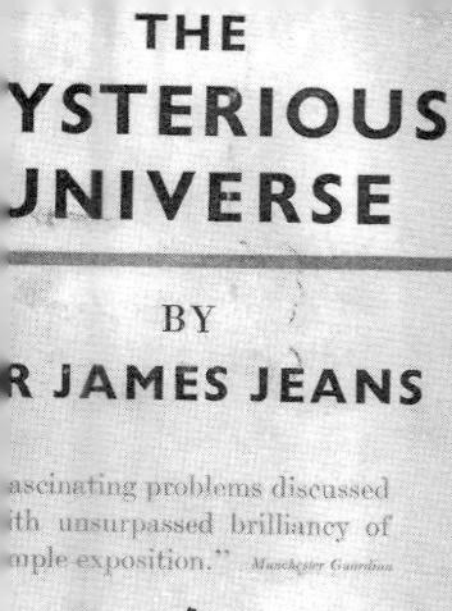

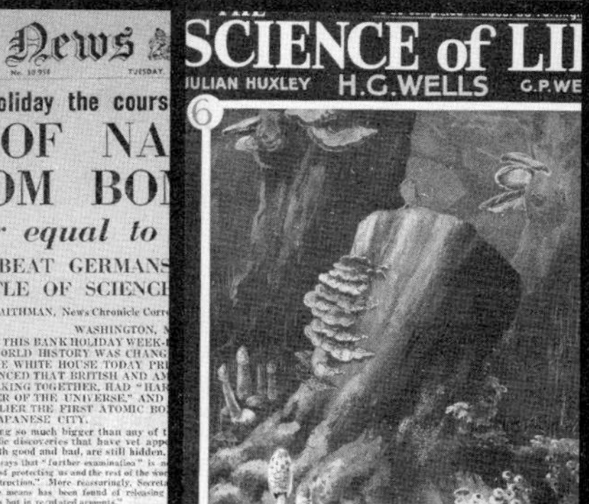

第三部分

作者

PART 3

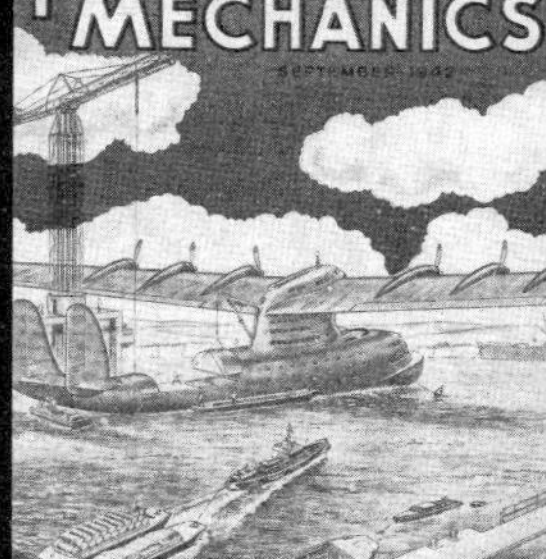

第11章 大人物

很少有科学家的名字家喻户晓——爱因斯坦的情况是如此反常，以至于成为专业研究的主题。没有一位英国科学家获得了同等的偶像地位，但有几位确实为相当一部分普通公众所熟悉。许多精英科学家不愿抛头露面，不信任那些主动出风头的人。写作自学读物不足以登上头条新闻。一个人为了在更广阔的世界获得认可，必须出现在通俗杂志和报纸上。如果一个人研究的是让外行兴奋的领域，那么这种情况就更有可能发生。但即使如此，这位科学家也必须通过表明他（所有的大人物都是男性）愿意接受大众媒体的采访，甚至为大众媒体撰稿来出风头。愿意这样做的人并不多，尝试过的人中很少有人能真正培养出适当的写作技能。

这一章将研究一小群相当反常的明星科学家，看看是什么驱使他们努力成名，以及他们是如何实现自己的目标的。他们的名字早已耳熟能详：物理学和宇宙学领域的亚瑟·爱丁顿、詹姆斯·金斯和奥利弗·洛奇；生物学中的朱利安·赫胥黎、J. B. S. 霍尔丹以及后来的兰斯洛特·霍格本；古人类学家亚瑟·基思。J. 亚瑟·汤姆森之所以变得非常出名，不是因为他的名字与任何重大发现联系在一起，而是因为他在博物学方面的大量著作。一些科学家获得了一定程度的公众关注，但并没有进入这一级别。这方面的例子包括阿尔弗雷德·拉塞尔·华莱士和

E. 雷・兰克斯特，前者直到1913年去世前不久仍在勇敢地撰写书籍和文章，后者在退休后因为给《每日电讯报》撰稿而声名鹊起。

每一位明星科学家都以不同的方式以及出于不同的原因构建了自己的成名之路。基于我之前的工作而熟悉的生物科学史上的人物，这一章介绍了四个详细的案例研究。在赫胥黎、霍尔丹、基思和汤姆森的职业生涯中，我们可以看到大多数不同的动机，这些动机驱使科学家获得了巨大的声誉。为了支撑这些人物提供了典型例子的说法，我们首先对整个科学领域中出现的引人注目的人物进行一下更广泛的概述。

作为明星的科学家

主要人物所采取的职业策略之间存在着巨大的差异，包括他们在职业生涯中开始成名的时间点。老一代科学家早年就经常活跃在通俗讲演和写作中。华莱士从未有过专业职位，他依靠写作的收入来补充达尔文和其他精英科学家在1881年为他获得的200英镑的养老金。到1900年，这种情况对于一个科学家来说几乎是闻所未闻的，这就是赫胥黎在1927年决定放弃他的学术生涯而让所有人都感到惊讶的原因。但19世纪末的其他科学家也发现，有必要通过他们的笔来养活自己，以获得足够的收入。洛奇是利物浦大学的物理学教授，年薪400英镑，但结婚需要两倍于此的收入，所以他通过讲课和写作获得额外收入。汤姆森和基思在早年就变得活跃起来，因为他们的专业职位不稳定或者收入很低。两人都持续开展通俗写作，因为他们擅长写作，出版商也蜂拥而至，急切求见。虽然他们最终减少了对写作收入的依赖，但他们发现这是对学术收入的有益补充。仍然积极地参与大学教学的汤姆森或多或少地放弃了研究，并在公众而不是专业舞台上建立了自己的形象。

赫胥黎和霍尔丹也在早期阶段就开始了非专业写作，他们出生于知识精英阶层，将对科学的更广泛影响的评论视为宣扬其写作资历的一种方式。两人都意识到了更广泛宣传的可能性，并积极寻求为杂志和报纸撰稿。赫胥黎最终放弃了职业科学家的生涯，先是与 H. G. 威尔斯合著了《生命之科学》，后来成了科学政治家和人文主义倡导者的公众人物。这更令人惊讶，因为（与汤姆森不同）他仍然渴望在科学专业中提升自己，并一直担心可能会错过皇家学会的选举，因为他过于热衷于通俗写作了。

相比之下，爱丁顿和金斯在科学精英中获得了安全地位后才成了公众人物。他们看到了利用自身科学工作就有争议的问题发表公开声明的机会。1919 年日食探险对爱因斯坦预言的证实引起了轩然大波，使爱丁顿脱颖而出。他有他想要提出的哲学和宗教观点，并在提出这些观点时表现得非常出色。因此，他愿意花一些时间写作，并至少与质量更好的大众媒体互动。他不再需要担心损害他在科学领域的地位，因为他有剑桥大学的教席，也是英国皇家学会会员——但不同于赫胥黎和汤姆森的是，他继续做着重要的研究。金斯在经济上也有保障，因为他娶了一个富有的妻子。尽管他继续活跃在科学领域，但似乎对从通俗写作中脱颖而出的前景感到非常高兴。卢瑟福几年后记录到，他听金斯说："爱丁顿那个家伙写了一本书，卖了 5 万册。我要写一本能卖 10 万册的书。"卢瑟福又补充说："上帝保佑，他做到了。"金斯还利用劳特利奇为《我们周围的宇宙》提供的 750 英镑预付款的报价从剑桥大学出版社获得了更高的预付款。

兰克斯特向我们展示了另一种常见的职业策略：他是在退休后才通过转向通俗写作来赚钱的。在他的整个职业生涯中，他一直是一个相当有争议的人物，这在一定程度上要归因于他对社会问题的激进观点。但是，他在通俗写作方面的第一次努力（与更严肃的社会评论相反）是在他担任自然历史博物馆馆长的最后一份工作中，他编写了一份插图精美的《灭绝动物》调查报告。当他在 60 岁时被迫退休而且还面临养老金不足的问题时，他利用与《每日电讯报》编辑的社会交往，创办了每周“安乐椅上的科学”系列。

20 世纪初，洛奇还将自己重塑成了公众人物。他致力于以太理论，这使他能够以常识的捍卫者的形象出现，反对新物理学的荒谬性。作为新成立的伯明翰大学（University of Birmingham）的校长，他在经济上是有保障的，尽管他不再做严肃的研究了。他名声的新来源来自对唯心论的支持。他的书——包括将他与在第一次世界大战中阵亡的儿子联系在一起的降神会的记述，卖得很好，并让他有机会接触媒体，比如当他回应基思 1927 年在英国科学促进协会发表的宣扬物质主义的演讲时。1930 年,《旁观者》杂志的一项读者投票显示，洛奇是这个国家最优秀人才名单上唯一的科学家。大多数科学家不赞成他的心灵研究，尽管他的反唯物主义立场与汤姆森所捍卫的立场非常相似。洛奇的唯心论很容易被认为与他的科学无关，但他清楚地指出了他对生存的信仰、以太（通过“以太身体”的概念）和渐进进化的想法之间的联系。洛奇的唯心论和汤姆森的新活力论支持自由基督教与非唯物主义科学的综合。

约瑟夫·麦凯布等理性主义者抱怨说，洛奇和汤姆森等资深人物利用他们作为通俗作家的地位，对科学实际走向何方给公众留下了一种过时的印象。这是一个有效的观点：洛奇和汤姆森都很清楚他们的想法与最新的进展有多大的不同，但他们认为自己有责任抵制当前流行文化趋势的影响。他们在公共领域的表现超过了其科学能力，因此处于扭曲大众对科学含义的看法的地位。但麦凯布也抱怨在他所谓的“金斯–爱丁顿爆发”中提倡的反物质主义，而这里的科学是最新的，即使两位宇宙学家对其哲学后果提出了特别的看法。麦凯布也没有考虑到这样一个事实，即像基思和兰克斯特这样的老理性主义者在大众媒体中很活跃。然而，基思的唯物主义立场并非来自生物学的最新进展。他的“达尔文主义”并不依赖于对自然选择的任何详细理解，他的生物学思想与汤姆逊青睐的整体论模型有着惊人的相似之处。然而，基思可以以进化论专家的身份出现，是因为他的解剖学技能是解释原始人类化石所需要的。因此，即使在更老、更保守的科学家队伍中，也存在着意识形态上的分歧。基思和理性主义者出版协会的其他支持者的努力，越来越多地得到了霍尔丹和霍格本等政治上更激进的作家人物的补充。科学的通俗展示是一个社会和文化战场，大人物歪曲公众对科学的印象的能力既受到他们自身的不团结的限制，也受到至少一些年轻科学家——不管他们的同事是否反对，参与其中的意愿的限制。

影响对科学含义的更广泛理解这一愿望并不是撰写非专业材料的唯一动机。像他的许多来自知识精英之外的同时代人一样，汤姆森是工人教育的爱好者。在职业生涯的早期，他不知疲倦地在大学推广运动中讲课。对他来说，这种社会关切与他利用写作来对公众进行科学教育的职业生涯无缝地对接起来——当然，这是他自己对科学的解释。直到 20 世纪 30 年代，霍格本和新一代关心社会的科学家才寻求利用教育作为鼓励公众挑战资本主义社会利用科学的方式的一种手段。对他们来说，上一代人帮助人们在现有制度下改善自己的努力是保守的，是适得其反的。也许他们是对的，但像汤姆森这样的作家如此积极地推动科学的动机是真实的。

所有这些人物都必须掌握以一种与普通人的兴趣相关的方式撰写科学文章的技巧。汤姆森和兰克斯特可以利用公众对博物学的迷恋，以及对进化和生命本质的更深层次的关注。基思关于人类化石的著作也进入了后一个领域。爱丁顿和金斯可以将他们的宇宙学与对天文学感兴趣的同样广泛的公众联系起来，而他们对新物理学的解释被认为是在解决一些虽然相当令人困惑但却很深刻的问题。所有人不仅写得很好，而且似乎都喜欢写作，或者至少喜欢它所引起的公众关注。与大多数科学家不同的是，他们不准备把自己限制在与其他专家就技术细节进行交流上——他们对科学的广泛影响有自己的看法，他们希望与人们分享这些观点，并在引导公共辩论的过程中发挥作用。如果那意味着学习如何在某种程度上对话题进行大肆渲染，他们会接受这一点。他们认为他们最好亲自撰写材料，而不是把它留给没有科学知识的记者。

朱利安 · 赫胥黎

朱利安 · 赫胥黎是科学家转型为科学作家和公众人物的典型例子。他是少数几个真正放弃学术生涯而投身写作和其他形式的社会活动的专业科学家之一。他也是少数几个雇用了文学经纪人的人之一——即使是多产的汤姆森也在自行管理与出版商的关系。赫胥黎出生于知识精英阶层，起初他利用的是 T. H. 赫胥黎的孙子这一名声。他在职业生涯的早期阶段就引起了媒体的注意，当时他的研究引发了关于延续青春的前景的头条新闻。到了20世纪30年代，他定期出现在杂志、日报和广播中。他曾与最著名的作家之一H. G. 威尔斯在一个具有广泛社会影响的重大教育项目上合作。他被普遍地认为是这个国家的顶尖知识分子，是“最好的头脑”之一。他对广泛的社会和智识议题有自己的看法，从支持包括优生学在内的精英立场转变为更加自由的立场。他成了人文主义哲学的积极倡导者。当他从动物学会秘书这一职位上退下来时，他在公共活动之外为自己创造了第二职业，最终成为联合国教科文组织的负责人。尽管他参与了公共事务，但他的研究已经足以让他获得梦寐以求的皇家学会会员。当他从伦敦动物园辞职时，他已经被普遍地认为是新达尔文综合理论的主要支持者之一。然而，他现在被科学界斥为半吊子，这一观点似乎在他放弃自己的职业生涯时得到了证实。

赫胥黎早年就开始撰写关于科学及其影响的评论。他的《动物王国中的个体》是为《剑桥手册》系列写的，当时他只有24岁。第一次世界大战后不久，他开始定期为《雅典娜神殿》、《双周》（*Fortnightly*）、《田野》和《乡村生活》等高质量杂志撰写文章。他的信件显示，到1921年，他已经通过伦敦的一家文学代理商将文章刊登在英国的杂志上了，并通过埃德温·斯洛森的科学服务社将文章刊登在了美国的媒体上。他在《世纪杂志》（*Century Magazine*）上发表了一篇题为《寻找长生不老药》（“The Search for the Elixir of Life”）的文章，赚了200美元。1924年，《旁观者》杂志以每千字4英镑的价格，刊登了7篇关于他在美国生活的文章。他的《生物学家随笔》（*Essays of a Biologist*）和《大众科学随笔》（*Essays in Popular Science*）收集了他更多的实质性文章，尽管这两本书的读者群有限。1924年，他为美国版的《生物学家随笔》获得了 100 美元的预付款，并在出版商克诺夫出版社（Knopf）所称的“令人失望”的 437 本的销量中获得了 9.25 美元的额外收入。

赫胥黎较为严肃的文章针对的是知识精英，很难“受欢迎”。但他对荷尔蒙的研究引起了公众的共鸣，因为它似乎证实了关于返老还童疗法这个耸人听闻的故事。1920 年 1 月，他在《自然》杂志上发表了一篇关于给蝾螈喂食甲状腺提取物的影响的论文（蝾螈通常在成年后仍保留幼鳃），《每日邮报》以《生命的秘密》为题对此进行了报道。赫胥黎为该报撰写了一篇文章，以澄清这一情况。后来他声称，因此获得的 10 几尼使他产生了一个想法，即他有可能在大众科学写作的基础上开创一份事业。他为《每日邮报》撰写了一系列“科学笔记”，但很快就被告知他的材料太难了——《泰晤士报》也有同样的反应。然而，赫胥黎逐渐建立了作为一名日报撰稿科学家的声誉。到 20 世纪 20 年代中期，他在《标准晚报》上已被读者所熟悉。他还为更通俗的杂志撰写文章，尽管斯洛森告诉他，一篇 500 字的报纸文章可以吸引数百万读者，而一份 5000 字的杂志文章只能吸引几千名读者。打入这个市场显然不是一件简单的事情，赫胥黎必须学习适合每个出版层次的技巧。但同样明显的是，他决心以一种让自己有别于大多数科学家的方式做出努力。

随着在文学和新闻事业方面的不断发展，赫胥黎的活动变得更加务实。他扩大了活动范围，包括编辑工作和电台广播。他很早就愿意使用代理来发表杂志文章，这表明他比大多数在职科学家更认真地对待这方面的工作。到了 20 世纪 30 年代，他开始使用文学经纪人来处理所有事务，首先是历史悠久的詹姆斯 · B. 平克（James B. Pinker）公司，当该公司在 20 世纪末破产后又换成了 A. D. 彼得斯（A. D. Peters）公司。他们与编辑就文章的稿费进行了谈判——赫胥黎不愿意写更难的文章，除非值得他花时间去写。莱斯大学保留的他的通信以及他在 A. D. 彼得斯公司文献中的文件——现在保留在得克萨斯大学奥斯汀分校（University of Texas at Austin）的哈里 · 兰塞姆中心（Harry Ransom Cente），证实了他是一位非常认真地对待这一活动的商业方面的作家，并准备为此付出大量努力。他的代理人总是在寻找更好的报酬、再版和缩略本，以及国外的版权和翻译。

赫胥黎也越来越多地涉足出版业。他为《剑桥科学和文学手册》、本的《六便士图书馆》，以及后来的鹈鹕系列撰写了教育系列。他为汤姆森的《科学大纲》等文集做出了贡献，并最终接替汤姆森成为《家庭大学丛书》的科学编辑，每年获得 75 英镑的预付金。他是《大英百科全书》第 14 版的生命科学编辑，该书于 1929 年出版。1935 年，他获得了 250 英镑的年薪，加入图书协会（Book Society）董事会，向会员推荐书籍，但几个月后他就辞职了，因为他太忙了。他举办讲座，包括在美国旅行期间。他听取了伯特兰 · 罗素关于报酬的建议。他制作了野生动物电影《甘尼特的私生活》(*The Private Life of the Gannett*)，并定期出现在电台的广播中。

1927 年，他决定辞去伦敦国王学院的教职，专心撰写《生命之科学》(见第 6 章)，这是他越来越多地参与大众科学写作的最明显的例子。这让他的同时代人感到震惊,《自然》杂志发表了一篇社论，怀疑大众科学的市场现在是否真的大到足以维持该领域的专业作家。考虑到赫胥黎被视为全国薪水最高的教授，这一举动是大胆的。在莱斯大学短暂逗留期间，他的年薪相当于 750 英镑，而在国王学院，他的年薪为 1000 英镑。他并不依赖于从写作中赚钱，这表明他以作家的身份建立一个平行的职业生涯是源于对公众影响力和认可的真正渴望。现在，威尔斯在《生命之科学》方面取得的进展足以让他完全放弃自己的学术生涯。威尔斯是个严厉的监工，但他教会了赫胥黎成为一个职业作家所需的技巧。此时此刻，他是否能以一名独立的科学评论员开始自己全新的职业生涯还纯属猜测。事实上，他在没有薪水的情况下继续工作，直到 1935 年成为动物学会的秘书。但他仍然想对英国的科学是如何进行的施加影响，正如达西·温特沃斯·汤姆森（D'Arcy Wentworth Thomson）在一系列信件中告诉他的那样，在专业科学界之外，这几乎是不可能做到的。汤姆森还怀疑赫胥黎能否无限期地承受自由职业记者的压力。

赫胥黎的通俗写作一直引起他的同行科学家们的关注。他回忆说，当他的作品第一次出现在日报中时，他被霍尔丹和其他人警告说，这可能会损害他的职业生涯。这些担忧在赫胥黎有望入选著名的位于伦敦的英国皇家学会后的几年成为现实。当选会员是基于他作为一名研究人员的地位而考虑，但在他的同龄人中有一种感觉，现在他被职业生涯的另一面（即大众科学写作）分散了注意力。赫胥黎在 1926 年和 1927 年再次考虑参加选举，十年后也会处于同样境况的霍格本担忧，赫胥黎决定辞掉国王学院职位可能会对他不利。事实上，他没有当选，当 1931 年和 1932 年他再次参加选举时，人们也表示了担忧。反对意见并不完全集中在赫胥黎的写作活动上：遗传学家 F. A. E. 克鲁承认谈论生物学和人类事务是不受欢迎的，但也指出，皇家学会的动物学部门由不喜欢实验工作的老式生物学家主导。赫胥黎本人注意到了对传统话题的偏爱，同时抱怨说，既然他经常被要求为了官方科学机构的利益而运用同样的技能，那么对他的新闻活动进行批评就是不公平的。1932 年，赫胥黎被排除在候选名单之外，D. M. S. 沃森告诉他，委员会的几名成员希望看到他的学术作品，以确保他仍然是一名“活跃的动物学家”。

这些评论提供了明确的证据，表明一位科学家在其职业生涯中确实因其在大众科学领域的活动而遭受到了痛苦。其他科学家也表达了类似的担忧，特别是霍尔丹和霍格本，但这一案例提供的不仅仅是谣言和猜测。然而，有几点需要说明。首先，赫胥黎发现很难从年长的动物学家那里获得支持还有其他原因，即这些动物学家对遗传学和实验工作持怀疑态度，他们主导着皇家学会的这一部门。其次，赫胥黎本人抱怨对他的“新闻”活动缺乏欣赏，这被认为与人们可能会为高雅的杂志或自我教育市场而开展的严肃的非专业写作非常不同。许多科学家从事后一种活动，因此他们不太可能不赞成赫胥黎通俗作品的这一部分。问题是，他在报纸和广播上发表了具有争议的观点，这更有可能引起反对，尤其是当他看起来像是为了文学事业而放弃研究的时候。如果他真的放弃了研究，他就不太可能进入皇家学会，人们不能责怪委员会的那些人想要确保情况不是这样。最后，赫胥黎确实成了英国皇家学会会员，但那是在他接受了伦敦动物园的工作而重新加入了专业团体之后。

克鲁发现的另一个问题是，赫胥黎对有争议的问题发表评论的意愿。他是理性主义者出版协会的活跃成员，并提倡人文主义哲学，把这作为传统宗教的替代品。他 1927 年的《没有启示的宗教》和 1931 年的《我敢怎么想？》（*What Dare I Think?*）被广泛讨论，这两本书比大多数曲高和寡的书卖得都好——《我敢怎么想？》在三个月内卖出了 3300 本。赫胥黎也在更受欢迎的层面上写了关于这些问题的文章。1939 年，理性主义者出版协会以

2d 的价格发行了一本他的小册子，名为《生命是值得的》(*Life Can Be Worth Living*)。对于科学界的保守派成员来说，更令人不安的是，赫胥黎正成为纳粹及其英国支持者（包括 E. W. 麦克布赖德，他在动物学会的主要反对者之一）所宣扬的种族主义生物学的高调的评论家。他与人类学家 A. C. 哈顿合著的《我们欧洲人》一书，有力地说明了新的群体遗传学正在削弱关于不同种族类型的旧理论的科学可信度。

到 20 世纪 30 年代末，赫胥黎致力于在动物学会的要求与他的雄心之间取得平衡，他的雄心是就科学进行写作，以及对现代世界的问题进行更广泛的写作。我们可以从他的第二个文学代理人 A. D. 彼得斯的档案中了解他自 20 世纪 30 年代后期以来的写作活动。从提交给赫胥黎的记录中我们可以清楚地看到他所从事的一系列活动的复杂性。准备中的新书源源不断，他通常会先收到 100 英镑预付款。像往常一样，当销售额超过最初的预付款时，就会产生版税。文章、缩略本、翻译和电台广播都有单独收费。许多报酬微不足道，通常只有几英镑或几几尼，但偶尔也会有更可观的报酬，比如他在《每日先驱报》上发表了一篇 1200 字的文章，得到了 30 几尼。稿费很多，每年加起来就有数百英镑——这给他增加了一笔可观的收入。1942 年，他辞去了在伦敦动物园的工作，这一年他总共赚了 249/11/7d 英镑。这一数额直到 1945 年才大幅增加，当年的总额跃升至 877/13/3d 英镑。这在当时是一笔可观的收入，也显示了赫胥黎是如何通过提高他的作品量来弥补他的薪水损失的。到目前为止，他已经成为世界舞台上的公众人物。然而，就大多数科学家而言，他把自己边缘化了——在两次世界大战之间渴望已久的英国皇家学会会员已经被他收入囊中了，然后又被浪费了。

J. B. S. 霍尔丹

和赫胥黎一样，J. B. S. 霍尔丹出生于英国的知识精英阶层，在宗教和社会问题上持有相当激进的观点——他也为理性主义者出版协会撰稿。在 20 世纪 30 年代期间，他进一步转向政治左派，与共产党建立了联系（尽管从未真正加入）。虽然最初对赫胥黎早期与日报的摩擦持批评态度，但霍尔丹最终也完成了从高雅文学到新闻的转变，并为各种杂志和报纸撰写了数百篇文章，其中最多的是始终如一地为共产党的《工人日报》撰写文章。两人都认为，科学家有责任向公众解释该领域正在发生的事情，并提醒他们注意潜在的后果和影响。但霍尔丹的动机更明显是政治性的，他的努力使他对公共卫生和国家备战等问题进行了有争议的评估。还有一个显著的区别是，赫胥黎在社会上左右逢源，而霍尔丹则四处碰壁。他本人认为，原因在于他多次拒绝代表工党参加议会选举。在一桩离婚案后，他还因 1925 年与记者夏洛特·伯吉斯的婚姻丑闻而成为公众关注的焦点。

霍尔丹从未想过要放弃他的研究事业，直到生命的最后一刻，仍然是一位杰出的研究科学家。当他以科学评论员的身份出现在大众媒体上时，肯定会有一些批评。J. G. 克劳瑟报告说，物理化学家威廉·哈代曾向他声称，霍尔丹和赫胥黎都在朝这个方向发展而损害了他们的职业生涯。但霍尔丹继续进行高质量的研究，并毫无困难地获得了他的英国皇家学会会员——事实上，他开玩笑地吹嘘说，一旦他得到了它，他就可以从一篇文章中得到 15 几尼，而不是 5 几尼。当赫胥黎试图获得英国皇家学会会员时，他对自己作为一名科学家的可靠性产生了担忧，而霍尔丹却不存在这样的担忧。事实上，他能够同时适应两种职业，这要归功于他的努力工作和利用业余时间流利写作的能力。像霍格本一样，他的许多受欢迎的作品都是在火车旅行中完成的。他的妻子指导他学习新闻的实用性，还帮助他在出版业建立联系。

霍尔丹最终尝试了几乎每一种非专业写作，从正式的教科书到报纸文章和儿童读物。和赫胥黎一样，他也希望改善科学教育，两人合作编写了一本非常成功的教科书《动物生物学》（*Animal Biology*）。该书于 1927 年出版，并在 20 世纪 40 年代再版。但霍尔丹也和赫胥黎一样热衷于解释科学对更广泛的社会和文化辩论的影响。他在 20 世纪 20 年代初开始为理性主义者出版协会写作，并于 1924 年以其对科学的潜在社会影响的冒险评论——《代达罗斯》在知识界产生了相当大的影响。这本书取得了可观的销量，表明其渗透力远远超出了文学精英——一年内出版了 5 次，总销量达到 12 000 册，这让霍尔丹夸口说，他从这本书中总共赚了 800 英镑。他在各种期刊上发表的高雅文章在《可能的世界》（*Possible Worlds*）和《人的不平等》等书中再版。

从 20 世纪 20 年代中期开始，霍尔丹开始在更通俗的水平上写作。他抱怨媒体记者倾向于对任何科学家的评论进行耸人听闻的报道，并且似乎已经接受了最好的补救办法是自己撰写作品。早在 1923 年，他就提出为社会主义《每日先驱报》提供科学新闻服务。这一点没有被采纳，但《每日先驱报》和许多其他日报很快就偶尔刊登他的文章了。1927 年，《标准晚报》用他的另一种未来主义推测推出了"人类的命运"系列。1930 年，他在《周末评论》（*Weekend Review*）和《每日快报》上与伯肯黑德勋爵（*Lord Birkenhead*）展开了一场争论，因为他声称伯肯黑德在自己关于未来世界的书中借鉴了代达罗斯的思想。最终，他开始定期为共产党的《工人日报》撰写科学方面的文章，多年来坚持每周四发表一篇文章。这些内容随后被汇编成一系列书籍，包括《和平与战争中的科学》（*Science in Peace and War*）、《被禁的广播》（*A Banned Broadcast*）、《科学进步》（*Science Advances*）和《生命是什么》（*What Is Life*）。它们涵盖了各种各样的主题，既有实用的，也有智识的，但其中很多都在痛斥社会机构对科学的使用和误用。霍尔丹越来越多地批评当局的战争准备，写了一些关于毒气（他指出，毒气比烈性炸药杀死的人要少）和空袭防护等问题的文章。他也是一名活跃的电台播音员，尽管英国广播公司拒绝使用一篇批评军备工业的谈话。1933 年，他在生物学的含义的系列广播节目中对支持优生学的生物学家约翰·R. 贝克做出了回应。这是他在《遗传与政治》（*Heredity and Politics*）一书中详细讨论的话题。霍尔丹收到了大量回应他文章的公众来信，并尽可能多地进行了回复。他还尝试写儿童读物。他的《我的朋友李基先生》（*My Friend Mr Leakey*）于 1937 年出版，在风格上让人想起了乔治·伽莫夫更著名的汤姆金斯先生，尽管书中的科学知识很少。

霍尔丹在与编辑和出版商打交道时非常务实，但在建立了令人满意的条款后，他又会经常放弃争取到的钱。当出版商劳伦斯和威沙特（Lawrence and Wishart）向他提供一本书 10% 的版税时，他拒绝了这一提议，认为这是“对作者的一种可耻的少付”，并指出 15% 甚至 20% 是他所期望的正常版税。他经常拒绝接受 25% 的国外版税，认为这过高了。他的书没有一本是畅销书，但这些书持续出版了几年，为他赚了一大笔钱。他从《代达罗斯》中获得了丰厚的收入——虽然他的大部分书都是面向中产阶级读者定价的，只卖出了几千本。在 1936 年的最后六个月里，他的《科学与超自然》（*Science and the Supernatural*）卖出了 68 本，为他赢得了 2/2/4d 英镑的巨款——但由于 100 英镑的预付款中仍有 66/12/11d 英镑未付，显然，除了预付款之外，他没有得到任何收益（总销量为 1457 本，印数为 2430 本）。《遗传与政治》在 1937 年卖出了 1269 本，为他赚了 65/5/9d 英镑。同年，《马克思主义哲学与科学》（*Marxist Philosophy and the Sciences*）共售出 1179 本，收入 34/18/9d 英镑。

霍尔丹从新闻工作中获得的收入远比他的图书版税要多得多。1933 年，《新闻纪事报》给他 12 几尼，让他写一篇 1000 字的文章。1944 年，《纽约时报》（*New York Times*）给他每篇文章 150 美元。考虑到这一时期他定期为商业日报（除《工人日报》外）撰稿，他从新闻中获得的总收入相当可观。然而，尽管他坚持要得到应得的东西，他还是慷慨地将收益转移给值得的事业或个人。他的大量信件和笔记显示，他把报酬或版税分配给了空袭保护协调委员会（Air Raids Protection Coordinating Committee）等组织或需要帮助的个人。远远超过赫胥黎的是，霍尔丹的写作更多的是为了他的社会良知，而不是为了他自己的利益，尽管他可能并不依赖于他的收入，也没有兴趣放弃他的研究事业和学术薪水。

亚瑟 · 基思

尽管亚瑟 · 基思也是一个理性主义者，而且确实还是一个激进的理性主义者，但他与赫胥黎和霍尔丹几乎没有什么共同之处。当他们继续研究生物学的最新进展时，基思仍然忠实于作为解剖学家的原始训练，并越来越多地被他的科学（尽管不是他的医学）同事视为过去的遗迹。罗德里 · 海沃德（Rhodri Hayward）

认为，基思在科学上的保守立场被医学界用来抵制新的基于实验的医学。他在社会观念上也是一个保守主义者，为人类物种中不同种族类型的观点辩护，直到1949年才发表了基于种族冲突的人类进化论。当他开始将解剖学技能应用于人类遗骸化石的重建时，他意识到公众对这个话题的兴趣给了他一个进入报纸和杂志世界的机会。因此，基思不仅在医学问题上，而且在达尔文主义和人类起源研究方面成了一名专家。但他的“达尔文主义”并没有涉及遗传学，而是更符合汤姆森等老一辈生物学家青睐的有机主义方法。像汤姆森一样，他展示了接触媒体如何让一个资历有限或过时的人在其观点被许多科学家认为有争议的领域里被公众认可为“专家”。

然而，与汤姆森不同的是，基思坚持唯物主义立场，是理性主义者出版协会的主要作家。他的唯物主义引起了公众的注意，尤其是当他用来反对洛奇和柯南·道尔提倡的唯心主义的流行一时的狂热时。他有争议的观点有助于促进他的新闻事业，但经济回报也很重要。基思并非出身优越，作为伦敦一所医学院的年轻教师，他不得不努力奋斗。在非常缺乏资金的时候，他早期对通俗写作的冒险大大地补充了他的收入。但即使在收入丰厚的情况下，基思仍继续写作，并欣然地将额外收入作为购买艺术品等奢侈品的收入来源。他的自传详细记录了他的写作活动，并津津有味地列举了他的收入，清楚地表明了这方面对他的职业生涯有多么重要。

1895年，在伦敦医院（*London Hospital*）开始职业生涯时，基思负债累累，他发现为《伦敦新闻画报》撰写的书评非常受欢迎。每千字1英镑，他每月赚3英镑。1896年，他参加了动物学会的一次会议，会上讨论了“爪哇人”（“Java Man”）（爪哇直立人，现在的直立人）的新发现。他意识到，他可以通过为大众媒体写一篇关于化石的报道来赚“急需的一分钱”。他的文章被《蓓尔美街报》（*Pall Mall Gazette*）发表了，这笔收益使他能够在圣诞节慷慨地向医院搬运工提供小费。但他将这种活动扩展到图书出版界的第一次努力以失败告终。动物学家弗兰克·贝达德从约翰·默里那里为基思得到了一本关于人类进化的书的合同，但当手稿交付时，却被拒稿了，理由是这个主题对公众没有吸引力。在此期间，他通过撰写及修改医学教科书赚钱。

基思作为大众科学作家的事业在第一次世界大战前夕开始起步，并因参与皮尔丹人事件（1912 年在苏塞克斯的皮尔丹发现的人类遗骸化石，最终被证明是欺诈性的）得以推进。1911 年，《泰晤士报》发表了他写的一篇关于人类化石的文章，他开始着手撰写他出版的第一本关于这一主题的书——《古代人的类型》。他还为《家庭大学丛书》写了《人体》，并在英国科学研究所发表了关于巨人和侏儒的演讲。后者为他赚了 25 英镑，他把这笔钱花在了水彩画上。当皮尔丹的发现出现在现场时，媒体非常兴奋，基思是争论最激烈的一方，他提倡重建头骨，以符合他的信念，即人类类型的进化比大多数权威人士认为的要早得多。这一观点在他的著作《人类的古老历史》中得到了发展，该书的出版因战争而推迟了，尽管在 1915 年最终出版时取得了一定的成功。这是一本昂贵的书，销量有限，但版税为 15% 或 20%，即使是有限的成功，作者的收入也是相当可观的。基思从 1924 年的修订版中赚了 400 英镑，从后续的《与人类古代有关的新发现》（*New Discoveries Relating to the Antiquity of Man*）一书中赚了 700 英镑。

基思因此成为研究原始人类化石的泰斗，并随时可以在大众媒体上对新发现发表评论。虽然他的专业知识来源于医学院的传统解剖学，但他被认为是能够对人类起源理论进行权威评论的人，言外之意是，他也是能够对达尔文主义进行权威评论的人。即使在他的古人类学家同行中（他们中的大多数人对达尔文理论的最新进展同样一无所知），基思愿意在公众面前对最新的化石发现指手画脚也引起了不满。牛津大学地质学家 W. J. 索拉斯 1911 年的著作《远古猎人》也取得了一些成功，他向罗伯特·布鲁姆抱怨说，基思是“人类学界最彻头彻尾的骗子和最狡猾的攀登者”。他的著作是“纯粹而简单的新闻报道，得到了所有记者的支持，可怜的小可爱”。索拉斯预言基思“像火箭一样上升，又会像棍子一样下降”——这是一个极其失败的预测。

到基思开始成为公众人物的时候，他已经通过在教学医院的教授薪水获得了经济上的保障。战争结束后不久，这笔钱从每年 1000 英镑涨到了 1200 英镑。但这并不妨碍他从事引起公众注意的活动，并为这份丰厚的薪水提供了补充。1916 年，他在英国科学研究所举办了圣诞讲座，并在接下来的三年里也都做了讲座，他还为《标准晚报》提供了可以出版的文本。最终，其他几家报纸也刊登了这些文本。英国科学研究所对此产生的额外宣传表示感谢，并向他支付了 70 英镑的奖金。1921 年，他从这些讲座中获得了 166 英镑的报酬，另外还从图书版税中获得了 116 英镑。1925 年在爱丁堡举办的另一组广为宣传的讲座让他净赚了 225 英镑。到现在为止，他已经是一位著名的人物了，经常被编辑邀请对不断增加的一系列其他话题发表评论。正如基思有些遗憾地承认的那样：“编辑们诱惑我，我也经常屈从于他们的要求。”他甚至向彼得·查默斯·米切尔抱怨《泰晤士报》对他 1927 年在英国科学促进协会发表的有争议的演讲报道不足。《纽约时报》委托他与洛奇就“死者在哪里？”进行了一场辩论，随后由《每日新闻》(*Daily News*)在英国发表。在曼彻斯特举行的另一场关于达尔文主义的演讲成了“耸人听闻的头条新闻”。基思记录道，在两年的时间里，他用自己的笔赚了近 2000 英镑，几乎相当于他的薪水。但他也指出，当他公开反对唯心主义时，他在普通民众中的受欢迎程度就大幅下降。理性主义出版商沃茨向他支付了 100 英镑的预付款，让他在他们的《论坛系列》中发表演讲，但由于这本书卖不出去，这笔交易亏了钱。基思显然不仅仅是在迎合公众的口味，而公众的口味显然倾向于非唯物主义科学与宗教之间拟议的调和。争议成了头条，这反过来又吸引了编辑，但这并不意味着人们同意他们所读的内容。

基思在 20 世纪 30 年代和 40 年代继续为英国和美国的媒体撰稿。他没有保持他在 20 世纪 20 年代后期的激进观点所产生的高姿态，但总有新的化石发现可以评论，总有关于医学问题的观点可以表达。他的收入变化很大：1946 年只有 46 英镑，但第二年就达到了 560 英镑。这说明了即使是相对成功的作家也面临的一个问题，即写作所产生的收入的不稳定性。基思选择了一条比赫胥黎更安全的路线，为了安全起见，他保留了自己的学术职位，并将写作的收入作为一种奖金。

J. 亚瑟 · 汤姆森

像霍尔丹和基思一样，J. 亚瑟 · 汤姆森保留了他的学术地位，同时通过演讲和写作获得了很高的公众知名度。但他为科学的一种愿景辩护，即背弃唯物主义，寻求与自由宗教的和解。虽然他最初被视为一位雄心勃勃的研究科学家，并于 1899 年在阿伯丁大学获得了皇家博物学雷吉乌斯教授的声望，但他逐渐放弃了研究，专注于教学、公共演讲和大众科学写作。不过他越来越远离科学界，也从未被选入英国皇家学会，现在基本上已经被遗忘了。但在 20 世纪的前三十年里，他可能是这个国家最著名的科学作家，在 1930 年退休时被封为爵士。

有几个相互作用的动机使汤姆森进入了普及（popularization）这个领域。他尽管认为公众应该更多地了解科学，但像许多最优秀的大众科学作家一样，他关心的是应该通过对科学意义的特定解释来向大众介绍科学。他没有努力假装自己是在宣传一种与价值无关的最新发现的形象——他被驱使着去写关于科学的文章，因为他认为这对他的读者来说应该有意义。问题是，这一愿景在他的整个职业生涯中保持不变，而科学界在新世纪的最初几十年里发生了根本性的变化，使得汤姆森与新一代的观点相隔绝。

汤姆森在生物学上的研究方法深受其宗教信仰的影响。从他在耶拿大学学习时写给朋友帕特里克·格迪斯的信中，我们知道他对自己是否适合从事科学事业有所怀疑。他想学习成为苏格兰自由教会（Free Church of Scotland）的一名牧师。到 1886 年，在格迪斯的影响下他的意愿变得更加强烈，并被导向一种更加灵活的观点，即自然是神圣活动的场景。从这一点开始，他是新活力论生理学和目的论进化论的热情倡导者，将人类的更高品质视为宇宙进步的预期结果。另一个对他的思想产生重大影响的是亨利·柏格森的创造进化论——汤姆森写了一篇关于《创造进化论》（*Creative Evolution*）的评论，认为尽管它是自然诗而不是生物学，但它是科学的重要补充。

几乎从一开始，汤姆森的非专业写作就被用来宣传反对物质主义的观点。1904 年，他与格迪斯在由英国圣公会牧师编辑的一本文集中合作了一篇论文。汤姆森在 1915 年和 1916 年的吉福德演讲（Gifford lectures）[以《有生命的自然系统》（*The System of Animate Nature*）为名出版] 中强调了方法论的活力论的必要性，即使用非物质特征来描述生物，而不是暗示它们是由活力所驱动的。他 1925 年的《科学与宗教》（*Science and Religion*）也表达了同样的观点。

汤姆森也是一位孜孜不倦为促进科学的新形象协力撰写文章的作者。1923 年，他给 F. S. 马文（F. S. Marvin）的《科学与文明》（*Science and Civilization*）提供了一篇有关达尔文的影响的文章，强调"漫长的人类冒险为地球上的进化过程加冕"。1928 年，他为弗朗西斯·梅森（Frances Mason）的《进化的创造》（*Creation by Evolution*）写了一篇题为《为什么我们必须成为进化论者》（"Why We Must Be Evolutionists"）的文章。他对后续卷《伟大的设计》（*The Great Design*）作了介绍，宣称大自然起源于一位希望它向更高层次发展的造物主。这些通俗作品大多针对受过教育的读者，包括神职人员，但汤姆森也能够向更广泛的读者表达他的自由宗教观点。他将它们纳入了 1931 年英国广播公司的广播节目中，并收录在他的《进化论福音》（*Gospel of Evolution*）一书中，这是由通俗杂志《约翰·奥伦敦周刊》推广的系列图书中的一本小书。

因此，汤姆森作为一名科学家而广为人知，他既善于将自己的材料传达给非专业读者，又孜孜不倦地倡导生命科学的非唯物主义方法。与洛奇一起，他的名字是那些寻求证实科学果真已经背弃了维多利亚时代的物质主义的牧师们最常引用的名字之一。医生兼诗人罗纳德·坎贝尔·麦克菲将他的一本活力论小册子和一首诗献给汤姆森，以纪念他为促进这一愿景所做的努力。

汤姆森认为，他有责任让尽可能多的公众了解科学的进展。

如果大多数科学家发现很难用外行人能够理解的语言来描述他们的工作，那么就需要少数确实拥有这种技能的人投入大量的时间来从事这项活动——即使这让他们很容易受到更积极地从事研究的同事的嘲笑。毫无疑问，汤姆森确实掌握了用对普通人而言既容易理解又有启发性的方式来谈论和写作科学的技巧。从校外讲座开始，他很快就被邀请把这些东西写出来出版，当他在阿伯丁开始自己的职业生涯时，他就已经深入参与到了出版业之中。他为各种出版商写作，一旦他们认可他的传播技巧，他们就急于委托他撰写作品。他还成了一个受欢迎的自我教育系列的科学编辑，从而与将塑造他整个职业生涯的出版业建立了联系。

甚至在开始教书之前，最初是在爱丁堡，汤姆森就已经积极参与大学推广运动了，在夏天他会回到爱丁堡做校外讲座。1885年，他向帕特里克·格迪斯抱怨说，他在这类活动上花的时间太多了。但这些讲座只是一个起点，因为很快就有人请求汤姆森把它们写成投给媒体的文章或写成非专业教科书的形式。他在1892年写成的《动物生命研究》（*Study of Animal Life*）得到了劳埃德·摩根的好评，称赞其“极其快乐”的写作风格，但警告说，使用“爱”等术语来表示动物的性本能可能会产生误导。这一评论说明了汤姆森更广泛的信仰与他作为一名受欢迎的博物学作家的成功之间的重要关联。摩根敦促心理学家在将高级心理功能赋予动物时要谨慎，而汤姆森则非常乐意用拟人化的术语来描述它们的行为。他描述动物的方式，鼓励读者把动物看作由超越了机械解释的精神力量驱动的生物。《动物生命研究》印刷了超过四分之一个世纪。

汤姆森还写了一本详细的教科书，即1892年的《动物学大纲》（*Outlines of Zoology*），这本书在《自然》杂志上得到了褒贬不一的评论，但仍然印刷了九版，最后一版在他死后于 1944 年出版。《自然》杂志在评论 1929 年的第八版时指出，在不确定的教科书市场中，汤姆森的《动物学大纲》满足了真正的需求，并在全国范围内的受欢迎程度丝毫不减。

成功的教学，无论是在大学内外，都形成了一块天然的垫脚石，引导汤姆森为更广泛的读者群写作。他继续给非专业人士讲课，他的一些畅销书就是从这些系列讲座中衍生出来的。到了世纪之交，包括出版商在内的所有人都清楚地认识到，汤姆森有能力以吸引普通读者的水平来写关于自然和科学的文章。越来越多的人要求他撰写和编辑以普通读者为对象、类似于他的《动物生命研究》的非专业文本或更受欢迎的文章和书籍。

汤姆森很快就开始更多地参与出版工作，这已经超出了当时在职科学家的正常情况。他成了一名编辑，同时也是一名作家，因此对出版商的需求有了更深入的了解。当他开始为那些试图挖掘真正的大众市场图书需求的公司工作时，这一点就变得尤其重要。他开始意识到商业出版商在竞争激烈且不断变化的市场中所面临的风险——他参与的几家公司都陷入了困境。与此同时，他与杂志和发行量很大的报纸的编辑取得了联系，很快就开始定期为他们撰稿。这是一个残酷的行业，但它也有它的回报，汤姆森很快就从版税和稿酬中赚到了一笔可观的收入——这是他继续这方面工作的另一个动力，尤其是在他结婚成家之后。

19 世纪 90 年代末，格迪斯成立了自己的出版公司，汤姆森担任该公司的编辑。他向其他科学家征集了一系列成本相对较低的科学主题书籍的手稿。到 1910 年，汤姆森已经成为《家庭大学丛书》的科学编辑了（见第 7 章）。这一职位使他能够影响那些被选中了给这个系列撰稿的作者。1911 年，该系列出版了他的

《科学导论》和他与格迪斯合著的一本《进化论》(*Evolution*)。该书的导言评论了公众对从学术期刊到《珍趣》的各个层面上的合成作品的渴望。这些文本赞同新活力论和创造性进化的概念，1925 年在该系列中合著出版的《生物学》(*Biology*)的文本也是如此。然而汤姆森的权力并不是绝对的——他鼓励格迪斯为该系列写一本关于“城市”的书（城市规划正日益成为后者兴趣的中心），但这被其他编辑否决了。

编辑《家庭大学丛书》让汤姆森与出版业有了一定程度的接触，这种接触要比大多数想要尝试通俗写作的科学家所能享受到的要亲密得多。但是，一旦他获得了能够在这个水平上写作的声誉，其他出版商就会不断地向他施压，要求他为他们写作或编辑。在与 H. G. 威尔斯合著的《世界史纲》获得成功后，乔治·纽恩斯于 1922 年决定出版《科学大纲》，汤姆森很快接替了原编辑约瑟夫·麦凯布。令许多科学家恼火的是，他在书中加入了洛奇关于唯心论的一章。汤姆森撰写的三卷本《新博物学》随后也以同样的格式出版（见第 8 章）。

汤姆森写的其他受欢迎的调查报告包括他 1923 年的《日常生物学》、1929 年的《现代科学》、1931 年的与格迪斯合作的另一本书《生命：普通生物学大纲》(*Life: Outlines of General Biology*)（详见下文），以及他死后出版的《普通人的生物学》(*Biology for Everyman*)。《日常生物学》在霍德和斯托顿的《人民知识文库》系列中发行，并广受好评。《自然》杂志“衷心地向那些对当今生物学有所了解的门外汉推荐了这本书”。《格拉斯哥市民报》杂志称赞了汤姆森“在让门外汉明白科学主题上所使用的巧妙的手腕”，而《约翰·奥伦敦周刊》则指出“汤姆森教授有让科学变得有趣的天赋”。《普通人的生物学》是由 J. M. 登特（普通人图书馆的创始人）委托编写的，据在汤姆森去世后准备出版这本书的编辑 E. J. 霍尔米亚德说，汤姆森认为这是他的代表作。《学校科学评论》赞扬了这两卷书中包含的大量材料，价格也定在非常合理的 15/–，并坚持认为汤姆森的名字保证了其风格和准确性。它建议读者“立即购买供自己使用，也供学校图书馆使用”。

汤姆森因能够以一种既可以娱乐普通读者又能为他们提供信息的方式描写自然而赢得了声誉。他的《新博物学》强调了生态学的新见解，但却以一种非技术性的方式鼓励人们对“生命出没的地方”产生兴趣。他对这些书的介绍也清楚地表明，他决心将动物描绘成能够控制自己的生活以及物种未来进化的“某种性格”。这种拟人化是汤姆森的新活力主义哲学的直接产物，但它也有助于有效的非专业传播。除了对博物学和普通生物学进行相对正式的调查，汤姆森还写了一些更生动、更自发的自然的通俗文章。这些通常以公开演讲的形式开始，然后在各种杂志和报纸上发表。最终，他开始为苏格兰主要报纸之一的《格拉斯哥先驱报》撰写每周博物学专栏（见第 10 章）。

汤姆森非常乐意将他的文章收集在一起，以书籍的形式出版。通过编辑这些文章而产生的第一本书是 1919 年的《动物生活的秘密》（*Secrets of Animal Life*），它基于最初在大学里所做的演讲，以及为《新政治家》撰写的文章。1924 年，《新旧科学》（*Science Old and New*）汇集了《格拉斯哥先驱报》、《约翰·奥伦敦周刊》、《时代与潮流》（*Time and Tide*）和《伦敦新闻画报》的文章。这些书是由安德鲁·梅尔罗斯出版的，他是汤姆森的朋友——20 世纪 20 年代中期梅尔罗斯破产时，汤姆森亏了钱。基于汤姆森在工人教育协会阿伯丁分会的演讲，1926 年，霍德和斯托顿公司出版了汤姆森最公开的生态文集——《生活方式》(*Ways of Living*)。

汤姆森和格迪斯之间的合作可以很好地说明出版的复杂性，他们最终于1931年出版了主要综合著作《生命：普通生物学大纲》。从他们职业生涯开始，他们就想写一本全面的著作，这项工作将在比《家庭大学丛书》更深的层次上解决问题。《科学大纲》将他们的注意力集中在完成这一更具实质性的工作上，到1921年，他们计划用整个夏天的时间来完成这一工作，尽管汤姆森警告说这将需要几年而不是几个月的时间。直到1925年年初，他们才与威廉斯–诺盖特公司签订了一份30万字的书稿合同，手稿将于1926年6月交付。汤姆森完成了大部分的写作工作，以此来抵制格迪斯将生物学领域以外的主题包括在内的要求。他们努力完成手稿，汤姆森也被疾病和巨大的教学负担所困扰。1928年4月，威廉斯–诺盖特公司陷入财政困境，字数被削减到20万。1929年年末，出版商要求完成手稿，到1930年5月，校对工作开始进行。即使在那时，描述格迪斯生命科学概念方案的扉页和出版商想要削减的索引还存在一些问题。

1931年6月，这两卷书最终以3几尼的价格出版——这是一笔可观的数目，在用来推广这套书的传单中，出版商强调它超越了机械论和活力论之间的分歧。其中引用了《解经时代》(*Expository Times*)杂志的一段话，称赞这本书是汤姆森最好的作品。这本书是为机构而不是个人所撰写的，并取得了一些成功（我自己的副本来自学校图书馆）。然而，科学界对此反应平淡。这本书虽然在《自然》杂志上得到了积极的评价，但这是由汤姆森在阿伯丁的同事詹姆斯·里奇写的。格迪斯在1925年的一封信中已经承认他们的方法已经过时了。他知道汤姆森有一群忠诚的公众，但这些人没有接受过生物学方面的训练。实际上，格迪斯接受了麦凯布上述批评的观点：到 1930 年，新活力主义仍然摆在公众面前，但这与大多数专业生物学家的观点并不一致。

与赫胥黎一样，汤姆森为我们提供了一个科学家的例子，他作为一名受欢迎的作家的职业生涯最终取代了对研究团体的参与。汤姆森比赫胥黎更早采取了行动，但从未向赫胥黎那样彻底。他的职业生涯始于一名有前途的生物学家，并被寄予厚望，但当他在阿伯丁获得教席时，他已经清楚地意识到，他为了教学和通俗写作而牺牲了自己的研究。帕特里克·格迪斯的档案中有一封信，抱怨汤姆森放弃了看似很有前途的研究工作。当他去世时,《泰晤士报》的讣告也声称他已经放弃了研究，并引起了一些回应，指出汤姆森实际上继续进行了少量关于无脊椎动物的描述性工作。赫胥黎最终放弃了他作为专业科学家的职业生涯，汤姆森一直保留着自己的席位直到退休，所以他一直抱怨教学负担太重。他肯定比霍尔丹和基思更进了一步，这两个人都是活跃的研究人员，同时也写了大量的通俗作品，但他没有像赫胥黎那样走得那么远。

第12章 科学家和其他专家

除了每一个“大人物”之外，还有几十位专家偶尔尝试为通俗杂志或教育丛书撰写文章。有些人更经常写作，并确立了自己的代表作品集，让对某一特定主题感兴趣的读者熟悉他们的名字。在博物学等受欢迎的领域，少数专家投入了大量时间写作。对于那些科学事业停滞不前的人来说，这为他们获得公众关注提供了另一种形式的认可以及为他们提供了额外收入。有些人只写了一本书或几篇文章，也许发现了为普通读者写作的问题是无法克服的。很少有人能够发展出触达最广泛受众所需的技能——这就是为什么那些成功的人会成为热衷于推广“专家”作者的出版商的目标。J. 亚瑟·汤姆森作为一本重要的教育丛书的科学编辑这一职责表明，一位深度介入出版业的科学家可以作为一种吸引和指导其他人的渠道，而他们只是一名非正式的作家学徒。

高雅的杂志偶尔会刊登对科学的分析和评论，这些分析和评论可能是由受过训练的科学家或少数公认的权威公共知识分子撰写的。伯特兰·罗素和 J. B. N. 沙利文等人因其对科学的评论而闻名，而杰拉尔德·赫德则通过广播获得了更广泛的听众。大多数更严肃的非专业科学写作是由至少有一定专业知识（即使是非正式获得的）的作者完成的。没有人可以向编辑提交对科学主题的实质性描述，除非他们对此有足够的了解，以令人信服的方式确保他们的内容可以被刊载。通俗杂志和报纸对作者的专业知识关注较少。这就是为什么受过训练的科学家很少出现在这类出版物上的原因——他们是少数被选中的掌握了正确写作技巧的人。记者和雇用文人有写作技巧，但经常混淆科学。在这一层面上，由 J. G. 克劳瑟和里奇·考尔德创立的“新职业”——知识渊博的科学记者的出现，是 20 世纪晚些时候将取得成果的变革的重要指针。

谁是以相当严肃的水平写科学的专家？他们的专业知识来源是什么？他们又是如何向出版商和读者展示的？许多人是专业科学家，他们之所以被招募进来是因为出版商可以通过列出他们的学位和隶属关系来宣布他们的可信度。有些人是科学精英——对于像卢瑟福这样回避公众的人来说，总有同样身居高位的牛津剑桥教授愿意参与其中，至少是偶尔参与。大学和技术学院系统正在迅速扩张，造就了一支不断壮大的小人物大军，他们永远无法达到其职业的高度，但仍然是有能力的研究人员和教师。在政府和工业界，也有受过训练的专家，他们可能愿意撰写有关科学实际应用的文章。

令人惊讶的是，科学界似乎很少有人反对通俗写作这一实践。向公众推广科学被认为是值得的，只要你不放弃研究，不冒险进入有争议的问题。朱利安·赫胥黎因为违反了这两条规则而在同行中惹上了麻烦。对科学领域之外的问题进行评论，很难维持一个人从事写作作为学术教学角色延伸的形象。赫胥黎也流转于科学精英之中，尤其容易受到他的研究活动正在失去动力的指责。对于那些不渴望成为英国皇家学会会员的人来说（也就是说，对于绝大多数在职科学家来说），这根本不是问题。那些拿到英国皇家学会会员的人可以将部分注意力转移到其他活动上，特别是在他们即将退休的时候。在 20 世纪 30 年代，随着年轻科学家参与了科学的社会关系运动，就公众关注的问题进行写作就变得更容易被接受了。

除了专业的科学家，还有一些作家声称拥有一定程度的专业知识和权威。在应用科学领域，有许多人拥有相当水平的专业知识，尽管他们不会被科学界成员承认为“科学家”。更多拥有基础科学学位的人进入了工业或学校教学之中。第一次世界大战后，有许多人在军队中接受了科学训练，现在想以其他方式应用它。许多人会与在当地学院和大学工作的科学家保持联系。这些人有足够的经验来写关于技术进展的文章，也许还有关于潜在的理论问题的文章，他们可能会发现通俗写作是他们在日常平淡无奇的世界之外表达热情的唯一方式。

因此，从在一所重点大学担任教授职位的英国皇家学会会员，到学校的科学教师和对某些技术流程有直接了解的工业公司经理，专业知识是上下浮动的。于是专家们可以从不同的，有时甚至是相互冲突的背景中对相同的科学领域发表评论。职业科学家鄙视 A. M. 洛“教授”，他是少数几个真正以应用科学写作为生的人之一。在某种程度上，这是因为对他学术地位的虚假假设感到恼火——洛实际上是一位吸引公众对小玩意迷恋的发明家。那些真正在工业界工作的科学家发现，与他们的学术同行相比，他们更难为普通读者写作。

在其他领域，专业人士和业余爱好者之间的差距不那么明显，尤其是在博物学和天文学领域。生命科学的许多方面可以由一位没有受过学术训练的专家来描述，尽管他已经进入了一个传统的学术机构，如林奈学会（Linnaean Society）。在这里，专业人士和业余专家之间有更多的宽容，这在一定程度上是维多利亚时代博物学是如何被实践的一种遗产。在天文学领域，使用大型望远镜进行宇宙学研究的专业人士正努力将自己与使用更有限的设备对月球和行星进行观测的严肃业余爱好者区分开来。有许多公众可能感兴趣的话题，学术研究科学家和受过良好训练的业余爱好者都可以同样熟练地写作——尽管他们可能对该领域的重点持有不同的印象。

更严重的是，传统医学从业者与正在改变疾病治疗的新实验生物学之间持续存在的张力。在前一章中，我们在亚瑟·基思的案例中遇到了这个问题，他在解剖学方面的真正专业知识被应用于人类古生物学领域这一事实以及对进化论的暗示使得问题变得更加复杂。医生们经常撰写有关医学问题的文章，公众也会认为他们同样有能力撰写有关生理学或生物化学等生物研究领域的文章。然而，事实上，有许多保守的医疗从业者对科学医学的最新趋势感到不安。就大多数生物学家而言，他们在这些问题上所写的任何东西都可能是过时的或明显带有偏见的。但生物学家可能同样不了解如何应用最新知识。委托稿件的编辑可能已经意识到了这种张力，但他们迫切希望找到能够以这种或那种背景的专家身份出现的作者。

我们可以通过罗纳德·坎贝尔·麦克菲的作品来说明当受过医学训练的作家进入通俗科学这个领域时可能产生的问题。麦克菲接受过医学训练，并于第一次世界大战期间在医学选拔委员会任职。但他是唯物主义生命观的强烈反对者，在两次世界大战之间的岁月里，他以“著名诗人、神秘主义者和哲学家”的身份出现。除了关于生命哲学、科学和宗教的著作，他还冒险参与了几个受欢迎的教育项目，在《哈姆斯沃思大众科学》上发表文章，并为《家庭大学丛书》贡献了一本书——《阳光和健康》。《家庭大学丛书》的科学编辑汤姆森是麦克菲的活力论立场的热情支持者。科学界和医学界的保守派在这里达成共识，试图在生命科学的一个重大理论问题上影响大众观点。

如果从科学界最受尊敬的成员到学校教师和医生的专业知识都存在着上下浮动的话，那么任何严格的分类都注定是人为的。这一章分为两节，第一节是关于工作中的科学家的，第二节是关于专业科学界以外的专家的。在某些领域，这种区分可能是武断的，但在许多其他领域，如果某个人要被专家团体所接纳，那么他就需要在大学、政府机构或工业研究实验室中拥有一个职位。拥有这样的职位也被公众视为专业知识的重要标志。本章的目的是量化专业科学家参与非专业文献创作的程度，并评估他们的动机和职业策略。然后，我们将更仔细地研究“局外人”是如何获得同样的出版途径的。

传记调查

20 世纪 30 年代活跃起来的左翼科学家将上一代人斥为回避与人民互动的精英。科学的社会关系运动的积极分子不只是想向公众传授科学发现——他们希望人们了解科学方法，以便将其应用于人类事务，并认识到现有社会秩序的不公平。在提出这一点时，他们没有察觉到上一代科学家所做的努力，即向公众提供了一些关于科学所取得的成就以及科学是如何发展的想法。但无论动机是什么，我们都需要问有多少科学家参与其中，并调查他们参与出版业的实际情况。为本研究准备的“传记登记簿”为这些问题提供了暂时的答案。特别是，它帮助我们去判断非专业文献在多大程度上是由专业科学家或至少在科学或技术方面有一定资格的作者提供的。

参与到出版之中的受过训练的科学家的数量表明，科学界有很大一部分人为非专业文献的产生做出了贡献。这让人很难相信他们的同行有任何系统性的反对意见——因为这些科学家中的大多数只会在写作上投入有限的时间。但剑桥大学教授的情况与一所新大学的初级讲师的情况非常不同，这些差异可能会影响他们的写作能力和意愿。一些科学家确实在定期写作，我们需要知道为什么，以及他们如何设法平衡职业生涯的这两个方面。那些工作与大众的热情（如博物学）交织在一起的人，当然更有条件获得出版委托，就像那些涉及应用科学某些方面的人一样。然而，他们将面临来自经验丰富的业余爱好者的激烈竞争，其中一些人以写作为生。一个工业研究人员会发现很难找到时间，更不用说获得他的雇主的认可了——这就是为什么我们在这里看到了处于科学界边缘的作家的强有力的参与。

有多少科学家参与其中？专业科学家不成比例地参与到了严肃的自我教育读物的写作，而不是更具新闻风格的普及之中。第 6 章所述的自学系列包括 1945 年之前出版的近 400 本科学书籍。这些书籍中的大多数都是由在职科学家撰写的，尽管有少数人写了不止一本书，但仍有一百多位科学家活跃在这一领域。

更笼统地说，“传记登记簿”列出了在 1900 年至 1945 年出版过作品的近 550 名英国作家，其中 321 人（58%）可以通过学位或专业职位来确定拥有一些专业知识。在拥有学位的人中，81 人（25%）来自牛津或（更常见的）剑桥；149 人（占 550 人的 27%）拥有更高的学位或被授予了专业资格认证（包括少数工程师，对他们来说，大学不是正常的培训形式）。很少有女性参与其中。除去维多利亚时代晚期的作家，名单上只有 14 位女性作家。实际数字可能要高，因为女作家经常通过只给出姓名首字母的方式而隐瞒自己的性别，而且名单上有一些名字无法提供重要的传记信息。鉴于活跃在科学界的女性人数很少，在那些被宣传为由专家撰写的系列丛书中，很少有女性作家能找到进入其中的方式就一点也不奇怪了。更令人惊讶的是，女性从专业科学界以外的写作队伍中消失了。这可能是由于对应用科学和技术的日益重视，在这些领域，像 A. M. 洛和查尔斯 · R. 吉布森等作家都很活跃。

考虑到科学界的有限规模，从事非专业写作的科学家总数是相当可观的。这个团体才刚刚开始向我们今天所认为的理所当然的情况大规模扩张。提供科学课程的大学和学院的数量正在增加，但在博物馆和天文台等领域几乎没有扩张。据估计，在 1911 年，英国的科学家总数约为 5000 人，其中包括统计学家和经济学家。然后总数迅速增加，1921 年达到 13 000 人，1931 年达到 20 000 人。大部分扩张出现在工业领域，因此学术群体中的科学家——他们是最活跃的作家，所代表的群体要小得多。我们很难得出一个精确的估计，但根据这些数字，似乎可以合理地假设，在第一次世界大战前后的几十年里，学术科学共同体中大约有 10% 的人参与了非专业写作。到第二次世界大战时，这一比例就小得多，尽管从事非专业写作的科学家的实际人数可能大致保持不变。

这些数字可能被低估了，因为我对科学杂志的调查（见第 8 章）没有列出发表的每一篇文章，所以“传记登记簿”不包括一些只以这种格式写作的作者。杂志上的文章通常是匿名发表的，尽管专业科学家撰写的文章可能不是这样。对杂志文献进行的适当调查肯定会发现许多其他作者的名字，其中一些是在职科学家。

这些科学家在哪里工作，他们在职业生涯的哪个阶段开始从事通俗写作？在“传记登记簿”列出的人中，有 205 人（37%）可以肯定地被认为具有学术地位。其中 41 人（205 人中的 20%）至少在牛津或剑桥度过了部分职业生涯，35 人（17%）在伦敦工作。虽然绝大多数是在大学或大学学院，但有 28 人（14%）是在技术学院或军事学院这样的类似机构。除学者外，还有 51 名科学家（占 550 人的 9%）在自然历史博物馆、天文台、地质调查局和动物学会等研究机构工作。只有 14 人可以肯定地被确定为在工业界任职，尽管许多没有详细资料的人可能也会被类似的企业雇用。40 人（7%）主要从事媒体工作，即全职作者、记者或英国广播公司的工作人员。许多作者——其中一些拥有学位或受过技术培训，以自由撰稿人的身份写作，以对其他来源的收入予以补充，比如来自行业或管理部门的工资。我们永远不会知道不知名作者的情况，但确实有一些更多产的“专家”的细节，这将在本章的结论部分进行描述。一些非学术作者拥有天文学和博物学等领域的专业知识。数据显示，共有 32 人没有学位或专业认证，但他们是获得了某种程度上认可的学会的成员（林奈学会、动物学学会或同等学会的会员）。

科学家

为了揭示专业科学家从事非专业写作的程度，在上面引用的数字的基础上充实一些内容可能是有用的。在 321 名具有学术或同等资历的作者中，令人惊讶的是，很大一部分人担任（或最终获得了）高级职位。牛津剑桥不仅有 20% 的学者，而且有 115 人是令人垂涎的英国皇家学会会员——皇家学会的选举竞争越来越激烈，而且仅限于那些有重大研究贡献的人。许多学者最终成了教授（尽管不一定是在他们写畅销书或文章的时候）。在这个时期，教授是该学科的非常资深的工作人员，通常是新机构的系主任，或者在古老大学拥有教席。只有最有能力的学者或科学家才能获得这一地位。大多数人最多只能获得高级讲师或准教授的职位（后者是更侧重于研究的一种任命），而在牛津和剑桥，许多人都是获得了大学奖学金而非大学任命的大学教师。

教授或那些有英国皇家学会会员身份的人撰写了大众科学的相关内容，这可能暗示着他们把这作为晚年甚至是退休后的一种放松方式。一些在 19 世纪末确立了自己的职业生涯的杰出人物，在 20 世纪早期的大众科学市场中占据了重要地位。洛奇和兰克斯特就属于这一类，还有其他现已被遗忘的作家，如《博物学》领域的 G. H. 卡彭特（G. H. Carpenter）和地质学领域的 T. G. 邦尼，他们都是都柏林的教授（在 1922 年爱尔兰被分割之前，它一直是英国的）。这些老科学家中的一些人在他们仍然是活跃的研究人员时就已经开始了写作生涯，也有来自下一代更向上流动的科学界成员的例子，他们在早期阶段就开始写作。赫胥黎和霍尔丹并不例外——他们只是在写作上投入了比大多数科学家更多的时间和精力（或者写得更快），从而变得更出名。几位杰出的物理学家非常活跃。威廉·布拉格爵士在皇家科学研究所的演讲被广泛报道，他还经常在英国广播公司担任播音员。在许多精英科学家仍然倾向于强调纯研究时，布拉格就敦促科学和工业之间建立更紧密的联系。皇家炮兵学院（Royal Artillery College）和后来的伦敦大学的物理学教授 E. N. 达·C.（“珀西”）安德拉德也同样活跃。他与赫胥黎合作撰写了《简单的科学》，为《六便士图书馆》撰写了有关原子的内容，还制作了一本图文并茂的书，强调物理学对于理解发动机工作原理的重要性。他为通俗杂志撰稿，并在电台广播。他还写诗，在报纸上写关于食物的专栏，研究牛顿。战后，他试图使皇家科学研究所现代化，但（就像动物园里的赫胥黎一样）激怒了太多人，于是只好在一场激烈的争论后离开了皇家科学研究所。

布拉格和安德拉德认为，在博物学和天文学等显而易见的领域之外，写出关于科学的好文章是有可能获得声誉的。他们还表明，有一些资深人士准备认真对待传播技巧的获取，并挑战纯科学的精英形象。就产出而言，他们在赫胥黎这样的大人物和那些只用有限的精力偶尔写一些非专业作品的人之间架起了一座桥梁。有很多资深人士至少在更广泛的传播方面做出了一些努力。物理学的弗雷德里克·索迪、地质学的 J. W. 格雷戈里和遗传学的 F. A. E. 克鲁都是作为初级研究人员就已经发表了非专业著作并最终获得了高级职位的科学家的例子。其他教授级别的科学家也创作了大量通俗读物，包括地质学方面的 H. J. 弗勒、博物学方面的 H. 芒罗·福克斯和生物医学方面的 D. F. 弗雷泽–哈里斯。他们似乎并没有因为写的通俗作品而被阻止获得晋升。

出版商急于利用涉及具有明显权威的科学家的引人注目的事件，这就是为什么皇家科学研究所的讲座为许多杰出的科学家提供了一个进入印刷业的跳板。编辑们招募的其他人——包括 J. 亚瑟·汤姆森——寻找能为受欢迎的教育系列名单增光添彩的名字。在许多情况下，出版商和作者之间的联系可能来自某种形式的个人接触——朋友的介绍、讲座的后续活动，或者科学家拿着自己钟爱的项目与出版商直接接触。然而，资历并不能保证可以获得出版商的青睐。1932 年，康威·劳埃德·摩根试图利用人们对他的《涌现进化》（*Emergent Evolution*）的积极反应去说服威廉斯–诺盖特公司让他写一篇关于科学和宗教的重要调查报告，但他被迫接受了一个规模小得多的项目。出版商指出，尽管《涌现进化》仍在稳定销售，但后续书籍《生命、思想和精神》（*Life, Mind and Spirit*）已经亏损。出于财务方面的考虑，劳埃德·摩根更广阔的愿景不得不被淡化。这本新书最终以《新奇事物的出现》（*The Emergence of Novelty*）为名出版，几乎没有包含他希望表现出来的宗教含义。

几位科学家驳斥了关于牛津和剑桥大学的教师为知识分子之外的人写作是不合时宜的这一说法。剑桥大学比牛津大学更活跃，部分原因是剑桥大学出版社热衷于出版非学术文献，但也因为剑桥大学在科学方面更活跃。亚瑟·希普利爵士是基督学院的院长，为《乡村生活》和其他杂志撰写有关博物学的文章。植物学教授 A. C. 希沃德是《剑桥手册》的科学编辑，鼓励许多剑桥科学家（以及少数牛津科学家）投稿。J. J. 汤姆森在其职业生涯的末期担任三一学院的院长，在《发现》的创办过程中发挥了重要作用。伦敦大学学院和帝国理工学院的教授都积极从事非专业写作。

有许多新的教授科学的高等教育机构。有些是以大学学院的形式成立的，这意味着它们提供教学，但依赖于伦敦大学等外部机构进行考试。到了 20 世纪初，许多这样的学院都成了独立的大学，包括伯明翰大学（洛奇担任校长，然后是副校长）和布里斯托尔大学（劳埃德·摩根担任同样的角色）。技术学院的数量也在增加，那些位于较大工业城市的技术学院成了主要的教育和研究中心。伦敦芬斯伯里技术学院（Finsbury Technical College）的拉斐尔·梅尔多拉（Raphael Meldola）为《家庭大学丛书》撰写了化学方面的内容，摄政街理工学院（Regent Street

Polytechnic）的沃尔特·希伯特撰写了《大众电力》。军事学院历史悠久，现在正在扩大，也教授应用科学，并提供一些研究机会。安德拉德（在他职业生涯的初期）绝不是唯一一个在这样的基础上撰写《大众科学》的科学家。其他专门学院包括那些提供农业培训的学院，资助了一些关于生物问题的研究。J. R. 安斯沃思·戴维斯是赛伦塞斯特皇家农学院（Royal Agricultural College at Cirencester）的校长，在 20 世纪初协调了许多出版项目。

还有其他机构为科学家提供了可以维持其兼职写作生涯的基地。安德鲁·克罗默林和 E. 沃尔特·蒙德都是格林尼治皇家天文台的工作人员，他们撰写了天文学方面的文章。伦敦的自然历史博物馆是通俗写作专业知识的主要来源。兰克斯特的《灭绝的动物》是以博物馆的展品为基础的，也是在他担任馆长期间写成的。尽管野外博物学家有时会嘲笑那些只研究死亡生物的博物馆科学家，但这些专业生物学家中的许多人都愿意并能够写关于野生动物的文章（就像许多大学里的生物学家一样）。自然历史博物馆的几位专家为 1924—1925 年哈钦森的《各国动物》系列做出了贡献，其中包括古生物学家弗朗西斯·A. 巴瑟（Francis A. Bather）。W. P. 派克拉夫特是骨学收藏品的助理保管员，写了大量通俗书籍，其中一些是儿童读物，还编辑了《标准博物学》（*The Standard Natural History*），并为《伦敦新闻画报》撰写每周科学专栏。理查德·莱德克尔同样多产，尽管与博物馆的关系不那么正式（他写了一览表并准备了几次展览），但是他依靠写作获得收入，这是常任策展人所不具备的。他于 1915 年去世，当时还在进行另一项大规模的动物王国调查。早在赫胥黎到来之前，动物学会的工作人员就同样愿意撰写博物学的内容。R. I. 波科克经常在《田野》中描述动物园的新到物种。最活跃的作者是

E. G. 布伦格，他是爬虫馆馆长，后来成为动物园水族馆的主管。

博物学写作是专业生物学家的专业知识与最有经验的业余爱好者的专业知识发生重叠的少数领域之一。在应用科学领域也有类似的重叠，尽管原因非常不同。一位物理学或工程学教授很可能能够撰写有关最新技术进展的文章（就像安德拉德所做的那样），就像一位技术学院的讲师一样。但是，随着工业技术变得更加先进，有更多的研究科学家和技术人员受雇于工业界。原则上，他们能够写下他们的工作。他们中的一些人接受过科学或工程方面的正规培训，但其他人可能在车间里发展出了他们的技能。一家大公司的研究实验室的高级工作人员将是专业科学团体中充分发挥作用的成员。初级技术人员不被视为科学家，尽管他们会与正在发生的事情保持足够密切的联系，以提供准确和知情的描述。

在工业界工作的研究科学家确实写了一些关于应用科学的通俗读物。从 20 世纪 40 年代初开始，鹈鹕系列非常善于吸引产业科学家作为作者。但由于科学的社会关系运动的活跃，当时的气氛已经发生了很大的变化。在 20 世纪初，至少在他们退休或走出行业之前，能找到撰写本领域文章的专业产业科学家就不太容易了。例如，哈里·戈尔丁的《电力奇书》中包含了几篇退休科学家和技术人员的文章，其中包括英国广播公司的前首席工程师。前陆军和海军军官有时会写一些关于军事技术的文章。从事技术开发的科学家不太愿意，或许也不太有能力对他们的工作撰写通俗的记述，原因是显而易见的——其中一些是秘密的，要么是出于商业原因，要么是出于军事原因。对当前技术的一般调查不会如此敏感，但由于这些科学家不从事教育，因此不存在可以作为技术知识和通俗写作之间桥梁的中等层次活动。因此，那些在技术教育和工业研究领域处于研究共同体边缘地位的作者就特别适合开展应用科学的通俗写作。

财务因素

然而，在过渡到其他专家之前，我们需要解决另一个驱动专业科学家撰写非专业材料的动机。我们已经看到，“大人物”从通俗写作中赚取了大量的金钱。像基思和汤姆森这样的成功作家为他们的学术收入带来了可观的增长，而赫胥黎则能够完全离开学术界去撰写《生命之科学》。没有深度介入写作的科学家和专家也从他们的稿费和版税中获得了大量的钱。从事通俗写作的经济利益是什么？与科学家的专业薪水相比，这些经济利益又有多大？

估算出一个人能从写作中赚多少钱是可能的。一本价格合理的书定价在 10/-到1 英镑之间，可能会卖出 1000 到 2000 本，10% 的版税是作者可能期望的最低标准——像霍尔丹这样有经验的作者会要求 15% 甚至 20%，因此，一本普通的书至少能为作者带来 75 英镑的收入。有经验的作者希望得到预付款，通常是 100 英镑。一本定价较低的书每本赚得都比较少，但可能销量更多，因此经济回报大致相同。对于一些书籍，除了预付款或版税，还可获得国外销售和翻译收入。被通俗杂志上摘要或简编也可能有进项。大众市场的自学丛书卖得更便宜，作者每本赚的钱也少很多，但如果他们卖出了 1 万本或更多，回报仍然相当可观。在启动时，《家庭大学丛书》支付了 50 英镑的预付款，例如，我们知道汤姆森在这个数字的基础上获得了版税。由于这些都是相当短的书，因而对于任何有经验的教育工作者来说，撰写这样的图书都是相对容易的。

为杂志和报纸写作可能更有利可图，尽管大多数专家发现自己很难学习浓缩简练的艺术，即将内容压缩为几千字，对报纸来说甚至是几百字。一个人可以从一篇文章中赚到几英镑（或从更体面的期刊中赚到几几尼）。如果作者通过以前成功的文章或通过更广泛的宣传获得了声誉，费用将会更高。我们看到霍尔丹开玩笑说，一旦他被选入皇家学会，他就可以期待每篇文章获得 15 几尼，而不是 5 几尼了。文章也可以在美国联合发表，费用是原来的两三倍。在此基础上，即使是初级专业人员，每年也可以通过写几篇文章赚到 50 英镑。教授或著名的公众人物可以赚到几百英镑。每周为大众媒体撰写一篇文章的汤姆森和派克拉夫特等作家肯定能达到这个水平——前提是他们能跟上时代的步伐。

与科学家在教学或研究中所能获得的收入相比，这些收入有多高？这笔收入有着令人惊讶的吸引力，尤其是对那些薪水极低的初级专业人士来说。赫胥黎或基思等知名教授的年薪可能为 1000 英镑。但在规模较小或较年轻的机构中，教授的薪水要低得多。初级工作人员——讲师和那些获得研究奖学金的人，收入就更低一些，政府机构或产业的初级研究人员也是如此。在第一次世界大战之前的几年里，《科学进展》杂志与新成立的科学工作者协会联合组织了一次关于职业科学家收入的调查。社论抱怨科学家的“农奴制”，声称资历最浅的人的工资比熟练工人还低。为了每年获得 50 英镑，一位拥有伦敦一流学位的毕业生在实验室课堂上做兼职演示。该调查的初步结果以《科学家的汗水》（*Sweating the Scientist*）为题公布，揭示出初级全职职位的年薪在 120 英镑至 250 英镑之间。许多教授的年薪只有 600 英镑——如果他们在帝国周围开设的大学中任职，他们的年薪会更高。另一篇社论报道了 1911—1912 年为教育委员会（Board of Education）进行的一项关于大学工资（不包括牛津剑桥）的调查。结果显示教授的平均年薪为 628 英镑，而初级讲师和示范演示人员的平均年薪仅为 137 英镑。1915 年，化学家杰弗里·马丁写道，他很惭愧地承认，一位拥有博士学位和出版物的科学家的年薪可能只有 130 英镑，比一位银行职员的薪水还低。从这个角度来看，1913—1914 年，医生的平均收入为 395 英镑，是马丁提到的数字的三倍。第一次世界大战后，情况也好不到哪里去。李约瑟记得，他 1921 年从科学和工业研究部（Department of Scientific and Industrial Research）获得的研究经费是每年 250 英镑，这在当时似乎是一笔巨款。欧内斯特·沃尔顿 1930 年从科学和工业研究部拿到的研究经费是每年 275 英镑。两年后，他获得了该部门提供的 250 英镑的资助，外加 200 英镑的学位后研究生奖学金。到这个时候，医生的平均年收入已经上升到 756 英镑。直到 1933 年，J. B. S. 霍尔丹告诉一位希望在希特勒（Hitler）上台后逃往英国的德国科学家，提议的 150 英镑的年薪足以让一个单身男子住在公寓里了。

因为如此低的薪水，所以即使每年从写作中获得 50 英镑或 100 英镑的收入也是很有吸引力的。工资如此之低，以至于人们认为牛津和剑桥的大多数学者——传统上来自上层阶级，也会有私人收入。但随着科学界的扩大，越来越多的讲师和研究人员享受不到这样的资源，而正是这些贫困交加的人物在《科学进步》调查中脱颖而出。对他们来说，一本相当成功的通俗读物或一系列文章所带来的收益可能相当于一半的薪水，他们可以通过周末工作或在铁路旅行中写作（如果是一个能快速写作的作家）来赚取，就像霍尔丹和兰斯洛特·霍格本所学到的那样。难怪基思和汤姆森在职业生涯之初就被写作所吸引，当时他们的薪水处于最低水平，但当他们成为教授时，他们坚持写作就能赚取额外收入。那些能够写出诸如博物学之类的热门主题的人会这样做，即使他们所写的大部分内容仅与他们的研究存在着外围的相关性，这一点也不让人感到奇怪。

如果我们要寻找科学界内部对那些发表严肃通俗作品的人敌意相对较少的原因，那么就必须承认所有人在职业生涯开始时都经历过经济上的困难。这丝毫不会影响同样激励了一些科学家的各种意识形态的动机。

专家

也有来自科学界以外的作家愿意并能够为出版商提供材料。在天平的另一端，有一些受雇文人愿意在一条科学新闻上匆匆写出一篇耸人听闻的短文，或者一条关于自然世界的“让人大吃一惊的”信息。但这些作家的参与程度有限——除非他们花大量时间准备，否则无法写出报纸和通俗周刊要求的几百字以上的令人信服的文章。有几个人，比如里奇·考尔德，为获得足够的科学背景付出了必要的努力。这些人可以利用这一点来获得科学界的信任，科学界之中的人士也可以对其工作提供知情的评论。但还有另一条通往科学新闻的道路，J. G. 克劳瑟的职业生涯就是典范。第一次世界大战期间，他在一个防空研究站接受了一些科学训练，并（在放弃数学学位后）作为一家大学出版社的科学代理人与科学界保持着联系。

这两条轨迹也可以在创作了大量书籍和文章的作者群体中

找到。有些人，像克劳瑟，获得了有限的科学训练，然后在离开专业科学后，以此为基础开始了写作生涯。也有一些人，如考尔德，没有接受过正规的科学培训，但通过与在职科学家的接触，培养了足够的兴趣，积累了一定程度的专业知识。评论科学理论提出的更深层次的问题，或者评论科学对社会和文化的整体影响，这两种情况都可以在知识分子中看到。像杰拉尔德·赫德这样没有受过科学训练的作家，最终甚至被科学家认为是对这个主题有话要说的评论家。类似的大众科学写作路线也可以在一些专门从事非常不同的应用科学领域的作者的职业生涯中看到。许多人只是热衷者，他们从阅读和与科学家和技术工人的非正式接触中获得了有关科学的工作知识。同样，如果他们能有效地写出自己感兴趣的领域，就会被出版商认可为专家，并以专家的身份呈现给公众。

与克劳瑟走上科学新闻的道路采取的路径并行的是，更多的作者（他们在职业生涯的早期阶段接受过一些科学或技术学科的培训）无法在科学界站稳脚跟。相反，他们保留了与科学和工业的非正式联系，因而利用这些联系来生产最新进展的通俗报道。在知识分子中，J. W. N. 沙利文属于这一类。他在年轻时接受了一些技术教育后发展了自己的写作事业。他专攻科学的更广泛的含义，但大多数受益于技术培训的作者更喜欢写应用科学。许多人是有特殊兴趣的爱好者，如工程或无线电，尽管他们有时会扩大写作范围，因为他们变得更有经验了。他们通常有其他职业或收入来源，只是兼职写写大众科学文章。

19 世纪末，出版界的发展使一种古老的职业重新出现，即靠为知识精英和中产阶级写作而维持生计的“文人”。这就是乔治·吉辛（George Gissing）1891 年关于穷困作家的小说《新格拉布街》（*New Grub Street*）所谈到的内容。这些职业作家大多写小说，同时也是记者，有些人把科学列入了他们可以谈论的话题清单。然而，正如格兰特·艾伦发现的那样，仅靠科学写作很难谋生。他也写小说，而其他人则在其他一系列文学领域中保持着多样化。

这些作家有着不同的背景。有些人是知识精英，他们将科学评论与其他各种主题的非虚构写作结合在一起。有一些则反映了更多的中产阶级价值体系。一些维多利亚时代晚期的作家仍然活跃，包括女性作家，如艾格尼丝·吉伯恩（Agnes Gibberne）和伊莱扎·布赖特温（Eliza Brightwen）。她们的工作反映了自然神学的古老传统，并进行了更新，以适应一些科学上的最新进展。即使作者变得不活跃了，但在这一传统中所产生的书籍在20世纪会被重印。在意识形态光谱的另一端，仍然有从旧式理性主义行列中涌现出来的多产作家。爱德华·克洛德等维多利亚时代晚期作家的作品仍然可以在这里找得到。也许最活跃的新人是约瑟夫·麦凯布，这位曾经的天主教僧侣反对教会，反对有组织的宗教。他以翻译恩斯特·海克尔的作品开始了自己的职业生涯，并继续撰写了许多关于科学含义的通俗文本，其中一些由理性主义者出版协会发行。

关于科学最新进展的辩论仍然是英国知识精英感兴趣的话题。有三个人物产生了重大影响：伯特兰·罗素、J. W. N. 沙利文和杰拉尔德·赫德。罗素也与科学精英存在联系，因为他作为数学哲学家的工作使他获得了英国皇家学会会员，尽管他必须对实验进展了如指掌。在20世纪20年代，罗素为自己创造了一个没有学术地位的公共知识分子的职业生涯。他是一位职业作家，靠讲课费、稿费和图书版税为生。1919年，他从写作中获得了 746/6/0 英镑的收入，并认为自己一直在努力维持生计，直到 20 世纪 20 年代后期，一系列的出版成功才奠定了他的声誉。与此同时，他利用自己对新物理学的数学基础的理解，通过向普通读者宣讲来赚钱。他与包括伦纳德·伍尔夫在内的文学精英的接触，使他很容易在《国家》等质量更好的杂志上发表关于科学的文章。每篇文章都能为他带来几英镑的收入。

凯根·保罗出版社的编辑 C. K. 奥格登，为罗素写书提供了很好的条件，成就了《原子入门》（1923）和《相对论入门》（1925）。这些书在评论界的反响和销售方面都很成功（见第 3 章）。罗素很快就开始写其他题材的作品，而他作为大众科学作家的阶段只构成了他早期职业生涯的一小部分。后来，他以专家自居的能力使他在公众对新物理学的接受上做出了重大贡献，并在他仍努力成名时为他赢得了一笔有用的收入。

J. W. N. 沙利文也是位于伦敦的文学社的一员，是奥尔德斯·赫胥黎的朋友，也是弗吉尼亚·伍尔夫（Virginia Woolf）的熟人（尽管她不太喜欢他）。他年轻时对科学的接触有限，在一家电报公司当学徒，在北伦敦理工学院（North London Polytechnic）和大学学院（University College）上课。在那里，他认识了安德拉德。然而，他之所以成为一名成功的科学评论员，是因为他能够将这种技术知识与认识到了最新理论中的美学成分的文学方法综合起来。我们已经了解到了他关于新物理学的著作和文章的成功（见第 3 章和第 9 章）。他的文章被收录在《科学面面观》一书中，出版商对此发表了以下宣传：

沙利文先生是一位掌握了大众科学——他更愿意称之为“非技术”科学——这门困难的艺术的大师。他可以让科学主题——

最困难的主题，对外行读者变得引人入胜。

他还为《现代科学基础》（*The Bases of Modern Science*）写了大纲和一本关于物理学的儿童读物，名为《事物的行为》（*How Things Behave*）。

沙利文渴望将科学视为现代文化的一部分，同时强调科学看待世界的方式只是众多方式中的一种。他的书主要针对文学阶层，尽管《现代科学的基础》最终通过鹈鹕系列的再版传播给了更广泛的读者。沙利文还写了其他主题的文章，包括对贝多芬和牛顿的研究。正如查尔斯·辛格（Charles Singer）在后者所收录的简短传记中所写的那样，科学家和文学界都认为他在帮助人们了解新科学与现代生活的关系方面发挥了重要作用。

杰拉尔德（实际上是亨利·菲茨杰拉德）·赫德没有科学背景，只受过历史和神学的训练。他是一位哲学理想主义者，想要展示人性的进化如何导致了社会和文明的起源。这个项目让他开始思考科学在西方文化发展中的作用，并开始评论最新科学理论的含义。事实证明，他是一名出色的播音员，很快就被英国广播公司聘为科学谈话的主要人员。像沙利文一样，他善于展示科学为我们提供更多尖端技术的日益增加的能力是如何赋予了它一个很少有人愿意去挑战的地位。政治左派希望公众了解科学，这样他们就可以掌控科学，而赫德则希望他们意识到科学对传统价值观的危害。他的警告显然抓住了公众的情绪——他的著作《正在形成的科学》（*Science in the Making*）起源于1934年每周一晚上播出的、由30次组成的一系列谈话。

在沙利文和赫德这样的知识分子撰写关于科学的文化含义的文章的情况下，对感兴趣的特定领域的信息存在着更大的需求，包括那些已有一群爱好者的领域。这些领域中最重要的是博物学、天文学和应用科学的各个部门。很大一部分通俗读物是由科学界之外但与科学界有一些联系的作者提供的。与知识分子一样，一些人在科学方面受过初步训练，而另一些人则是在正规教育之外发展了一定水平的专业知识的热衷者。无论哪种方式，这些作者都不能被视为仅仅是在几乎不理解的话题上胡说八道的受雇文人。没有人能在不对科学主题有相当熟悉的基础上就可以写出一篇关于科学主题的实质性文章，更不用说一整本书了。一些专业作者可能已经建立了这样的熟悉度来进一步发展他们的职业生涯。他们肯定对此也有热情，否则为什么要写科学而不是一些更容易的主题呢？

许多作者通过早期的科学或相关技术学科的培训，或通过与在工业界或（在博物学的情况下）严肃的业余团体中工作的科学家和研究人员的个人接触，建立了他们的专业知识。处于科学界边缘但本身又不是活跃的研究人员撰写关于科学的通俗报道似乎成了一种传统。这一传统当然延续到了 20 世纪初，也许由于科学教育的扩展，正规培训的可能性增加了。在博物学等领域，维多利亚时代晚期所写的叙述直到 20 世纪仍被促进道德改善的组织重印。

一些处于科学边缘的作者可能已经获得了科学学位，然后进入到了学校教学或管理之中，这两者都可能提供了与专业人士保持联系的激励和机会。有些人，像克劳瑟一样，在战争期间接受了技术教育，然后走上了类似的职业道路。有些人可能是通过自学获得知识的，也许是受到了与科学界有更密切联系的朋友或同事的鼓励。来自这些背景的人非常适合撰写他们感兴趣的科学主题的通俗读物。他们有足够的知识，可以以某种权威的方式写作

（并且可能有科学联系人，这些人可以为他们提供建议或检查他们的手稿）。他们愿意学习通俗写作的技巧，因为这是他们以非被动的方式参与自己感兴趣的领域的唯一机会。上述财务因素也适用于这些非正式专家。从写作中可以赚到很多钱——杂志上充斥着写作课程的广告，这些广告强调通过这个来源可以补充你的收入的可能性。对于那些只有少量收入或养老金的人来说，利用现有的科学兴趣从写作中赚钱将是一个有吸引力的前景。许多科学作家的收入中有很大一部分来自这一渠道，尤其是在博物学和应用科学等热门领域。理查德·莱德克尔和弗兰克·芬恩属于前面这个领域，A. M. 洛和埃里森·霍克斯则属于后者。对有些人来说，写作为专业人员或管理人员提供了额外的薪水（对许多科学家来说也是如此）。完全从写作中获得一笔可观的收入是可能的，但大多数非正式专家都有一些其他的来源来维持他们的生活。

对于某些程度的通俗写作来说，在标题页和广告上展示拥有专业知识的证据是有用的。这对于更通俗的出版物来说并不那么重要，因为在这些出版物中，列出以前成功的一系列书籍更容易吸引读者的注意力。但是，写了更严肃种类的非专业科学文献的相当多的作者能够以一所大学的学位或者专业的或精英的专家协会的成员的形式来展示他们的专业知识。更好的学校的教师，特别是精英“公立”学校（在英国是私立学校，有时是古老的机构）的教师应该拥有学位，而现在这种资质水平在其他领域变得越来越普遍。

学术或专业协会的成员资格提供了另一种展示专业知识的方式。相关的后缀名衔通常列在标题页上，以证明作者在该领域的地位。在博物学和地质学等领域，有一些精英社团，只有表现出认真的参与程度才能加入这些社团，尽管专注的业余爱好者有可能在没有正式培训的情况下达到这一水平。林奈学会（FLS）、动物学会（FZS）、地质学会（FGS）、皇家显微镜学会（FRMS）或皇家地理学会（FRGS）的会员资格都表明其专业知识水平很高。专注的鸟类观察者可以成为英国鸟类学家联盟（MBOU）的成员。这样的专家所拥有的实践知识的程度在某些方面相当于专业人士（虽然有些老派的科学家）所获得的知识，不过专业人士更有可能拥有诸如进化论等理论问题的经验。

这些业余专家报告了对特定动植物类群的观察结果，这些结果通常在生态学、地理分布或动物行为研究等领域具有真正的科学价值。他们有着各种各样的背景——有些是其他领域的专业人士，但也有少数人主要靠通俗写作养活自己。神职人员仍然很活跃，包括利奇菲尔德学院院长 H. E. 霍华德和牧师查尔斯 · A. 霍尔。非神职人员专家包括最终被任命为赫特福德郡莱奇沃思当地博物馆馆长的 W. 珀西瓦尔 · 韦斯特尔和鸟类学家弗兰克 · 芬恩。芬恩是一位训练有素的生物学家，他放弃了在加尔各答博物馆（Calcutta Museum）的工作并返回了英国，主要靠写作养活自己。这与理查德 · 莱德克尔的情况类似，尽管后者在从印度返回后仍与自然历史博物馆保持着密切联系。两人都是多产作家，当然也从这一来源获得了可观的收入。

天文学领域也有专门的业余观测者，他们可以写出权威的通俗文章，尽管其中有太多的人从事其他职业。为纽恩斯撰稿的 G. F. 钱伯斯是一名辩护律师。爱丁堡神职人员赫克托 · 麦克弗森撰写了许多天文学文本，其中一些基于著名的自由教会讲座系列。他是爱丁堡皇家学会和皇家天文学会的会员，并担任爱丁堡当地天文学会的主席。还有一位撰写天文学著作的苏格兰神职人员是阿伯丁的查尔斯·怀特。维多利亚时代的传统——与科学精英有关系的女性撰写通俗读物，在天文学中也得到了延续。格林尼治天文台的E. 沃尔特·蒙德的妻子安妮·蒙德和著名天文学作家理查德·普罗克特的女儿玛丽·普罗克特就是两个例子。

还有一位在天文学领域的通俗作家是埃里森·霍克斯。不过霍克斯说明了某一个科学领域的基础如何才能作为通俗写作中更广泛的职业基础。在第一次世界大战前的几年里，他成为利兹天文学会（Leeds Astronomical Society）的秘书，并开始撰写天文学方面的通俗读物。他陆续出版了大量关于应用科学和工程学各个分支的书籍。他是《现实的浪漫》系列的编辑，该系列由纳尔逊创办，战后由T. C.&E. C. 杰克公司继续出版。他为自己印制了特殊的信头纸，以便代表该系列开展业务。1921年，他成为广受欢迎的建筑玩具套装麦卡诺公司的广告经理，并担任《麦卡诺杂志》的编辑。这是一本面向对模型建造和真实工程世界都感兴趣的男孩的月刊。他与许多工业公司有联系——他的书和文章经常配有机器制造商提供的照片。霍克斯和埃德温·C. 杰克之间的通信揭示了他是如何提出可能的主题，然后与出版商就采取的方法、预期的详细程度和插图数量进行协商的。

非正式的专业知识也支撑着那个时代最多产的大众科学作家之一查尔斯·R. 吉布森，他主要为专业青少年出版商西利（后来的西利服务公司）写作。他被广泛认可。他的最新作品似乎总是受到新闻界的热烈欢迎。虽然他没有受过正规的科学教育，但与工业界有着密切的联系，并在家里建了一个实验室，在那里尝试着进行实验。他被明确地宣传为专家，合作出版商在一则广告中引用了以下媒体评论：“吉布森先生拥有一流的科学头脑和相当高的科学造诣。他从来没有用过一个不准确的短语（当然也没有用过一个模糊的短语）或一个误导性的类比。”事实上，吉布森是格拉斯哥一家窗帘厂的经理，比起商业，他对制造更感兴趣。他与当地技术学院和大学的讲师有联系，后者有时帮助他准备手稿。他经常做公开演讲，通常伴随着演示。但是，尽管吉布森的背景是技术性的，但他并没有放弃让公众了解最新理论进展的尝试。他活跃于当地社区，在格拉斯哥哲学学会（Glasgow Philosophical Society）理事会任职，并于 1921 年至 1925 年担任主席。1910 年，他的专业知识得到了爱丁堡皇家学会的认可，并当选会员。1927 年他被格拉斯哥大学授予荣誉博士学位。

如果吉布森能够顺利地与科学机构合作，那么另一位多产的科学作家 A. M. 洛“教授”就不能这么说了。塔拉的航空先驱布拉巴松勋爵在为洛的传记撰写序言时承认，专业科学界对洛及其所有工作有着“恶毒的仇恨”。这种敌意部分是因为洛总是使用“教授”这个头衔，尽管他并没有这个头衔——在战争期间，他曾短暂地被皇家炮兵学院任命为物理学荣誉助理教授。他有技术背景，曾短暂担任皇家飞行队（Royal Flying Corps）实验站的指挥官。战争结束后，他作为应用科学和发明的热衷者出现在公众视野中，他开讲座，发表餐后演讲，为日报撰稿并被报道。他是一位发明家，而不是一位科学家，尽管他懂得应用科学的重要性。他曾多次担任专利权人协会（Institute of Patentees）、英国无线电工程师协会（British Institute of Radio Engineers）和英国星际协会（British Interplanetary Society）（倡导用火箭探索太空）的主席。他是赛车和航空的热情支持者，并在噪声污染方面做了有益的工作，不过，正如布拉巴松勋爵承认的那样，他不愿与正在研究同一问题的国家物理实验室合作。

洛认识到了技术的进展正在改变人们的生活，他认为应该让人们更多地了解技术的起源和影响。《扶手椅上的科学》杂志由洛创办，后来也由洛进行编辑，是用日常语言描述科学的。他写了两本书——《家庭科学》（*Science for the Home*）和《工业科学》（*Science in Industry*），后者呼吁政治家们认识到工业进展是如何依赖于科学研究的。他毫不犹豫地承认科学在军事上的应用，并于 1939 年出版了《现代军备》（*Modern Armaments*）一书。科幻小说《火星突破》（*Mars Break Through*）描述了未来战争的毁灭性后果。但总的来说，他是乐观的。他的几本书，包括《未来》和《我们美好的明日世界》，都预言了电视等技术的进一步发展将带来的好处。

洛是一名狂热爱好者，也是一名爱摆弄小玩意儿的人，他靠专利、行业咨询和写作勉强维持生计。他得到了工程师和发明家的赞赏，但没有得到专业科学家的赞赏。《扶手椅上的科学》得到了布拉巴松的支持，最初由工程师珀西·布拉德利编辑，由实业家杰克·考陶尔德资助。学院派科学家不信任的是洛无情的平民主义——他对每日新闻头条的追求、他愿意在公众面前出丑，以及他故意拒绝与专业科学的既定框架合作。尽管他呼吁政府的支持，但洛是一位拥有家庭实验室的发明家，总是在尝试那些要么行不通，要么在几十年内都不可行的新想法，这不是科学界想要鼓励的形象。但正是因为洛是一个特立独行的人，我们不应该将他视为科学界和工业界之间关系的典型。学术界、技术教育界和工业界的研究人员都急于让公众了解正在发生的事情。吉布森（他本人是一位实业家）和当地技术学院讲师之间的密切关系让我们更好地了解了这个体系的运作模式。

洛不鼓励专业科学家为《扶手椅上的科学》写作，声称他们无法用日常用语来描述自己的工作，这是典型的自我孤立。然而，更早的一份杂志《现代科学》曾明确呼吁活跃的研究人员和那些“虽然不一定积极关注研究，但位于将这种科学研究的结果进行传播的职位之中的”人给它提供手稿。像吉布森和霍克斯这样的作家只不过是整个业余专家团体中最活跃和最成功的一部分，他们了解科学上正在发生的事情，并与更多的文学科学家一起将最新的发展公之于众。他们的活动与博物学业余专家的活动相似。早在克劳瑟和考尔德创立科学新闻这一“新”职业之前，一群受过非正式训练的作者就一直在通过杂志文章和书籍宣传科学了。就公众而言，他们也是“专家”，并且与大学和工业界中许多也在撰写科学文章的专业科学家一起工作。

第 13 章 20 世纪 50 年代及其后

英国在第二次世界大战中获得了胜利，但其经济和基础设施遭到了严重的破坏。20 世纪 40 年代末是一个紧缩时期，许多生活必需品仍然严格配给。唯一有希望的进展是工党政府引入了国民医疗服务体系，并改善了教育。然而，尽管传统产业受到了破坏，但人们仍期望技术进展能够保卫国家，并改善生活条件。正如大卫·艾杰顿强调的那样，英国统治精英对科学和技术予以忽视的这一迷思需要认真地修正。C. P. 斯诺在 1959 年描述了一个分为文学和科学两种文化的知识世界，暗示精英阶层对科学一无所知，并将科学家排除在影响力之外。但这是一位急于为专家争取更多权力的技术官僚的战争口号。事实上，在两次世界大战期间，国家对科学和技术进展进行了大量投资（科学家总人数从 1911 年的大约 5000 人增加到 1951 年的 49 000 人），这种投资从紧缩时期一直持续到 20 世纪 50 年代的更广泛的时期。在军事事务方面，人们希望技术进展将使部队人数减少到战前水平。英国选择了自己的原子弹，并计划在航空和火箭方面采用外来的新技术，这并非偶然——太多的计划都以失败告终了。

这对普通人来说意味着什么？政府认为科学和技术将改善每个人的生活，并在花言巧语中传递这种希望。1963 年，英国首相哈罗德·威尔逊（Harold Wilson）在工党大会上的演讲中提到，经济是在“技术的白热化”中形成的，这是对这一希望的经典表达。但是，人们如何才能相信科学既提供了新的机会，也带来了新的危险呢？正如彼得·布鲁克斯指出的，此时对公众舆论的大众观察调查揭示了对科学的无知和对科学可能产生的结果的怀疑。在大规模的自我教育读物创作运动中，大部分致力于科学，只触及了向上流动的工人阶级，这在整个人口中只占很小的比例。大多数人从报纸和杂志上获得关于科学和技术的信息，这些信息既是耸人听闻的，也可能像聚焦于收益一样聚焦于科学和技术所带来的威胁。原子弹无疑是凸显技术潜在危险的一个因素，但正如布鲁克斯指出的那样，它强化了而不是制造了一种对科学使用方式的不安感。至少，大众科学文献可以成为说服公众相信利大于弊的潜在手段。实际上，他们可以更有效地应用战前自我教育读物创作中使用的技术，从而使信息能够更广泛地传播。如果能让人们更多地了解科学，他们就会认识到其潜在好处。作为对这一明显的机遇的回应，用简·格雷戈里和史蒂夫·米勒（Steve Miller）的话来说，大众科学领域出现了战后的“富矿”。随着冷战的开始，左翼知识分子希望更好地理解科学方法将引导人们挑战资本主义制度的愿望被边缘化了。

这篇结语将非常简要地描述这一促进“公众理解科学”的努力的起起落落，评论这一时期与战前情况之间的连续性和不连续性。20 世纪 50 年代当然有机会出现令人兴奋的新的可能性，如太空旅行和原子能正在出现。电视提供了一种全新的媒体，显然非常适合介绍信息和评论科学技术。专业科学作家和记者的群体正在扩大，在科学家难以表达的领域，富有同情心的抄写员可以助他们一臂之力。大型展览，如 1951 年的英国艺术节（Festival of Britain），凸显了发展的希望和科学所发挥的作用。专业科学家放弃了与公众沟通的努力出现在当下，而不是出现在这个共同体刚开始整合的时候。

科学精英的希望最终破灭了，显然，他们已经失去了对媒体的控制，取而代之的是一种新的职业。这种职业一开始可能是被支持的，当事情开始变得糟糕时，它对公众关切的增长更加敏感。即使当科学家们意识到自身错误时，他们仍然坚持认为自己做的就是重新打开权威信息传播的渠道。直到 20 世纪后期，他们才意识到整个局势变得更加不稳定了。在应对渴望自我完善的相对被动的受众时，曾经起作用的技术不足以触及更广泛的公众，特别是在一个公众对发展的意外后果越来越怀疑的世界中。

利用传统媒体

战后促进科学的一些努力是我们前面探讨的活动的延续。鹈鹕系列平装本延续了自学书籍的传统，一开始很成功。《新科学家》（*New Scientist*）的创办最终解决了维持一本大众科学杂志的问题。但后者的成功掩盖了相对严肃的科学文献市场的普遍衰落。与此同时，电视这一新媒体对那些希望利用它来振兴科学新闻报道的人来说是一件喜忧参半的事情。

直到 20 世纪 40 年代，鹈鹕才开始在科学方面发行原创图书，这些文章大多由不太知名的专家撰写，并关注一系列主题，包括博物学、医学议题、心理学、工业、炸药（在闪电战的高潮时期），以及 1945 年的《为什么要粉碎原子？》（*Why Smash Atoms?*）。一个有趣的创新是作者的传记，它通常会强调他们的资历和经验。对于科学在社会中越来越有争议的角色，也有一些批判性的分析。霍格本曾短暂担任科学编辑，克劳瑟试图参与其中，但没有成功。企鹅出版社还出版了一些“特刊”，其中《战争中的科学》(*Science in War*)是由索利·祖克曼的非正式“集智”小组撰写的。

在战后的几年里，企鹅出版了一份定期的《科学新闻》，这是杂志和图书系列的混合体。第一期于 1946 年 6 月出版，由“约翰·埃诺加特”(John Enogat)编辑，后来被证明是 J. L. 克拉默(J. L. Crammer)的笔名。克拉默是在剑桥大学接受过教育的伦敦一家医院的医务工作者。作为《世界评论》(*World Review*)杂志的科学记者，他有一些新闻经验。顾问编辑是 J. D. 贝尔纳、C. D. 达林顿(C. D. Darlington)、C. H. 沃丁顿和索利·祖克曼。其目的是“让普通读者对科学界正在发生的事情略知一二”，它把重点放在了最新的进展上。实际上，该系列将揭示“实验室里在做什么？”。它还有一个平行系列，名为《企鹅的新生物学》(*Penguin's New Biology*)。

在接下来的几十年里，与蓬勃发展的战争年代的另一个完全不同的产品是柯林斯出版的《新博物学家》(*New Naturalists*)系列。这为严肃的博物学打开了非常专业的市场。1942 年，出版商 W. A. R.柯林斯(W. A. R. Collins)、朱利安·赫胥黎和詹姆斯·费舍尔在一次会议上首次提出了这一建议，他们的《鹈鹕观鸟》(*Pelican Watching Birds*)成了畅销书。该书最低印数为 1 万册，作者在稿件被接受时获得 200 英镑，出版时获得 200 英镑，每增加 1000 册获得 40 英镑。第一卷 E. B. 福特(E. B. Ford)的《蝴蝶》(*Butterflies*)于 1945 年出版。随后他们源源不断地出版了一系列书籍，并于 1948 年出版了季刊。早期书籍的销量通常会达到数万册，但后来的书籍就不那么成功了。这个系列的兴衰表明，出版商的命运在很大程度上取决于当时的环境。战争结束后的几年里，人们爆发了热情，因为他们真诚地期望专业人士和业余爱好者能够在这一科学领域进行富有成效的互动。

总的来说，从 20 世纪 50 年代开始，在 20 世纪最初几十年非常活跃的教育系列的受欢迎程度似乎有所下降。战争开始时，《家庭大学丛书》已经陷入困境。1940 年 9 月，出版商桑顿·巴特沃斯破产，欠了朱利安·赫胥黎 150 英镑，这是他前两年作为科学编辑的聘金。该系列现在由牛津大学出版社接管，但新书集中在历史和文学研究领域。鹈鹕是战后真正的成功故事，至少就科学出版而言。与早期的大多数努力相比，这一系列作品可能在社会阶梯上走得更远一些——尽管如果我们考虑到六便士图书在 20 世纪 30 年代已经确立的程度，这一系列作品并没有走得更远。战争结束后，它们的销售方式使它们在没有正规书店的地方城镇和村庄都能买到。他们完成了而不是改变了过去几十年中可见的出版趋势。

鹈鹕的读者群是被动的，出版方受益于一种在战争时期产生并延续到冷战早期的感觉，即科学是任何有社会意识的人都应该了解的东西。但这可能是最后一次有相当多的读者愿意花钱买这些很难读的书了，因为它们实际上是简化的教科书。一个人应该利用业余时间阅读，以熟悉塑料工业的发展或现代微生物学的出现，这种想法是一个长期传统的自然延续。在这个传统中，中产阶级和工人阶级中更活跃的社会成员寻求自我教育，希望获得社会流动性或政治意识。正如理查德·霍加特解释的那样，自 20 世纪 60 年代以来，鹈鹕的命运每况愈下，这表明这些读者现在已经开始消失。对科学的兴趣依然存在，但人们不太愿意投入大量的智力努力，在任何领域建立坚实的知识基础。出版商应重点关注的是最新进展的新闻，以及读者对比鹈鹕能提供的东西更有吸引力的内容的需求。

《新科学家》杂志的成功表明它成功地利用了新环境。在战后的几年里，大众科学杂志并没有很好地服务于英国。《发现》于 1940 年停刊，但于 1943 年重新发行。然而，它仍然是一本由在职科学家撰写的杂志，而且主要是为他们服务的。尽管经常有人呼吁更好地普及科学，但《发现》本身仍然是科学界的“内部”杂志，只能非常有限地延伸到真正热爱科学的少数普通读者中。另一本杂志《奋进》（*Endeavour*）在帝国化学工业公司（Imperial Chemical Industries）的支持下于 1942 年创刊。它的目的是向国内外感兴趣的读者传播英国活跃的科学计划的消息，最初以几种语言出版。作者都是活跃的科学家，给他们提供的大量的费用说服了他们写这些文章。在战后的岁月里,《奋进》继续作为英国科学的优秀旗舰，仍然得到帝国化学工业公司的支持。它的政策仍然是让专业科学家以感兴趣的非专业人士能够理解的水平来写他们的工作。然而，就像《发现》一样，它倾向于采用一种相当严肃的方法，这会限制它对那些只偶尔对科学感兴趣的读者的吸引力。

新技术和新媒体

科学和技术进步改善了人类生活，这一主张支撑了大多数促进公众对科学产生更广泛兴趣的作家。这一观点偶尔会受到挑战，特别是当科学的军事应用在第一次世界大战后变得明显时。但在 20 世纪 20 年代，这种逆向的形象已经被成功地摆脱了，现在有一种动力来对公众的注意力实行类似的重新定位。新技术帮助盟军赢得了第二次世界大战，但原子弹再次让人们怀疑科学已经失控。想要恢复现状的技术官僚的任务是再次说服人们，即使是那些提供战争武器的科学也可以重新用于更和平的目的。

我们已经注意到布鲁克斯的建议，即原子弹本身并没有改变公众对科学的态度。在未来的一段时间内，核毁灭的前景仍然存在，一旦眼前的震惊被克服了，那么许多人似乎就已经接受了原子弹只是另一种武器而已。1945 年，天主教神学家罗伯特·诺克斯（Robert Knox）出版了一本书，指出了原子弹带来的道德困境，但这本书并不受欢迎。与此同时，科学界及其支持者开始宣传这样一种可能性，即原子提供了一种将改变经济的新的廉价且无限的能源。1947 年,《每日快报》的新科学记者查普曼·平彻（Chapman Pincher）组织了一场以此为主题的展览，随后出版了《走进原子时代》（*Into the Atomic Age*）。这本书没有贬低原子弹的论述，但它确实继续强调了和平应用核技术的可能性。到了 20 世纪 50 年代，通过提供廉价的核能来改变国家的可能性得到了广泛的宣传。尽管像平彻这样的作家正在努力解释核物理学的基本原理，但就其本质而言，核能给人的印象是一个遥远的科学团体正在像变魔术一样提供一种新的力量。

1951 年的英国艺术节庆祝了许多新的技术进展。这一“国家强心剂”的科学总监是英国广播公司前科学播音员伊恩·考克斯，他后来在壳牌石油公司（Shell Petroleum）工作。展览现场最引人注目的建筑之一是“穹顶探索馆”（Dome of Discovery），那里展示了最新的技术奇迹。但也有“纯”科学，展示了地质学、天文学、新物理学和达尔文主义。1953 年女王加冕后，英国人喜欢把自己视为通过科学发现引领世界的“新伊丽莎白时代的人”。然而，正如罗伯特·巴德（Robert Bud）提醒我们的那样，有一种不幸的倾向，即抱怨其他国家正在窃取“我们”的发现，并在此基础上建立工业，就像青霉素的情况一样。但还有很多其他值得庆祝的进展。年迈的 A. M. 洛在 1951 年出版了他最后一本关于电子工业的书。洛认同 G. S. 兰肖（G. S. Ranshaw）等新作家的作品，后者赞扬了 DDT、激素治疗、人造丝和其他人造纤维、雷达、电视和荧光灯的出现。

这种兴奋不仅仅是由科学的实际应用引起的。大问题仍然存在，最明显的是天文学和太空探索的前景。1951 年，弗雷德·霍伊尔（Fred Hoyle）因其关于“宇宙的本质”（The Nature of the Universe）的广播演讲而被选为年度播音员。在该演讲中，他创造了“大爆炸”一词，作为他所反对的宇宙学理论的轻蔑名称。他被称为大众传媒时代第一位受欢迎的科学家。20 世纪 50 年代末，约德雷尔·班克（Jodrell Bank）射电望远镜的建造也令人兴奋不已。尽管德国 V2 火箭的效果和影响令人生畏，但它为英国星际协会（British Interplanetary Society）提供了新的动力。该协会由菲利普·埃拉比·克莱特（Philip Ellaby Cleator）于 1936 年创立，旨在推动太空探索。克莱特在 1936 年出版了《穿越太空的火箭》（*Rockets Through Space*）。在战后的几年里，资深空中通讯员哈里·哈珀在他的《太空时代的黎明》（*Dawn of the Space Age*）中再次提出了这个话题。洛曾担任英国星际协会主席，但在 20 世纪 50 年代，他的继任者是一位后来变得更有影响力的作家——阿瑟·C. 克拉克（Arthur C. Clarke）。克拉克已经出版了自己的科幻小说。他在 1951 年写了一本关于太空探索前景的严肃的书，在书中他提出了用地球同步卫星进行广播的想法。值得注意的是，哈珀和克拉克的书都简短地提到了在太空中使用核能驱动火箭的可能性。

这些书在内容和表现形式上都改变了 20 世纪初盛行的自学科学写作的传统。在战争年代，广播在公众生活中已得到普及。

但是，科学的推动者可以希望加以利用的令人兴奋的新媒体正在投入使用。战前曾短暂试用过的电视被重新引入，到 20 世纪 50 年代后期成为占主导地位的娱乐形式。它似乎特别适合展示科学节目，尤其是在天文学和博物学等领域。这些领域既有很强的视觉成分，又有现有的公众兴趣。电视不可避免地改变了普通人对更传统的媒体的反应方式，出版商开始利用新技术制作配有大量彩色照片的书籍，通常是电视连续剧的副产品。同样的技术最终也会改变通俗杂志。

英国广播公司在其新的电视广播节目中加入了科学（最初，就广播而言，科学是唯一可用的服务）。玛丽·亚当斯在 20 世纪 30 年代通过广播宣传科学方面发挥了突出作用，她在 20 世纪 40 年代再次回到这个领域，致力于在新媒体中实施科学广播。早在 1947 年，发明家俱乐部（The Inventors' Club）就有一系列关于应用科学的报道，接着是 1952 年的《科学评论》，后者声称拥有 400 万观众（占人口的 10%）。对于博物学来说,《动物园探索》（*Zoo Quest*）始于 1954 年，最终使大卫·爱登堡（David Attenborough）成为明星。帕特里克·摩尔（Patrick Moore）秉承严肃业余天文学的优良传统，于 1957 年创办了《夜空》（*The Sky at Night*），并使其成为有史以来播出时间最长的电视节目。玛丽·亚当斯于 1949 年至 1951 年制作了一部医学系列片《生死攸关》（*A Matter of Life and Death*），并于 1958 年成功推出了非常成功的系列片《你的生命掌握在他们手中》（*Your Life in Their Hands*）。英国广播公司科学记者戈登·拉特雷·泰勒（Gordon Rattray Taylor）在 1957 年设计了一个更全面的系列节目《研究之眼》（*Eye on Research*），并从 1964 年开始编辑了大获成功的《地平线》（*Horizon*）系列节目，该节目通常拥有 500 万观众。奈杰尔·考尔德（Nigel Calder）（最初是一位物理学家）于 1969 年制作了一系列关于新宇宙学的作品《暴力宇宙》（*Violent Universe*）。其中一节专门讲述了大爆炸宇宙学家为“证明弗雷德·霍伊尔是错误的”所做的努力。但霍伊尔并不是唯一一位因广播和电视而声名鹊起的职业科学家。雅各布·布罗诺夫斯基（Jacob Bronowski）早在 1973 年凭借科学史系列节目《人类的崛起》（*The Ascent of Man*）在国际上声名鹊起之前，就已经是英国广播公司电视节目中的知名人物了。

这些系列中的许多都与一种新的大众科学书籍的产生有关，考尔德和布罗诺夫斯基的作品，以及爱登堡的稍晚的《生命的进化》（*Life on Earth*）都是经典的例子。它的开本比传统的平装本要大一些，但比传统上连载作品使用的笨拙的四开本要小一些。这些作品总是配有大量的照片，其中许多是彩色的。为了使插图有效，出版方必须用高质量的纸张印刷。这些作品给人的总体印象与相当寒酸的鹈鹕系列非常不同，后者的线条图很少，照片也很差，纸张也很便宜。高质量的彩色插图也在 1950 年 4 月 14 日首次出版的新男孩漫画《鹰》（*the Eagle*）中占据了显著位置。该漫画每一期都有一幅全彩的中心插图，上面画着一个技术奇迹的剖面图（第一期是英国铁路公司的新型燃气涡轮电力机车）。还有一部太空歌剧，其中丹·戴尔（Dan Dare）与金星的邪恶统治者麦肯（Mekon）作战。第一期卖出了 90 万份，发行量稳定在 80 万份。尽管英国广播公司早在 1953 年的电视剧《夸特马斯实验》（*The Quatermass Experiment*）中就探讨了这些可能性的负面影响，但该漫画热情地参与了克拉克等人推动的新一波太空探索热潮。500 万观众对夸特马斯教授的火箭将外星实体带到地球的威胁感到震惊。

1956 年推出的大众科学杂志《新科学家》是这一领域最重要的新举措，它的演变表明即时视觉冲击的重要性在日益增加。此时，应用科学在促进战后复兴中的作用得到了大力强调，第二年，人造卫星（Sputnik）发射（专门为其出版了一期）。编辑、科学作家汤姆·马格里森（Tom Margerison）宣称，这本新杂志是“为所有对科学发现及其工业、商业和社会影响感兴趣的男性及女性出版的”。这是一份更加活跃和平民化的杂志，供商人、学生和其他对科学感兴趣但没有接受过该领域直接培训的人阅读。它是一本周刊，大开本，价格适中，为 1/–。它覆盖范围很广，重点强调应用科学，但也充分覆盖了纯科学中更令人兴奋的领域。

早些年,《新科学家》和它的竞争对手一样，仍然发表由专业科学家撰写的文章。开始，总有一些科学作家撰写的特稿，其中几位现在是该杂志的正式员工，包括马格里森本人（他曾写过一本关于核能的书）、奈杰尔·考尔德和约翰·马多克斯（John Maddox）。和考尔德一样，马多克斯最初也是一名科学家——在 1955 年成为《曼彻斯特卫报》的科学记者之前，他曾讲授过物理学（他后来成为《自然》杂志极具影响力的编辑）。杂志还有一个针对商界的新专题，即填字游戏、读者来信和书评。《新科学家》从未采用 20 世纪 30 年代末《扶手椅上的科学》尝试的那种真正的平民主义和哗众取宠的方法，也许是因为它需要保持科学界和商界的尊重。但与其竞争对手不同的是，它在触达没有受过科学训练的读者方面付出了更加一致的努力。多年来，它的视觉风格（尤其是封面）变得越来越精致。它最初只有一个目录。在 1965 年 3 月，它的封面出现了转变：标题会有一个醒目的视觉形象，以凸显本周的主要内容。与此同时，它文本中包含的照片的数量和质量都在增加，科学作家（而不是在职科学家）撰写的文章比例也在增加。同时，对应用科学的关注意味着《新科学家》能够适应公众对科学态度的变化，成功地从 20 世纪 50 年代天真的乐观主义过渡到了后来几十年更具批判性的态度。

呈现的问题：谁为科学写作？

从《新科学家》杂志可见公众对科学态度的普遍转变，这使得科学界担心它已经失去了对局势的控制。20 世纪 60 年代，人们对核能的安全性、杀虫剂对环境的影响以及新技术应用等产生的一系列其他问题的关切逐渐增加。科学界倾向于将这些后果归咎于决定如何利用科学的政治家和实业家，并认为只要人们更多地了解科学本身，就会意识到，如果合理利用科学，它仍然会带来好处。但是，关于更多的“公众理解科学”的呼声之所以失败，不仅是因为怀疑态度的日益增长，还因为在如何向普通人展示他们的领域方面，科学界已经失去了控制权。从某种意义上说，科学家们从来没有太多的控制权，但他们的信心是通过参与战前蓬勃发展的许多自我教育项目来维持的。这些项目触及的人口从未超过百分之几，但有一种假设是，这些项目甚至是工人阶级中最活跃和最有影响力的组成部分。

然而现在，科学作家和科学记者似乎已经取代了科学家出身的作家曾经扮演的角色。如果说战前只有几个科学记者，那么到了 1947 年，就有足够多的人成立了自己的组织——英国科学作家协会。这个不断扩大的职业可能对科学界有一定的忠诚——毕竟，像考尔德和马多克斯这样的作家都接受过科学家的训练，并依靠于他们与在职科学家互动的能力来跟上最新的技术进展。但他们现在是传播者而不是科学家，并随着公众担忧的增加，他们必须清楚地表达这些担忧，即使这些担忧似乎威胁到雇用科学家的技术官僚的利益。1968 年，戈登·拉特雷·泰勒的《生物定时炸弹》（*Biological Time Bomb*）指出了医学和遗传学的新进展产生的道德问题。他的作品是专业科学作家采取更具批判性态度的意愿的一种典范。在接下来的几年里，受过科学训练的科学作家的比例似乎有所下降，这加强了科学家们的担忧，即他们的工作在向公众展示时被歪曲了。

这种情况是如何发生的？为什么科学界现在放弃了与公众沟通的角色（无论多么有限），却发现指定的替代者越来越有可能背叛他们的信任？科学家越来越不愿意在非专业水平上写作的一个重要因素是严肃的自学读物市场的逐渐崩溃。这是科学家作者的专长领域，因为他们在这里可以通过对娱乐的要求做出最低限度的让步的方式来呈现自己的素材。在 20 世纪初的几十年里，渴望提高自己的人有足够的需求来维持这类读物的市场。这些产品可能只是偶尔会超越特定的爱好者群体，但有足够的活动表明，科学家正在影响选民中一个重要的组成部分。他们在本质上是被动的受众，渴望从公认的专家那里学习，因此倾向于不加批判地接受科学家作者传达的信息和潜在的态度。

然而，在 20 世纪 60 年代和 70 年代，这种严肃的自我教育读物的市场稳步下降。在战后的几十年里，鹈鹕系列的巨大成功一直维持着这个市场，该系列继续产生由渴望与他们认为有意愿的公众进行交流的在职科学家撰写的文本。但其他战前系列很少能在紧缩的岁月中幸存下来。鹈鹕是旧出版技术的典型产物，用小字体印刷，图像很少而且往往质量很差。通过创新的封面设计（与《新科学家》的新封面风格类似），鹈鹕系列努力让自己更具吸引力，但内容的格式仍然是传统的。该系列在 20 世纪 80 年代初继续出版新书，但随后终止了。那种视觉上没有吸引力，需要读者真正努力才能跟上技术细节的通俗作品不再畅销。然而，这正是科学家们自己过去一直创作的通俗作品。有人怀疑，随着这一体裁的衰落，科学家们参与通俗写作的意愿也在下降。即使在战前，他们中也只有少数人能够努力过渡到科学新闻，因为在科学新闻中，娱乐比信息更重要。现在，大众科学只有在娱乐性（以及科学家们不信任的煽情元素）更加突出的情况下才会畅销。对科学家们来说，现在撰写大众科学文章已经过时了，这有什么好奇怪的吗？

为什么科学家们占据的最舒服的一个生态位枯竭了？有两个因素似乎是相关的。最明显的是电视的影响和上面提到的出版技术的平行变化。这不是一个对电视"简化"严肃话题的趋势进行扩展争论的地方。但是，人们从媒体中吸收信息和思想的方式似乎很可能发生了变化，这些变化导致了人们注意力的持续时间缩短，他们既需要视觉上有吸引力的材料，也需要聚焦于耸人听闻的东西（这并不是什么新鲜事）。现在很少有人愿意阅读关于塑料工业的严肃研究或电子设备如何制造的细枝末节。与此同时，由于正规教育的扩张，曾经维持对自学材料需求的受众正在减少。自学运动蓬勃发展的时期，中学教育有了很大的发展，但高等教育却没有相应的发展。整整一代人的求知欲得到了激发，但却无法继续上大学。但早在 1906 年，阿瑟·米就预言，50 年后，他所编辑的《自我教育者》将因正规教育体系的改进而变得多余。在 20 世纪 60 年代，情况确实发生了变化：大学开始扩大，并提供补助金，以便工人阶级家庭最终能够将他们最聪明的孩子送进大学。笔者就是那一代人中的一员，1963 年，我从莱斯特市市议员牛顿男校（Alderman Newton's Boys School）——C. P. 斯诺的母校，来到剑桥学习科学。也许除了在相关科目上要用它们作为补充，从这些社会变革中受益的学生不再需要自学课本了。他们想要科学家们仍然很愿意提供的真正的教科书。

这些进展严重地干扰了科学界参与非专业文献的创作。当然，科学家们仍然间接地参与其中，因为科学作家需要将他们的故事建立在来自实验室和天文台的最新进展上。但是，当我们看到他们在当时典型的电视连续剧中所扮演的角色时——奈杰尔·考尔德的《暴力宇宙》一书就是一个很好的例子，发现它本质上是被动的。主持人对科学家进行了采访，他们所说的一小部分内容可能会被直接引用，但他们并不负责该系列作品的总体目标。科学家被利用了——他们自己现在和观众一样被动。工作中的科学家很少有机会制作自己的系列作品，因为很少有人愿意花时间学习新技术，或者如果他们屈服于更耸人听闻的演示这个不可避免的要求，就会面临遭到同行反对的风险。

在过去的几十年里，这一切都发生了变化。科学家们已经意识到，在让自己的作品如何呈现给公众上，他们确实需要做出更认真的努力以参与其中。他们中的一些人已经注意到（在史蒂芬·霍金的《时间简史》大获成功之后），他们从通俗作品中可以赚到很多钱。英国科学促进协会再次站在了鼓励科学家与公众接触的运动的最前沿。也许这里介绍的研究对新一代科学家作者来说是一种安慰的信息。任何认为新近职业化的科学界立即放弃了维多利亚时代与公众沟通的理想的说法，现在都可以打个折扣了。科学家们仍然热衷于为公众写作，但更愿意按照自己的方式写作，而对自学读物的热情的高涨正好提供了他们需要的机会。这种读物的成功似乎确实是盛行于英国的特殊社会环境的产物，但至少我们现在知道，科学家们渴望抓住机会进行传播，并愿意与了解这类读者需要什么的出版商接触。只有当这条相对直接的传播路线干涸时，他们才暂时放弃了这个领域。对于科学家来说，在当时的通俗杂志和报纸所需的水平上写作一直很困难，因为这些杂志和报纸提供了更接近于现代大众媒体的东西。但这并不是不可能的，今天的科学家可能会从这一事实中得到安慰。他们的一些前辈在这一事业中取得了成功，而许多成功的人只要保持良好的研究形象，就能在科学界保住自己的职位。他们可能不得不勇敢地面对偶尔的嘲笑，但他们很乐意将经济回报收入囊中。渴望参与大众市场普及新浪潮的科学家必须学会应付向他们开放的传播渠道，并时刻警惕不断变化的环境。

附 录
传记登记簿

这本书收录了大约 1900 年至 1945 年间活跃的作家的名字，以及少量维多利亚时代晚期的人物，他们的作品在新世纪早期仍然存在。对于书籍的作者来说，它是相当全面的（尽管绝不是完整的），但并没有试图列出所有为杂志撰稿的作者。其主要目的是说明作者接受过的培训和背景，以确定有多少人具有科学资质或是专业科学家（见第 12 章的分析）。为了节省空间，这些都是简略的草图，只列出了资质和重要的专业职位。对于一些次要人物，我们不可能获得其独立的传记信息，但纳入了他们的书的扉页上列出的学位或隶属关系。

本书列出了大学学位（以及已知的学科）。最基本的资质是文学士（BA）或理学士（BSc），但牛津大学和剑桥大学都授予文科或理科学士学位。牛津剑桥学士学位在四年后自动转换为硕士学位（MA）。从地方大学获得理学士学位的人，从剑桥大学获得自然科学学士学位，而不是直接进入更高的学位，这并不罕见。理学硕士（MSc）是获得的学位，哲学博士（PhD）也是。理学博士（DSc）（或 ScD，科学博士）有时是作为荣誉学位授予的，尽管当时更多的是通过研究获得的。请注意，伦敦皇家科学学院后来被并入帝国理工学院。医学培训获得的是医学学士学位（MB）和医学博士学位（MD）（医学学士和医学博士）或外科学士学位（ChB）（外科学士）。法学博士（LlD）通常作为荣誉学位授予。在没有歧义的情况下，大学在下文中仅根据其位置进行标识。

皇家学会会员（FRS）、爱丁堡皇家学会会员（FRSE）和爱尔兰皇家科学院成员——爱尔兰在 1922 年之前仍是英国的一部分，北爱尔兰科学家和学者继续当选（MRIA）是该领域的杰出代表。

表示技术认证的职位包括化学学会会员（FIC）、物理学会会员（FIP）、机械工程学会准会员或会员（AMIMechE）（MIMechE）（Associate Member or Member of the Institute of Mechanical Engineering），以及化学工程、土木工程、电气工程和采矿工程学会的同等职位:（特许）化学工程师［（A）MIChemE］、（特许）土木工程师［（A）MICivilE］、电机工程师协会（准）会员［（A）MIEE］和（特许）采矿工程师［（A）MIMinE］。在与博物学相关的领域，专业知识得到了林奈学会会员（FLS）、动物学会（FZS）、地质学会（FGS）、皇家地理学会（FRGS）、皇家显微镜学会（FRMS）和英国鸟类学家联盟成员（MBOU）的认可。

参考文献

（扫码查阅。读者邮箱：zkacademy@163.com）